교육역량 강화를 위한

샴푸 & 헤어스타일링

메디시안

머리말

최근 우리나라는 모든 기술직종에서 국가직무능력표준(NCS, National Competency Standards)을 제정하여 산업현장에서 성공적이고도 효율적인 직무수행 능력을 갖도록 필요한 지식과 기술, 그리고 소양 등을 체계화하여 기술 및 학습 교육의 표준화를 이루었습니다.

이 책은 이에 준거하여 ‘NCS 능력단위 중 고객응대 서비스 〈1201010116_19v5〉, 헤어스타일 상담 〈1201010130_17v4〉, 헤어 샴푸 〈1201010156_19v5〉, 기초드라이 〈1201010123_17v4〉, 응용 드라이 〈1201010139_17v4〉’를 완벽하게 실행할 수 있도록 NCS기반 고객응대 서비스 · 헤어 스타일 상담 · 헤어 샴푸의 이해와 실습, 기초드라이 · 응용드라이의 이해와 실습으로 나누었고 실습 사진을 세세히 촬영, 수록하여 학생들로 하여금 자세하고도 쉽게 이해하게 하려는 의도에서 집필되었습니다.

이와 같이 헤어 샴푸와 헤어 스타일링의 준비에서 도구사용 및 기본 이해로부터 다양한 실습까지를 습득함으로써 산업현장에서 샴푸 및 헤어스타일링을 자신감 있게 시행하고, 나아가 손님들에게 인정을 받도록 하는 것이 이 책의 목표입니다.

이 분야의 새로운 학습 모듈이 제시되는 등 시대에 따른 변화에도 연구를 게을리하지 않을 것을 약속드리며, 아울러 교수님들의 지도와 성원 부탁드립니다.

끝으로 실습과 촬영에 적극적으로 참여해 주신 선생님들과 편집디자인에서 출판에 이르기까지 애써주신 메디시언 임직원들에게도 심심한 감사의 말씀을 드립니다.

신축년 입추에

필자 대표 박 은 준

차례

Contents

차례

Contents

차례

Chapter 1

NCS 2, 3수준 샴푸 & 헤어스타일링

1. 교과목 PROFILE
2. NCS기반 강의 계획서
3. 주차별 강의 계획서

Chapter 1
NCS 2, 3수준 샴푸 & 헤어스타일링

1. 교과목 PROFILE

대분류	중분류	소분류	세분류
숙박 · 여행 · 오락	이 · 미용	이 · 미용 서비스	헤어미용
능력단위 수준	2, 3수준		
능력단위 명칭	고객응대 서비스 〈1201010116_19v5〉 헤어스타일 상담 〈1201010130_17v4〉 헤어 샴푸 〈1201010156_19v5〉 기초 드라이 〈1201010123_17v4〉 응용 드라이 〈1201010139_17v4〉		
교과목표	1. 고객응대 서비스를 통하여 고객의 만족감 향상을 위해 부가서비스를 제공하는 능력을 함양 2. 헤어스타일상담을 통해 미용서비스 전 수집한 고객정보와 상담을 통해 고객에게 어울리는 헤어디자인을 설계하고 요금을 설정하는 능력을 함양 3. 헤어 샴푸를 위해 고객의 두피 · 모발 상태와 미용서비스에 적합한 샴푸제와 트리트먼트제로 샴푸기술을 활용하여 두피 · 모발을 세정하는 능력을 함양 4. 기초 드라이를 위해 블로우 드라이어, 헤어 아이론, 헤어브러시 등의 기기 및 도구를 이용하여 모발을 스트레이트 또는 C컬 형태로 연출하는 능력을 함양 5. 응용 드라이를 위해 블로우 드라이어, 헤어 아이론 등의 기기와 도구를 사용하여 다양한 드라이 방법으로 헤어스타일을 완성하는 능력을 함양		

능력단위 명칭	단원명 (능력단위 요소명)	교과내용
고객응대 서비스 〈1201010116_19v5〉	데스크 안내업무하기 〈1201010116_19v5.1〉	1.1 고객의 방문사유를 확인한 후 대기 또는 서비스공간으로 안내할 수 있다. 1.2 고객의 소지품과 의복 등을 보관할 수 있다. 1.3 고객에게 전화응대 서비스를 할 수 있다.
	대기고객 응대하기 〈1201010116_19v5.2〉	2.1 고객에게 대기시간을 전달하고 서비스공간으로 안내할 수 있다. 2.2 고객에게 준비된 다과 및 음료 등을 제공할 수 있다. 2.3 고객에게 신문, 잡지, 컴퓨터 등을 제공할 수 있다.
	고객 배웅하기 〈1201010116_19v5.3〉	3.1 보관한 고객의 소지품과 의복 등을 고객에게 전달할 수 있다. 3.2 서비스가 종료된 고객에게 서비스내역과 요금을 확인 후 결제할 수 있다. 3.3 제휴카드 포인트 적립 등의 부가서비스를 안내할 수 있다. 3.4 고객에게 재방문 시기를 안내할 수 있다. 3.5 고객을 배웅할 수 있다.
헤어스타일 상담 〈1201010130_17v4〉	고객 미용서비스 정보 수집하기 〈1201010130_17v4.1〉	1.1 고객의 미용서비스 이력을 수집할 수 있다. 1.2 고객의 건강상태 및 알레르기 등의 특이사항에 대한 정보를 수집할 수 있다. 1.3 고객의 취향 및 라이프 스타일 등에 대한 정보를 수집할 수 있다.
	헤어스타일 제안하기 〈1201010130_17v4.2〉	2.1 패션, 메이크업, 헤어스타일 등 최신 트렌드정보를 수집 · 분석할 수 있다. 2.2 시각자료를 이용하여 고객이 요구하는 헤어디자인 파악할 수 있다. 2.3 고객의 취향 및 라이프스타일 등을 고려하여 고객에게 어울리는 스타일을 제안할 수 있다.
	요금설정 〈1201010130_17v4.3〉	3.1 미용서비스 전 고객에게 지불할 요금을 안내하여 동의를 구할 수 있다. 3.2 미용서비스 중간에 요금이 변경된 경우 고객에게 재 안내 할 수 있다.
헤어 샴푸 〈1201010156_19v5〉	헤어 샴푸하기 〈1201010156_19v5.1〉	1.1 고객의 편의를 위해 가운 및 무릎 덮개, 어깨타월을 착용해 주고 좌식 또는 와식 샴푸를 준비할 수 있다. 1.2 엉킨 모발의 정돈과 이물질 제거를 위해 사전 브러시를 할 수 있다. 1.3 고객이 불편하지 않도록 샴푸대의 높이와 수온을 및 수압을 조절할 수 있다. 1.4 얼굴에 물이 튀지 않도록 모발에 물길을 만들어 모발을 충분하게 적실 수 있다. 1.5 모발 길이 및 모량에 따라 적당량의 샴푸제를 사용하여 두피 매니플레이션을 할 수 있다. 1.6 샴푸성분이 남지 않도록 페이스라인, 귀, 모발, 두피 등을 충분하게 헹굴 수 있다.

능력단위 명칭	단원명 (능력단위 요소명)	교과내용
	특수목적 샴푸하기 〈1201010156_19v5.2〉	2.1 헤어컬러, 헤어펌에 사용한 화학제품의 종류를 정확하게 파악하고 샴푸제를 사용할 수 있다. 2.2 헤어컬러, 헤어펌에 사용된 약제와 테크닉의 특성을 고려한 샴푸 순서와 방법을 적용할 수 있다. 2.3 모발과 두피로부터 화학제품이 충분하게 제거될 수 있도록 샴푸할 수 있다.
	헤어 트리트먼트 하기 〈1201010156_19v5.3〉	3.1 샴푸 후 두피 · 모발 상태를 파악하여 모발 트리트먼트를 할 수 있다. 3.2 트리트먼트제를 모발에 도포한 후 두피 지압과 매니플레이션을 할 수 있다. 3.3 트리트먼트제가 페이스라인, 귀, 두피 등에 남지 않도록 충분하게 헹굴 수 있다. 3.4 타월로 모발의 물기를 제거한 후 두상을 타월로 감쌀 수 있다. 3.5 샴푸대 및 주변을 깨끗하게 정리한 후 고객을 서비스 공간으로 안내할 수 있다.
기초 드라이 〈1201010123_17v4〉	스트레이트 드라이하기 〈1201010123_17v4.1〉	1.1 모발 상태와 헤어디자인에 따라 블로우 드라이어, 헤어 아이론, 헤어브러시 등의 기기 및 도구를 선정할 수 있다. 1.2 블로우 드라이어를 사용하여 모발을 스트레이트로 연출할 수 있다. 1.3 헤어 아이론을 사용하여 모발을 스트레이트로 연출할 수 있다. 1.4 모발 상태와 헤어디자인에 따라 기기의 온도, 각도와 방향, 텐션 등을 조절할 수 있다. 1.5 콤아웃 기법과 헤어스타일 연출 제품 등을 사용하여 헤어스타일을 완성할 수 있다.
	C컬 드라이하기 〈1201010123_17v4.2〉	2.1 모발 상태와 헤어디자인에 따라 블로우 드라이어, 헤어 아이론, 헤어브러시 등의 기기 및 도구를 선정할 수 있다. 2.2 블로우 드라이어를 사용하여 모발을 인컬, 아웃컬로 연출할 수 있다. 2.3 헤어 아이론을 사용하여 모발을 인컬, 아웃컬로 연출할 수 있다. 2.4 모발 상태와 헤어디자인에 따라 기기의 온도, 각도와 방향, 텐션 등을 조절할 수 있다. 2.5 콤아웃 기법과 헤어스타일 연출 제품 등을 사용하여 헤어스타일을 완성할 수 있다.
응용 드라이 〈1201010139_17v4〉	S컬 드라이하기 〈1201010139_17v4.1〉	1.1 블로우 드라이어를 사용하여 모발에 S컬 웨이브를 연출할 수 있다. 1.2 헤어 아이론을 사용하여 모발에 S컬 웨이브를 연출할 수 있다. 1.3 콤아웃 기법과 헤어스타일 연출 제품 등을 사용하여 헤어스타일을 완성할 수 있다.

능력단위 명칭	단원명 (능력단위 요소명)	교과내용
응용 드라이 〈1201010139_17v4〉	S-S컬 드라이하기 〈1201010139_17v4.2〉	2.1 블로우 드라이어를 사용하여 모발에 S-S컬 드라이를 연출할 수 있다. 2.2 헤어 아이론을 사용하여 모발에 S-S컬 드라이를 연출할 수 있다. 2.3 콤아웃 기법과 헤어스타일 연출 제품 등을 사용하여 헤어스타일을 완성할 수 있다.
교육방법	강의법, 실험실습법, AI 교수법, 문제해결식 수업	
평가시 고려사항	고객응대 서비스 〈1201010116_19v5〉	• 수행준거에 제시되어 있는 내용을 성공적으로 수행할 수 있는지를 평가해야 한다. • 평가자는 다음 사항을 평가해야 한다. – 고객과 눈 맞춤을 하며 밝은 목소리와 표정을 유지하는 자세 – 고객의 소지품과 의복을 보관하고 정확하게 전달하는 태도 – 예약 업무 시 고객의 말을 경청하고, 예약에 필요한 내용 파악 능력 – 고객응대 시 동선 파악 인지능력 – 대기 중인 고객에게 잡지와 음료를 친절하게 제공하는 자세 – 결제 시 할인카드 및 미용서비스 요금을 정확하게 안내하는 자세
	헤어스타일 상담 〈1201010130_17v4〉	• 수행준거에 제시되어 있는 내용을 성공적으로 수행할 수 있는지를 평가해야 한다. • 평가자는 다음 사항을 평가해야 한다. – 수행준거에 따른 지식 · 기술 · 태도의 습득 능력 – 고객에게 어울리는 헤어스타일 제시 여부 – 고객의 요구를 정확하게 파악하고 반영하는 능력 – 미용서비스 요금설정에 필요한 의사소통 능력
	헤어 샴푸하기 〈1201010156_19v5〉	• 수행준거에 제시되어 있는 내용을 성공적으로 수행할 수 있는지를 평가해야 한다. • 평가자는 다음 사항을 평가해야 한다. – 수행준거에 따른 지식 · 기술 · 태도의 습득 능력 – 두피 · 모발 유형 및 사용 목적에 따른 샴푸제 선정과 샴푸테크닉의 적절성 – 샴푸 종료 후 샴푸제 잔류 여부 확인 – 타월드라이와 타월밴드의 적정성 – 샴푸의 전 과정에서 고객을 배려하는 태도 – 샴푸대 및 샴푸실 주변 정리 · 정돈 상태

능력단위 명칭	단원명 (능력단위 요소명)	교과내용
평가시 고려사항	기초 드라이 〈1201010123_ 17v4〉	• 수행준거에 제시되어 있는 내용을 성공적으로 수행할 수 있는지를 평가해야 한다. • 평가자는 다음 사항을 평가해야 한다. – 수행준거에 따른 지식 · 기술 · 태도의 습득 능력 – 베이스 폭과 각도 및 방향에 따른 형태 차이에 대한 이해 – 완성된 헤어스타일의 균형 – 헤어스타일 연출 도구 및 제품 사용 능력 – 주변 정리 · 정돈 상태 및 고객만족도
	응용 드라이 〈1201010139_ 17v4〉	• 수행준거에 제시되어 있는 내용을 성공적으로 수행할 수 있는지를 평가해야 한다. • 평가자는 다음 사항을 평가해야 한다. – 수행준거에 따른 지식 · 기술 · 태도의 습득 능력 – 완성된 헤어스타일의 밸런스 – 헤어스타일 연출 도구 및 제품 사용의 능력 – 주변 정리 · 정돈 상태 – 고객 만족도
평가 방법	A.포트폴리오 B.문제해결 시나리오 C.서술형 시험 F.평가자 질문 G.평가자 체크리스트 H.피평가자 체크리스트 I.일지/저널 J.역할연기 K.구두발표 L.작업장평가 M.기타	
작업기초능력	의사소통능력(경청 능력, 의사표현 능력), 수리능력(기초연산 능력), 문제해결능력(문제처리 능력, 사고력), 대인관계능력(고객서비스 능력, 협상 능력), 정보능력(정보처리 능력, 컴퓨터활용 능력), 자원관리능력(물적자원관리 능력, 시간자원관리 능력), 기술능력(기술이해 능력), 조직이해능력(국제감각), 직업윤리(공동체 윤리, 근로윤리)	
A.포트폴리오 B.문제해결 시나리오 C.서술형 시험 D.논술형 시험 E.사례연구 F.평가자 질문 G.평가자체크리스트 H.피평가자 체크리스트 I.일지/저널 · 역할연기 K.구두발표 L.작업장평가 M.기타		

2. NCS 기반 강의계획서

<table>
<tr><td>능력단위명
〈코드〉</td><td colspan="3">고객응대 서비스 〈1201010116_19v5〉
헤어스타일 상담 〈1201010130_17v4〉
헤어 샴푸 〈1201010156_19v5〉
기초 드라이 〈1201010123_17v4〉
응용 드라이 〈1201010139_17v4〉</td></tr>
<tr><td rowspan="2">이수구분</td><td>이수시간</td><td>학점</td><td>학년/학기</td></tr>
<tr><td></td><td>3학점</td><td></td></tr>
<tr><td>강의실</td><td></td><td>요일</td><td></td></tr>
<tr><td>담당교수</td><td>(인)</td><td>연구실</td><td></td></tr>
<tr><td>연락처</td><td></td><td>E-mail</td><td></td></tr>
<tr><td>학습환경</td><td>헤어실습실</td><td>학습자료</td><td>교재</td></tr>
<tr><td>인력양성
유형</td><td>헤어디자인 전문
어시스트
초급 디자이너</td><td>관련자격증</td><td></td></tr>
<tr><td>교과목표</td><td colspan="3">1. 고객응대 서비스를 통하여 고객의 만족감 향상을 위해 부가서비스를 제공하는 능력을 함양
2. 헤어스타일상담을 통해 비용서비스 선 수십한 고객정보와 상담을 통해 고객에게 어울리는 헤어디자인을 설계하고 요금을 설정하는 능력을 함양
3. 헤어 샴푸를 위해 고객의 두피 · 모발 상태와 미용서비스에 적합한 샴푸제와 트리트먼트제로 샴푸기술을 활용하여 두피 · 모발을 세정하는 능력을 함양
4. 기초 드라이를 위해 블로우 드라이어, 헤어 아이론, 헤어브러시 등의 기기 및 도구를 이용하여 모발을 스트레이트 또는 C컬 형태로 연출하는 능력을 함양
5. 응용 드라이를 위해 블로우 드라이어, 헤어 아이론 등의 기기와 도구를 사용하여 다양한 드라이 방법으로 헤어스타일을 완성하는 능력을 함양</td></tr>
<tr><td>실습장비 및
재료</td><td colspan="3">• 고객응대 서비스를 위한 컴퓨터 · 카드 단말기(또는 카드 단말기 모형) · 고객 응대용 음료 및 다과 · 고객 응대용 잡지, 도서 등
• 헤어스타일링 상담을 위한 거울과 의자 · 컴퓨터 또는 태블릿 PC · 필기도구
• 헤어 샴푸를 위한 샴푸대와 샴푸의자 · 상하수도 시설과 냉 · 온수 설비 · 샴푸용 헤어브러시 · 두피 유형별 샴푸제와 트리트먼트제 · 모발 유형별 샴푸제와 트리트먼트제 · 샴푸용 얼굴가리개, 어깨보, 무릎덮개, 타월 등
• 기초 드라이를 위한 거울과 의자 · 블로우 드라이어와 헤어 아이론 · 각종 브러시와 빗, 분무기, 핀셋, 어깨보 · 마네킹 홀더 · 헤어스타일 연출 제품(헤어 보습제, 스프레이, 왁스 등) · 연습용 가발(인모)
• 응용 드라이를 위한 거울과 의자 · 블로우 드라이어 · 다양한 형태의 헤어 아이론 · 각종 브러시와 빗, 분무기, 핀셋, 어깨보 등 · 마네킹 홀더 · 헤어스타일링 제품(헤어 보습제, 스프레이, 확스 등) · 연습용 가발(인모)</td></tr>
</table>

교재 및 참고도서	구분	교재명	저자	출판사	출판년도
	주 교재	교육역량 강화를 위한 샴푸 & 헤어스타일링	박은준 외	메디시언	
	참고도서				

수업진행 방식	이론강의	실습	발표	토론	팀 프로젝트	현장견학	코 · 티칭 등 기타
	√	√					

평가방법	A	B	C	D	E	F	G	H	I	J	K	L	M	출석	계(%)
	20		30				30							20	100

A. 포트폴리오 B. 문제해결 시나리오 C. 서술형 시험 F. 평가자 질문 G. 평가자 체크리스트 H. 피평가자 체크리스트 I. 일지/저널 J. 역할연기 K. 구두발표 L. 작업장 평가 M. 기타

능력단위 명칭〈코드〉	단원명 (능력단위 요소명)	수행준거 (평가내용)
고객응대 서비스 〈1201010116_19v5〉	데스크 안내업무하기 〈1201010116_19v5.1〉	1.1 고객의 방문사유를 확인한 후 대기 또는 서비스공간으로 안내할 수 있다. 1.2 고객의 소지품과 의복 등을 보관할 수 있다. 1.3 고객에게 전화응대 서비스를 할 수 있다.
	대기고객 응대하기 〈1201010116_19v5.2〉	2.1 고객에게 대기시간을 전달하고 서비스공간으로 안내할 수 있다. 2.2 고객에게 준비된 다과 및 음료 등을 제공할 수 있다. 2.3 고객에게 신문, 잡지, 컴퓨터 등을 제공할 수 있다.
	고객 배웅하기 〈1201010116_19v5.3〉	3.1 보관한 고객의 소지품과 의복 등을 고객에게 전달할 수 있다. 3.2 서비스가 종료된 고객에게 서비스내역과 요금을 확인 후 결제할 수 있다. 3.3 제휴카드 포인트 적립 등의 부가서비스를 안내할 수 있다. 3.4 고객에게 재방문 시기를 안내할 수 있다. 3.5 고객을 배웅할 수 있다.
헤어스타일 상담 〈1201010130_17v4〉	고객 미용서비스 정보 수집하기 〈1201010130_17v4.1〉	1.1 고객의 미용서비스 이력을 수집할 수 있다. 1.2 고객의 건강상태 및 알레르기 등의 특이사항에 대한 정보를 수집할 수 있다. 1.3 고객의 취향 및 라이프 스타일 등에 대한 정보를 수집할 수 있다.
	헤어스타일 제안하기 〈1201010130_17v4.2〉	2.1 패션, 메이크업, 헤어스타일 등 최신 트렌드정보를 수집 · 분석할 수 있다. 2.2 시각자료를 이용하여 고객이 요구하는 헤어디자인을 파악할 수 있다. 2.3 고객의 취향 및 라이프 스타일 등을 고려하여 고객에게 어울리는 스타일을 제안할 수 있다.

	요금설정하기 〈1201010130_17v4.3〉	3.1 미용서비스 전 고객에게 지불할 요금을 안내하여 동의를 구할 수 있다. 3.2 미용서비스 중간에 요금이 변경된 경우 고객에게 재 안내할 수 있다.
헤어 샴푸 〈1201010156_19v5〉	헤어 샴푸하기 〈1201010156_19v5.1〉	1.1 고객의 편의를 위해 가운 및 무릎덮개, 어깨타월을 착용해 주고 좌식 또는 와식 샴푸를 할 수 있다. 1.2 엉킨 모발의 정돈과 이물질 제거를 위해 사전 브러시를 할 수 있다. 1.3 고객이 불편하지 않도록 샴푸대의 높이와 수온 및 수압을 조절할 수 있다. 1.4 얼굴에 물이 튀지 않도록 모발에 물길을 만들어 모발을 충분하게 물에 적실 수 있다. 1.5 모발 길이 및 모량에 따라 적당량의 샴푸제를 사용하여 두피 매니플레이션을 할 수 있다. 1.6 샴푸성분이 남지 않도록 페이스라인, 귀, 모발, 두피 등을 충분하게 헹굴 수 있다.
	특수목적 샴푸하기 〈1201010156_19v5.2〉	2.1 헤어컬러, 헤어펌에 사용한 화학제품의 종류를 정확하게 파악하고 샴푸제를 사용할 수 있다. 2.2 헤어컬러, 헤어펌에 사용된 약제와 테크닉의 특성을 고려한 샴푸 순서와 방법을 적용할 수 있다. 2.3 모발과 두피로부터 화학제품이 충분하게 제거될 수 있도록 샴푸할 수 있다.
	헤어 트리트먼트하기 〈1201010156_19v5.3〉	3.1 샴푸 후 두피 · 모발 상태를 파악하여 모발 트리트먼트를 할 수 있다. 3.2 트리트먼트제를 모발에 도포한 후 두피 지압과 매니플레이션을 할 수 있다. 3.3 트리트먼트제가 페이스라인, 귀, 두피 등에 남지 않도록 충분하게 헹굴 수 있다. 3.4 타월로 모발의 물기를 제거한 후 두상을 타월로 감쌀 수 있다. 3.5 샴푸대 및 주변을 깨끗하게 정리한 후 고객을 서비스 공간으로 안내할 수 있다.
기초 드라이 〈1201010123_17v4〉	스트레이트 드라이하기 〈1201010123_17v4.1〉	1.1 모발 상태와 헤어디자인에 따라 블로우 드라이어, 헤어 아이론, 헤어브러시 등의 기기 및 도구를 선정할 수 있다. 1.2 블로우 드라이어를 사용하여 모발을 스트레이트로 연출할 수 있다. 1.3 헤어 아이론을 사용하여 모발을 스트레이트로 연출할 수 있다. 1.4 모발 상태와 헤어디자인에 따라 기기의 온도, 각도와 방향, 텐션 등을 조절할 수 있다. 1.5 콤아웃 기법과 헤어스타일 연출 제품 등을 사용하여 헤어스타일을 완성할 수 있다.

<table>
<tr><td></td><td>C컬
드라이하기
〈1201010123_
17v4.2〉</td><td colspan="2">2.1 모발 상태와 헤어디자인에 따라 블로우 드라이어, 헤어 아이론, 헤어브러시 등의 기기 및 도구를 선정할 수 있다.
2.2 블로우 드라이어를 사용하여 모발을 인컬, 아웃컬로 연출할 수 있다.
2.3 헤어 아이론을 사용하여 모발을 인컬, 아웃컬로 연출할 수 있다.
2.4 모발 상태와 헤어디자인에 따라 기기의 온도, 각도와 방향, 텐션 등을 조절할 수 있다.
2.5 콤아웃 기법과 헤어스타일 연출 제품 등을 사용하여 헤어스타일을 완성할 수 있다.</td></tr>
<tr><td rowspan="2">응용 드라이
〈1201010139_
17v4〉</td><td>S컬
드라이하기
〈1201010139_
17v4.1〉</td><td colspan="2">1.1 블로우 드라이어를 사용하여 모발에 S컬 웨이브를 연출할 수 있다.
1.2 헤어 아이론을 사용하여 모발에 S컬 웨이브를 연출할 수 있다.
1.3 콤아웃 기법과 헤어스타일 연출 제품 등을 사용하여 헤어스타일을 완성할 수 있다.</td></tr>
<tr><td>S–S컬
드라이하기
〈1201010139_
17v4.2〉</td><td colspan="2">2.1 블로우 드라이어를 사용하여 모발에 S–S컬 드라이를 연출할 수 있다.
2.2 헤어 아이론을 사용하여 모발에 S–S컬 드라이를 연출할 수 있다.
2.3 콤아웃 기법과 헤어스타일 연출 제품 등을 사용하여 헤어스타일을 완성할 수 있다.</td></tr>
<tr><th>능력단위
명칭〈코드〉</th><th colspan="3">관련 지식(K), 기술(S), 태도(A)</th></tr>
<tr><td rowspan="5">고객응대
서비스
〈1201010116_
19v5〉</td><td rowspan="3">데스크
안내업무하기
〈201010116_
19v5.1〉</td><td>지식(K)</td><td>• 고객 응대방법
• 전화고객 응대방법
• 예약접수 및 안내법
• 고객소지품 보관요령
• 고객 DB 사용방법</td></tr>
<tr><td>기술(S)</td><td>• 고객 응대능력
• 전화고객 응대능력
• 예약접수 및 안내능력
• 고객소지품 보관능력
• 고객 DB 사용능력</td></tr>
<tr><td>태도(A)</td><td>• 고객 만족을 위한 서비스 마인드
• 고객의 소지품을 안전하게 보관하려는 태도
• 정확한 예약업무를 수행하려는 서비스 직업인의 마인드</td></tr>
<tr><td rowspan="2">대기고객
응대하기
〈201010116_
19v5.2〉</td><td>지식(K)</td><td>• 서비스 프로세스에 관한 지식
• 대기고객 응대방법
• 다과 제공에 관한 이해
• 부가서비스에 관한 이해</td></tr>
<tr><td>기술(S)</td><td>• 서비스 프로세스에 참여 능력
• 대기고객 응대능력
• 다과 제공 능력
• 부가 서비스 제공 능력</td></tr>
</table>

<table>
<tr><td rowspan="4"></td><td></td><td>태도(A)</td><td>• 대기고객의 불편함을 줄이기 위해 배려하는 자세
• 고객만족을 위해 다양한 부가서비스를 제공하려고 노력하는 자세
• 고객의 요구사항을 파악하여 신속하게 응대하는 태도</td></tr>
<tr><td rowspan="3">고객 배웅하기
〈201010116_19v5.3〉</td><td>지식(K)</td><td>• 배웅고객 응대방법
• 요금정산 및 결제 시스템 활용방법
• 제휴카드 및 포인트 적립 방법
• 재방문 시기 및 예약안내 방법</td></tr>
<tr><td>기술(S)</td><td>• 배웅고객 응대능력
• 서비스내역과 요금 확인 및 결제업무 능력
• 제휴카드 및 포인트 적립 안내 능력
• 재방문 시기 및 예약안내 능력</td></tr>
<tr><td>태도(A)</td><td>• 고객의 소지품을 안전하게 보관전달하는 주의 깊은 자세
• 정확한 요금정산 및 결제를 위해 노력하는 태도
• 방문 시기 및 예약안내를 적극적으로 하는 태도</td></tr>
<tr><td rowspan="9">헤어스타일 상담
〈1201010130_17v4〉</td><td rowspan="3">고객 미용서비스 정보 수집하기
〈1201010130_17v4.1〉</td><td>지식(K)</td><td>• 미용서비스 종류와 과정에 관한 지식
• 고객성향 및 라이프스타일에 따른 미용서비스 적용 지식</td></tr>
<tr><td>기술(S)</td><td>• 고객의 미용서비스 이력 및 정보 수집 능력
• 정보 수집을 위한 커뮤니케이션 능력</td></tr>
<tr><td>태도(A)</td><td>• 고객에게 신뢰감을 주는 태도
• 고객의 정보보안을 위해 주의하는 자세</td></tr>
<tr><td rowspan="3">헤어스타일 제안하기
〈1201010130_17v4.2〉</td><td>지식(K)</td><td>• 미용서비스 메뉴와 요금에 관한 이해
• 최신 트렌드에 관한 지식
• 고객 상담 방법
• 미용서비스 과정과 주의사항에 대한 지식</td></tr>
<tr><td>기술(S)</td><td>• 헤어스타일 상담용 스크랩북 활용 능력
• 트렌드 분석 능력
• 컴퓨터(인터넷검색, 사진편집 등) 활용 능력
• 고객 상담 능력</td></tr>
<tr><td>태도(A)</td><td>• 최신 트렌드에 관심을 갖고 수집하는 자세
• 고객에게 적합한 스타일을 제안하려는 노력
• 고객의 요구사항을 파악하여 신속하게 반영하는 태도</td></tr>
<tr><td rowspan="3">요금 설정하기
〈1201010130_17v4.3〉</td><td>지식(K)</td><td>• 미용서비스 메뉴 종류와 요금에 관한 이해</td></tr>
<tr><td>기술(S)</td><td>• 고객 상담 기술
• 고객과 요금을 안내하는 능력</td></tr>
<tr><td>태도(A)</td><td>• 고객에게 신뢰감을 주는 자세
• 고객에게 요금을 정확하게 안내하려는 태도</td></tr>
</table>

헤어 샴푸〈1201010156_19v5〉	헤어 샴푸하기〈1201010156_19v5.1〉	지식(K)	• 좌식 및 와식 샴푸 방법 • 사전 브러시 방법 • 샴푸대 사용 방법 • 적정 수온과 수압에 관한 이해 • 샴푸의 성분과 작용원리 • 두피와 모발 유형에 적합한 샴푸제 사용 방법 • 두피 매니플레이션 방법
		기술(S)	• 좌식 및 와식 샴푸 능력 • 사전 브러싱 기술 • 샴푸대 사용 능력 • 수온과 수압 조절 능력 • 두피와 모발에 따른 샴푸제 사용 능력 • 고객 응대 능력 • 두피 매니플레이션 기술
		태도(A)	• 고객의 두피모발 상태를 정확하게 판단하려는 자세 • 고객에게 어깨보, 무릎덮개를 조심스럽게 착용시키는 태도 • 고객의 얼굴, 옷 등에 물이 튀지 않도록 주의하는 태도 • 미용서비스 과정 중 고객의 불편한 사항을 수시로 점검하는 자세 • 고객에게 불쾌감을 주지 않도록 체취 등을 주의하는 태도
	특수목적 샴푸하기〈1201010156_19v5.2〉	지식(K)	• 샴푸의 성분과 작용원리에 관한 지식 • 화학제품을 사용한 미용서비스에 적합한 샴푸 지식 • 2톤 이상의 헤어컬러 시 명도 및 채도에 따른 샴푸 순서에 관한 지식 • 에멀션에 관한 지식
		기술(S)	• 화학제품을 사용한 미용서비스별 샴푸제 사용 능력 • 화학제품을 충분히 제거하는 샴푸 능력 • 두피지압 및 매니플레이션 기술 • 수온과 수압 조절 능력 • 고객 응대 능력
		태도(A)	• 화학 성분의 잔여물을 깨끗하게 제거하려는 자세 • 샴푸 시 염모제나 펌제 등이 의복과 피부에 닿지 않도록 주의하는 자세 • 고객의 얼굴이나 옷에 물이 흐르지 않도록 주의하는 태도 • 샴푸 과정에서 불편한 사항을 수시로 점검하는 자세 • 고객에게 불쾌감을 주지 않도록 체취 등을 주의하는 태도

<table>
<tr><td rowspan="3"></td><td rowspan="3">헤어 트리트먼트 하기 〈1201010156_19v5.1〉</td><td>지식(K)</td><td>• 두피지압 및 매니플레이션의 효과에 관한 지식
• 두피모발 유형에 관한 지식
• 미용서비스 목적에 적합한 트리트먼트 방법
• 미용서비스의 특성을 고려한 적정한 수온 사용에 관한 지식</td></tr>
<tr><td>기술(S)</td><td>• 두피지압과 매니플레이션 기술
• 타월 드라이와 타월밴딩 기술
• 수온과 수압을 조절하는 능력</td></tr>
<tr><td>태도(A)</td><td>• 고객의 얼굴옷 등에 물이 튀지 않도록 주의하는 태도
• 미용서비스 과정 중 고객의 불편한 사항을 수시로 점검하는 자세
• 고객에게 불쾌감을 주지 않도록 체취 등을 주의하는 태도
• 고객의 요구를 고려하여 수온과 수압을 조절하는 태도</td></tr>
<tr><td rowspan="6">기초 드라이 〈1201010123_17v4〉</td><td rowspan="3">스트레이트 드라이하기 〈1201010123_17v4.1〉</td><td>지식(K)</td><td>• 모발상태 파악을 위해 필요한 지식
• 블로우 드라이어의 종류와 사용법
• 헤어 아이론의 종류와 사용법
• 콤아웃 기법에 관한 지식
• 헤어스타일 연출 제품의 종류와 사용법</td></tr>
<tr><td>기술(S)</td><td>• 블로우 드라이어를 사용하여 모발을 스트레이트로 펴는 기술
• 헤어 아이론을 사용하여 모발을 스트레이트로 펴는 기술
• 콤아웃하여 스타일을 완성하는 기술
• 다양한 헤어스타일 연출에 따른 제품사용 능력</td></tr>
<tr><td>태도(A)</td><td>• 두피와 모발을 자극하지 않도록 주의하는 자세
• 고객만족을 위해 노력하는 태도
• 전열기기 사용 시 안전에 주의하는 태도</td></tr>
<tr><td rowspan="3">C컬 드라이하기 〈1201010123_17v4.2〉</td><td>지식(K)</td><td>• 모발상태 분석을 위해 필요한 지식
• 블로우 드라이어의 종류와 사용법에 관한 지식
• 헤어 아이론의 종류와 사용법에 관한 지식
• 콤아웃 기법에 관한 지식
• 헤어스타일 연출 제품의 종류와 사용법에 관한 지식</td></tr>
<tr><td>기술(S)</td><td>• 블로우 드라이어로 C컬하는 능력
• 헤어 아이론으로 C컬하는 능력
• 콤아웃하는 능력
• 헤어스타일 연출 제품을 사용하는 능력</td></tr>
<tr><td>태도(A)</td><td>• 두피와 모발을 자극하지 않도록 주의하는 자세
• 고객만족을 위해 노력하는 태도
• 고객의 불편을 확인하고 대처하는 자세
• 전열기기 사용 시 안전에 주의하는 태도</td></tr>
</table>

<table>
<tr><td rowspan="6">응용 드라이
〈1201010139_17v4〉</td><td rowspan="3">S컬 드라이하기
〈1201010139_17v4.1〉</td><td>지식(K)</td><td>• 헤어스타일 연출에 필요한 디자인 요소에 관한 지식
• 블로우 드라이어와 헤어 아이론의 사용방법
• 콤아웃 응용기법에 관한 지식
• 헤어스타일링 제품의 종류와 사용방법에 관한 지식</td></tr>
<tr><td>기술(S)</td><td>• 블로우 드라이어로 S컬을 만드는 기술
• 헤어 아이론으로 S컬을 만드는 기술
• 헤어스타일 연출 제품을 사용하여 콤아웃하는 능력</td></tr>
<tr><td>태도(A)</td><td>• 전체적인 균형과 구도를 이해하려는 태도
• 두피와 모발을 자극하지 않도록 주의하는 자세
• 고객만족을 위해 노력하는 태도
• 고객의 불편을 확인하고 대처하는 자세</td></tr>
<tr><td rowspan="3">S-S컬 드라이하기
〈1201010139_17v4.2〉</td><td>지식(K)</td><td>• S-S컬 드라이 지식
• 블로우 드라이어와 헤어 아이론의 응용 사용 방법
• 콤아웃 응용기법에 관한 지식
• 헤어스타일링 제품의 종류와 사용 방법</td></tr>
<tr><td>기술(S)</td><td>• 모발 상태와 목적에 적합한 기기 및 기구를 선정하는 능력
• 블로우 드라이어로 볼륨형성과 모류를 교정하는 능력
• 헤어 아이론으로 볼륨형성과 모류를 교정하는 능력
• 블로우 드라이어와 헤어 아이론으로 S-S컬 드라이하는 기술
• 콤아웃 및 헤어스타일 연출 능력
• 헤어스타일 제품을 사용하는 능력</td></tr>
<tr><td>태도(A)</td><td>• 전체적인 균형과 구도를 이해하는 태도
• 두피와 모발을 자극하지 않도록 주의하는 자세
• 고객만족을 위해 노력하는 태도
• 고객의 불편을 확인하고 대처하는 자세</td></tr>
</table>

3. 주차별 강의계획서

<table>
<tr><th>주차</th><th colspan="2">학습내용
(단원명)</th><th>수업(수행)목표</th><th>수업
방식</th><th>수업매체
및 자료</th><th>평가</th></tr>
<tr><td>1</td><td colspan="2">모발의 이해 및 샴푸와 드라이</td><td>• 모발에 대해 이해할 수 있다.
• 샴푸 및 헤어 트리트먼트에 대해 이해할 수 있다.
• 두상의 포인트와 영역에 대해 이해할 수 있다.
• 블로우 드라이에 대해 이해할 수 있다.
• 아이론 드라이에 대해 이해할 수 있다.
• 헤어스타일링 기본도구에 대해 이해할 수 있다.</td><td>강의</td><td>교재</td><td></td></tr>
<tr><td>2</td><td colspan="2">고객응대 서비스 및 헤어스타일 상담 & 헤어 샴푸</td><td>• 고객을 응대하고 헤어스타일링을 제안 · 준비할 수 있다.
• 헤어 샴푸 · 트리트먼트를 할 수 있다.
• 매니플레이션을 할 수 있다.
• 모발을 타월로 감쌀 수 있다.</td><td>강의,
실습</td><td>교재</td><td></td></tr>
<tr><td>3</td><td rowspan="6">기초드라이</td><td>블로우 스트레이트 드라이하기</td><td>• 블로우 드라이어를 사용하여 뿌리의 방향성을 잡아주고 볼륨감 있게 드라이를 수행할 수 있다.
• 뿌리볼륨을 생성하고 스트레이트로 윤기있게 드라이를 연출할 수 있다.</td><td>강의,
실습</td><td>교재</td><td></td></tr>
<tr><td>4</td><td>아이론 스트레이트 드라이하기</td><td>• 헤어 아이론을 사용하여 뿌리의 방향성을 잡아주고 볼륨감 있게 드라이를 수행할 수 있다.
• 뿌리볼륨을 생성하고 스트레이트로 윤기있게 드라이를 연출할 수 있다.</td><td>강의,
실습</td><td>교재</td><td></td></tr>
<tr><td>5</td><td>블로우 C컬 드라이하기 (인컬)</td><td>• 블로우 드라이어를 사용하여 뿌리볼륨을 생성하고 인컬 드라이를 연출할 수 있다.</td><td>강의,
실습</td><td>교재</td><td></td></tr>
<tr><td>6</td><td>아이론 C컬 드라이하기 (인컬)</td><td>• 헤어 아이론을 사용하여 뿌리볼륨은 살려주고 인컬 드라이를 연출할 수 있다.</td><td>강의,
실습</td><td>교재</td><td></td></tr>
<tr><td>7</td><td>블로우 C컬 드라이하기 (아웃컬)</td><td>• 블로우 드라이어를 사용하여 뿌리볼륨을 생성하고 아웃컬 드라이를 연출할 수 있다.</td><td>강의,
실습</td><td>교재</td><td></td></tr>
<tr><td>8</td><td>아이론 C컬 드라이하기 (아웃컬)</td><td>• 헤어 아이론을 사용하여 뿌리볼륨은 살려주고 아웃컬 드라이를 연출할 수 있다.</td><td>강의,
실습</td><td>교재</td><td>1차
(서술형
시험)</td></tr>
</table>

주차	학습내용 (단원명)		수업(수행)목표	수업 방식	수업매체 및 자료	평가
9	응용드라이	블로우 S컬 드라이하기 (리버스)	• 블로우 드라이어를 사용하여 뿌리볼륨은 살려주고 얼굴 반대 방향으로 S컬의 웨이브를 연출할 수 있다.	강 의 , 실습	교재	
10		아이론 S컬 드라이하기 (리버스)	• 헤어 아이론을 사용하여 뿌리볼륨을 생성하고 얼굴 반대 방향으로 S컬의 웨이브를 연출할 수 있다.	강의, 실습	교재	
11		블로우 S컬 드라이하기 (포워드)	• 블로우 드라이어를 사용하여 뿌리볼륨을 생성하고 얼굴 방향으로 S컬의 웨이브를 연출할 수 있다.	강의, 실습	교재	
12		아이론 S컬 드라이하기 (포워드)	• 헤어 아이론을 사용하여 뿌리볼륨을 생성하고 얼굴 방향으로 S컬의 웨이브를 연출할 수 있다.	강의, 실습	교재	
13		S–S컬 드라이하기 (쇼트헤어)	• 모발 상태와 헤어디자인에 따라 블로우 드라이어, 헤어 아이론 등의 기기 및 도구를 선정할 수 있다. • 기기 및 도구를 사용하여 뿌리볼륨을 생성하고 S컬을 교차하면서 웨이브를 연출할 수 있다.	강의, 실습	교재	
14		S–S컬 드라이하기 (핑거드라이)	• 모발 상태와 헤어디자인에 따라 블로우 드라이어, 헤어 아이론 등의 기기 및 도구를 선정할 수 있다. • 기기 및 도구를 사용하여 뿌리볼륨을 생성하고 S컬을 교차하면서 손가락을 이용하여 웨이브를 연출할 수 있다.	강의, 실습	교재	
15		S–S컬 드라이하기 (트위스트)	• 모발 상태와 헤어디자인에 따라 블로우 드라이어, 헤어 아이론 등의 기기 및 도구를 선정할 수 있다. • 기기 및 도구를 사용하여 뿌리볼륨을 생성하고 S컬을 교차하면서 트위스트의 웨이브를 연출할 수 있다.	강의, 실습	교재	3차 (포트폴리오)
16		S–S컬 드라이하기 (물결드라이)	• 모발 상태와 헤어디자인에 따라 블로우 드라이어, 헤어 아이론 등의 기기 및 도구를 선정할 수 있다. • 기기 및 도구를 사용하여 뿌리볼륨을 생성하고 S컬을 교차하면서 물결모양의 웨이브를 연출할 수 있다.	강의, 실습	교재	2차 (평가자 체크리스트)

Chapter 2
NCS 샴푸& 드라이 이론

1주. 모발의 이해 및 헤어 샴푸와 드라이

1st week

모발의 이해 및 헤어 샴푸와 드라이

학습내용(단원명)	수업 목표
모발의 이해 및 헤어 샴푸와 드라이	• 모발에 대해 이해할 수 있다. • 샴푸 및 트리트먼트에 대해 이해할 수 있다. • 두상의 포인트와 영역에 대해 이해할 수 있다. • 블로우 드라이에 대해 이해할 수 있다. • 아이론 드라이에 대해 이해할 수 있다. • 헤어스타일링 기본도구에 대해 이해할 수 있다.

1. 모발의 이해

1. 모발의 발생

모발은 사람 몸에 난 털의 총칭이며 피지선이나 한선과 함께 피부 표면에 생기는 것으로 모체의 태내부터 발생된다. 태생 초기인 6~7주가 되면 모발은 표피에 생기게 되고 9~12주 경이면 자라기 시작하여 출생과 함께 형성된다. 따라서 모발의 성질은 태내에서 이미 결정된다고 볼 수 있으며, 출산 후에는 새로운 모발기관의 형성이 일어나지 않기 때문에 출생 후 사람의 모발 수는 증가하지 않는다.

태아의 피부 표면에 생긴 모모세포는 피부내 깊숙이 침투하여 모낭을 형성하는데 이 모낭은 피부의 부속기관인 표피세포로부터 만들어진다. 모낭의 제일 아랫부분에는 모유두가 있으며 모유두는 모발이 만들어지는 곳이다.

모유두는 모세혈관과 자율신경이 연결되어 있고, 모세혈관은 모발의 원료가 되는 아미노산의 수송경로이다. 아미노산은 모유두에서 자율신경의 명령에 따라 단백질을 합성해 케라틴 단백질을 만들고 케라틴 단백질이 커질수록 모모세포는 성장하고 분열을 한다.

모발은 세포가 각화현상을 일으킬 때 비로소 만들어지며 서서히 성장하여 한 가닥의 모발이 된다. 분열과 각화가 계속되면서 위로 성장하여 올라가 모표피, 모피질, 모수질로 구성된다.[1)]

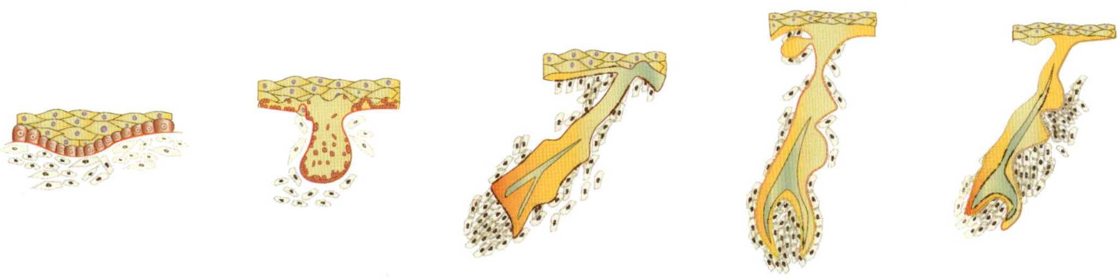

그림 2-1 모발의 발생과정[2)]

2. 모발의 구조

모발은 인체의 피부 부속기관으로 표피에서 외부로 나와있는 모간부와 표피의 내부, 즉 진피에 자리잡고 있는 모근부로 구분되고 모발은 모낭 내에서 만들어진다. 모구는 모근의 가장 아래 부풀어 있는 부분이고 모구의 하반부 중심에는 모유두가 있으며 이를 둘러싸고 있는 부위를 모모라고 한다.

모모는 세포분열이 일어나 털이 생겨나는 모체가 되는 곳으로 모발 성장에 중요한 역할을 한다.

분열된 세포가 성장하여 분화된 조직이 되고 다시 피부 표면으로 이행함에 따라 각화된 가장 내측이 모발이 된다. 모발은 중심으로부터 모수질, 모피질, 모표피로 구성되어 있다. 이 털을 감싸고 있는 것이 내모근초이고 그 외측에는 표피의 연장인 외모근초가 있다.

머리카락을 뽑았을 때 보여지는 하얀물질은 모근에 모낭의 일부가 붙어서 나왔기 때문이고 모유두가 손상되지 않는 한 머리카락은 계속 성장하며 수명이 끝나면 자연스럽게 탈락되는 것을 반복한다.[3)]

(1) 모근부의 구조

두피는 다른 피부 부위보다 모낭과 피지선의 분포도가 높고 모발, 모낭, 피지선이 복잡하게 연관된 구조이다. 모발은 성장기능과 신경 감각기능을 가지고 있고 주기에 따라 모낭의 구조 및 위치가 변화한다.

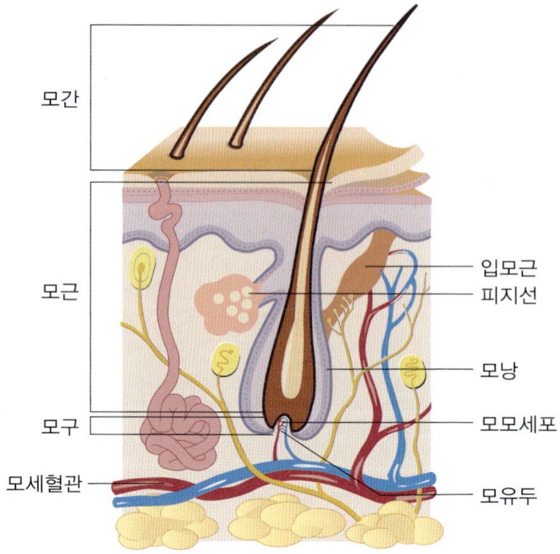

그림 2-2 모근부의 구조[4)]

① 모낭

모발을 둘러싸고 있는 주머니 모양으로 표피세포들이 진피 쪽으로 밀려 내려와 진피 내측에 자리하고 있으며 모유두를 감싸고 있다. 모발의 생성부터 각화까지 보호하여 표피까지 운반하며 손, 발, 귀두, 입술을 제외한 전신에 분포되어 있고 파멸되면 재생할 수 없다.

② 모구

모근 아랫부분에 전구 모양처럼 생긴 부분으로 모발이 생성되고 성장하는 장소로 아랫부분은 움푹 파여 있고 진피 세포층에서 나온 모유두와 맞물려 있으며 모발을 보호하는 내모근초와 외모근초가 생성되는 중요한 곳이다.

③ 모유두

모근 아랫부분에 위치하고 젖꼭지 모양처럼 위로 돌출되어 있어 모유두라 한다. 태어날 때부터 모유두의 전체 개수는 정해져 있으며 신경과 모세혈관으로부터 산소와 영양분을 공급받아 모발을 성장시키는 직접적인 영양 공급 기관이다.

④ 모모세포

모유두를 감싸는 중요한 모발 구성 요소로 세포분열을 통해 모발이 성장할 수 있도록 모유두에서 영양분을 공급 받는다. 모모세포는 세포분열이 왕성하여 끊임없이 분열하거나 증식하는데 모유두의 정점 부분에서는 모피질이 된 세포가, 가장 아래 외측에서는 모표피가 된 세포가 분열하여 위로 밀린다.

⑤ 피지선

모근 1/3지점에 위치하고 피지선에서 분비되어 형성된 피지막은 수분 증발을 억제하고 살균작용, 유화작용, 윤택과 유연성을 부여하고 미생물의 발육을 억제한다. 모낭벽에 위치하고 피지를 분비하여 두피와 모발에 윤기와 부드러움을 주며 표면을 보호한다. 피지선은 손, 발바닥, 입술, 남성의 귀두, 여성의 음핵을 제외한 전신의 거의 모든 피부에 분포하고 있다. 피지는 모발의 1~8%를 차지하고 하루 평균 1~2g정도를 분비한다.

⑥ 입모근

모근 아래쪽 1/3지점에 위치하고 기모근으로도 부르며 급격한 온도변화가 있거나 공포로 인해 근육이 수축하면서 피부 표면에 소름을 일으켜 털을 곤두서게 하는 역할을 한다. 입모근이 수축할 때 모공이 닫히게 되는데 잦은 수축은 피지 분비를 촉진시킨다. 속눈썹, 눈썹, 코, 뺨, 입술에는 입모근이 없다.[5)]

(2) 모간부의 구조

모간부는 중심부를 이루는 가느다란 모수질과 이를 둘러싼 조금 더 두꺼운 모피질, 최외측의 비늘처럼 생긴 모표피로 3가지 층을 구성하고 있다.

모낭의 표피세포가 기저층에서 생성되어 점차 위로 이동하여 표피의 상층이 되고, 모유두 주위의 세포가 분열·증식하여 서서히 모발세포로 생성되어 밑에서부터 위로 밀려 피부 밖으로 올라 오는 것을 "모발이 성장한다"라고 표현한다.[6)]

모발의 모간부는 인종과 성별에 따라 외모에 영향을 미치고, 외부 자극으로서 신체를 보호하며 체온을 유지하는 기능을 가진다.[7)]

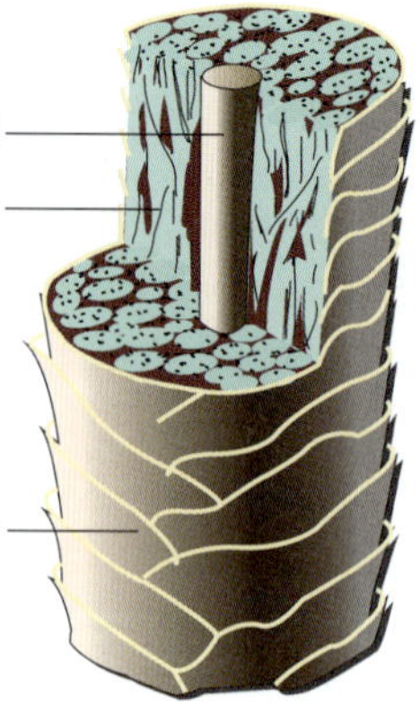

그림 2-3 모간부의 구조

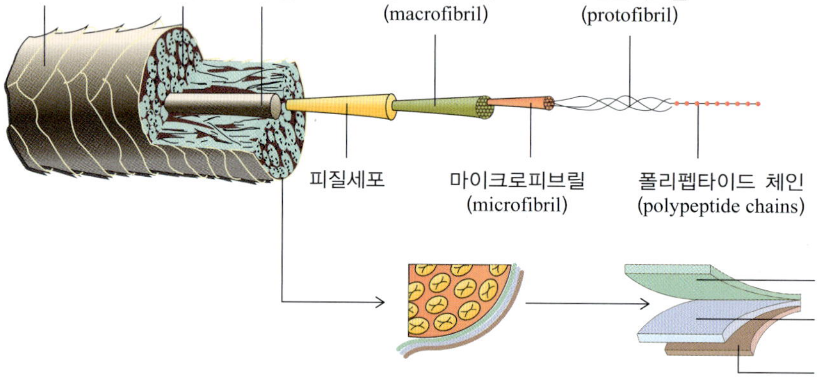

그림 2-4 모발 횡단면의 구조[8)]

① 모표피(cuticle)

모발의 10~15%를 차지하는 모표피(cuticle)는 모발의 가장 바깥층으로 케라틴이라는 경단백질로 구성되어 있고, 인종과 개인에 따라 5~15층으로 일정한 모양을 이루고 있으며 마치 물고기의 비늘처럼 구성되어 있다.

건강모는 비늘 상태가 규칙적으로 겹쳐져 있으므로 광택이 있고 단단해 보이며 외부자극에도 손상을 적게 받는다. 모표피는 외부자극으로부터 모피질을 보호하고 수분증발을 억제하는 역할을 한다. 모발이 손상되었다는 것은 모표피 층과 모피질 층이 손상된 것을 의미하고, 손상된 모발은 스스로의 재생 능력이 없다.[9)]

모표피는 다시 에피큐티클, 엑소큐티클, 엔도큐티클의 3개의 층으로 나뉘고, 0.1~0.2mm의 두께로 이루어져 있다.

- **에피큐티클**(epicuticle) : 화학적 작용에는 강하고 물리적 작용에는 약한 친유성이며 모표피 가장 외측에 견고하게 결합되어 있다.
- **엑소큐티클**(exocuticle) : 퍼머넌트 웨이브 시술 시 약액의 작용을 받기 쉽다.
- **엔도큐티클**(endocuticle) : 알칼리성 용액에 약하고 단백질 침식성의 약품인 친수성이며 알칼리성 용액에는 약하다.

② 모피질(cortex)

모발의 85~90%를 차지하는 피질층인(cortex)인 모피질은 모발의 성질을 좌우하는 제일 중요한 부분이다. 친수성의 부드러운 단백질인 케라틴으로 구성되어 있고 황(s) 함유량이 높다. 퍼머넌트 웨이브 시술 시에는 화학적 결합에서 큰 작용을 하는 부분으로 수분 유지와 탄력에 영향을 미치고 멜라닌 색소를 함유하고 있어 모발의 색상에도 영향을 준다.

모피질은 피질세포와 세포간 결합물질로 구성되어 있다. 모피질은 폴리펩타이드 세 개가 꼬여 있는 프로토 피브릴(proto fibril) 11개가 마이크로 피브릴(micro fibril)을 구성하고 있고, 이 마이크로 피브릴이 모여 만들어진 매크로 피브릴(macro fibril)이라는 거대섬유와 이들을 둘러싸고 있는 간충물질로 구성된다. 이 과정을 통해 모발의 피질이 형성되고, 케라틴 체인은 모발을 팽팽하게 잡아 늘일 때 스프링처럼 끊어지지 않고 늘어나는 성질을 갖는다.[10)]

③ 모수질(medulla)

모발의 중심부분인 모수질(medulla)은 내부에 공기를 함유하고 있고, 공기 함유량이 많을수록 모발에 광택을 부여한다. 또한 보온작용으로 추운지방에 서식하는 동물의 털이나 두꺼운 모발에 많이 나타난다. 특히 사람의 경우 모수질이 많은 모발은 탄력있는 퍼머넌트 웨이브가 형성되는데 이는 약제의 노폐물이 모수질로 배출되기 때문이다.

모수질 층은 연모(아주 가늘은 모발)에는 존재하지 않고, 대체로 경모(굵은 모발)에 존재한다.[11)]

3. 모발의 성장주기

모발의 성장과정은 피부의 표피가 안으로 함몰되며 모낭이 형성된다. 모낭의 활동주기에 따라 성장기, 퇴행기, 휴지기, 발생기의 과정을 거치게 된다. 모발은 2~7년의 성장기와 2~3주의 퇴행기를 거쳐 3~4개월의 휴지기에 탈락하고 이들 주변에 또 다른 새로운 모낭이 형성되어 대치된다.[12)]

(1) 성장기

성장기 모발의 수명은 성별의 차이가 있고 음식물, 호르몬, 비타민 등의 영향에 따라 변화할 수 있다. 성장기에는 모발 상피가 모유두를 둘러싸며 모유두로부터 보다 활발한 영향력을 받는다.[13)]

즉, 혈관계에 직접 연결되는 모유두를 통해 성장에 필요한 산소 및 영양분을 모유두로부터 받아 세포분열이 일어나는 것이다.

성장기에는 모구의 세포분열이 가장 왕성한 시기로 하루에 0.35~0.4mm, 한 달에 0.5~1.5cm정도 성장하고, 전체 모발의 80~90%가 2~7년간 지속된다.[14)]

(2) 퇴행기(퇴화기)

성장기가 끝나면 모발의 형태를 유지하고 대사과정이 느려지는 시기로 모유두와 모구부가 분리되고 모낭이 수축하는 단계이다. 이때 세포분열이 정지되어 더 이상 케라틴을 생성하지 않고, 기간은 2~3주로 전체 모발의 약 1%를 차지한다.

(3) 휴지기

휴지기에는 모발 성장이 완전히 정지하는데 모구가 건조하고 완전히 각질로 된 곤봉모양이다. 퇴화기를 거친 모발이 세포분열을 멈추고 모낭과 모유두가 완전히 분리되는 시기로 휴지기가 지나면 같은 모낭에서 다른 새로운 모발이 자라기 시작한다.[15)]

휴지기는 전체 모발의 14%를 차지하고 기간은 3~4개월 지속되며 새로운 모발이 위로 밀려 올라가며 자연히 빠지게 된다.

(4) 발생기

신생모가 성장하는 기간으로 배아세포의 세포분열에 의해 모구가 팽창된다. 하나의 모낭 안에 서로 다른 주기의 모발이 공존하고, 휴지기의 모발 탈락을 유도하며 개인의 유전체질, 연령, 질병 등에 따라 차이가 있다.

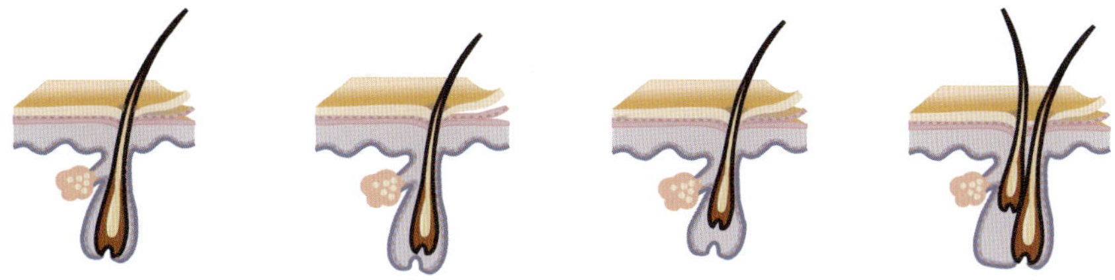

그림 2-5 모발의 성장주기

4. 모발의 기능

(1) 보호·보온기능

모발은 체온유지를 통해 우리 몸의 체온을 일정하게 유지하고, 외부의 물리적 · 화학적 자극으로부터 몸을 보호하기 위해 존재한다. 모발은 외부로부터 어떠한 충격을 받을 때 쿠션 역할과 직사광선 및 마찰, 위험 등 외부자극으로부터 인체를 보호한다.[10)]

(2) 감각기능

모근의 지방선과 입모근에 지각 신경이 분포되어 있어 적은 자극에도 바로 반응한다.

(3) 배설기능

모발은 혈액순환으로 받은 영양분으로 성장한다. 환경오염에 의한 수은 · 납 등의 중금속이 체내에 들어오면 혈액 내의 유해한 물질을 모발을 통해 다시 몸 밖으로 배출한다.

(4) 장식기능

모발은 개인의 아름다움과 개성을 표현하기 위한 방법으로 스타일링, 퍼머넌트 웨이브, 염색 등을 통해 헤어스타일을 변화하여 다른 이미지를 가질 수 있어 개인적인 장식의 역할을 한다.

5. 모발의 종류

(1) 모질에 따른 모발의 형상

모발은 크게 직모(Straight hair) · 파상모(Curly hair) · 축모(Kimky hair)로 나뉘고, 인종에 따라 모발의 형상이 뚜렷하게 나타난다. 유전적 체질에 의해 발생하고 모발이 생성되어 성장하는 과정에서 모발의 성장을 돕는 내모근초와 외모근초의 형태에 따라 결정된다.

① 직모(Straight hair)

주로 동양인에게 나타나는 모발의 형상으로 모낭이 꼿꼿하여 머리카락이 곧은 것이 특징이고 단면이 원형을 띤다. 대부분의 동양인은 직모와 파상모가 혼합되어 있는 형태이나 직모의 비율이 다소 높다.

② 파상모(Curly hair)

주로 서양인에게 나타나는 모발의 형상으로 모낭의 한쪽이 굽게 자라 굽슬거리는 모발로 성장하는 것이 특징이고, 직모와 축모의 중간 형태로 곡모라고도 부른다. 유전적 체질에 의해 생겨나며 단면이 타원형을 띤다.

③ 축모(Kimky hair)

주로 흑인에게 나타나는 모발의 형상으로 모발이 꼬불꼬불하게 성장하는 것이 특징이고, 직모에 비해서 모발이 단단하고 시술 시 어려움이 있다. 유전적 체질에 의해 생겨나며 횡단면이 작게 오그라든 타원형을 띤다.

표 2-1 모발의 형상에 따른 분류[17)]

구분	직모(Straight hair)	파상모(Curly hair)	축모(Kimky hair)
모발			
모낭의 형태	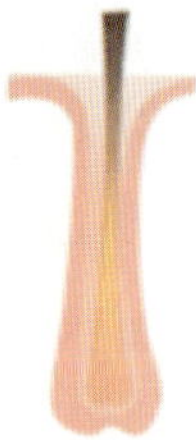		
횡단면			

(2) 굵기에 따른 분류

① 취모(배냇머리)

배냇머리를 뜻하는 솜털이다. 태내에서 생긴 털로 가장 가늘고 부드러우며 색이 연하다. 굵기는 0.02mm로 큐티클이 관찰되지 않고 출생 무렵 취모는 탈락되어 연모로 바뀐다.

② 연모(솜털)

피부의 대부분을 덮고 있는 솜털을 뜻한다. 섬세한 털로 굵기는 0.08mm이하로 짧고 가늘다. 연모는 색소가 거의 없어 갈색을 띠며 출생 후 성장하며 성모로 바뀐다.

③ 성모(중간모)

연모와 경모(성모,종모)의 중간쯤 되는 모발이다.

④ 경모(성모, 종모)

모낭이 생성하는 마지막 털로 머리카락 · 수염 · 겨드랑이 털 · 눈썹 · 속눈썹 · 생식기 주변을 구성하는 0.15~0.20mm의 굵은 털이고, 모낭의 수는 출생 시 결정되므로 성인이 되어도 증가하지 않는다.

2. 모발의 성질

1. 모발의 물리적 특성

(1) 모발의 광변성

태양광선의 적외선과 자외선은 모발손상에 영향을 미친다. 적외선은 열을 발생시켜 모발 케라틴의 측쇄결합에 영향을 주고 열변성을 일으킨다. 자외선은 모발의 손상에 더욱 치명적으로 시스틴을 감소시킬 수 있다. 이처럼 태양광선에 노출이 심한 사람의 경우 퍼머넌트 웨이브가 잘 형성되지 않거나 쉽게 늘어지는 것은 모발의 광변성에 의한 것이다.[18]

(2) 모발의 흡습성

모발은 습한 공기 중에서 수분을 흡수하고 건조한 공기 중에서 수분을 발산하는 성질인 흡습성을 가진다. 모발 섬유 고분자와 물분자 간에 물리적 결합에 의해 약한 힘으로 작용하고, 모발의 여러 물리적 성질에 영향을 미치며 헤어디자인 결정 형성과정에도 중요한 요소로 작용한다. 본래의 모발 수분 보유함량은 10~15% 내외이고 세발 직후에는 약 30%, 블로우 드라이어 건조시 약 10%의 수분을 함유한다.[19] 흡습성이 고르지 않으면 퍼머넌트 웨이브나 염색 시술 시 웨이브 형성에 영향을 미치거나 색이 고르지 않게 나타난다.

(3) 모발의 열변성

열이 모발에 미치는 영향은 건열과 습열이 다르다. 건열의 경우 외관적으로 120℃ 전후에 팽윤되고 130~150℃에서 변색이 시작되며 270~300℃가 되면 타서 분해되기 시작한다. 습열의 경우 화학적 시스틴 감소가 100℃전후에 나타나고 130℃에서는 케라틴 변형이 일어난다. 또한 습도 70%에서는 70℃부터 시작되지만 습도 97%에서는 60℃에서 시작된다. 따라서 열처리 온도는 60℃ 이하로 진행하는 것이 모발 손상을 방지하는 역할을 한다. 모발에 남아있는 약제를 충분히 씻어내지 않은 경우 모발은 열변성을 한층 더 강하게 받아 손상을 더욱 유도한다.[20]

표 2-2 열에 의한 영향

건열에 의한 영향		습열에 의한 영향	
• 130~150℃	• 변색 및 시스틴 감소	• 100℃ 전후	• 시스틴 감소
• 180℃	• 케라틴 구조의 변형	• 130℃	• 케라틴 구조의 변형
• 270~300℃	• 타서 분해됨		

(4) 모발의 팽윤성

어떠한 물체가 액체를 흡수하여 그 본질을 변화시키지 않고 부피를 증가시키는 현상을 말한다. 모발은 수중에서 팽윤 평형에 달하는데 실온에서 15분 이상, 고온에서 5분 이내로 거의 팽창에 가까운 팽윤도가 된다.[21)]

(5) 모발의 탄력성

모발에 어떠한 힘을 작용하여 형태를 변형시킨 후 그 힘을 제거했을 때 본래의 모양과 크기로 돌아가려는 성질을 말한다. 이는 모발 내 케라틴의 측쇄결합과 입체구조에 의해 일어난다. 모발은 스프링 구조로 이루어져 있어 탄력성을 가지며 습윤모의 경우 탄력성이 매우 크다.[22)]

표 2-3 모발의 탄력성

모발 상태	수분함량	늘어나는 정도
보통 건조된 모발	10~15%	20~30%
젖은 모발	30%	50~60%

(6) 모발의 대전성

건조한 시기에 쉽게 볼 수 있고 모발을 브러싱 할 때 전기를 띠며 달라붙기도 밀어내기도 하는 정전기 현상을 뜻한다. 이는 모발의 마찰에 의한 (+)전기와 빗의 (−)전기로 대전하는 성질에 의해 일어난다.

대전성의 경우 미용실 내 시술과정에서 실내의 온도 · 습도 등에도 영향을 받기 때문에 모발에 적당히 수분을 부여하거나 화장품을 사용하면 대전성을 방지할 수 있다.

(7) 모발의 고착력

두피로부터 모발 한 가닥을 뽑는데 드는 힘을 뜻하고, 약 50g의 힘을 필요로 한다. 모발의 성장주기에 따라 성장기 모발은 50~80g의 힘이 들고 휴지기 모발은 20g의 힘이 든다.[23)]

(8) 모발의 인장(강도, 신장도)

모발에 대하여 축 방향의 힘을 작용하여 늘어날 때 가해지는 힘(하중)과 모발 변형(신장)과의 관계를 뜻한다. 모발은 힘을 가하여 당기면 점차 늘어나며 끊기게 되는데 이때 늘어난 신장률이 신도(%)이고 모발에 가해진 하중이 인장강도(%)이다. 보통 건강한 모발은 건조된 상태에서 평균 150g의 강도와 40%의 신도를 가지며 젖은 상태에서 평균 90g의 강도와 50%의 신도를 가진다.

(9) 모발의 굵기

모피질과 모표피의 두께에 영향을 받고 동양인과 서양인은 모발의 차이를 가진다. 동양인의 모피질 부위는 적은 반면에 모표피 층이 두껍고, 서양인은 모피질 부위가 두꺼운 반면 모표피 층이 얇아 동양인에 비해 부드러우며 가늘다.

모발의 종류를 결정짓는 요소 중의 하나인 모발의 굵기는 성별, 연령, 환경, 탈모의 정도에 따라 차이를 가진다.

2. 모발의 화학적 성질

(1) 모발의 성분

모발의 80~90%는 단백질로 구성되어 있고 그 외에는 멜라닌 색소(3%), 지질(1~8%), 미량원소(0.6~1.0%), 수분(10~15%) 등으로 이루어져 있다.

단백질을 가수분해하면 약 20종의 아미노산을 얻을 수 있고 모발의 주성분인 케라틴 단백질은 18종류의 아미노산으로 구성되어 있다.[24)] 케라틴 단백질은 경 케라틴으로 각층의 표면이 서로 밀착되어 일정한 형을 이루고 있어 허물어지지 않는 성질을 가진다.

멜라닌 색소는 인종과 유전적인 영향이 크고 모근에 산재해 있는 멜라노사이트 중에서 타이로신을 원료로 하여 몇 단계의 산화와 중합을 거쳐 만들어진다.

지질은 피지선에서 분비된 피지와 피질세포 자신이 가지고 있는 지질을 함유한다. 피지의 분비량과 조성은 내부요인과 외부요인에 따라서 영향을 받기 때문에 개인차가 크다.

모발의 미량원소는 백발에는 니켈(Nickel), 황색 모발에는 티탄산염(Titan), 적색에는 철(Fe), 몰리브덴(Molybdan), 흑발에는 동(Cu), 코발트(Cobalt), 철(Fe)이 함유되어 있다.

수분은 모발의 유연성, 광택, 통풍, 인장강도, 정전기 등에 영향을 받는다. 보통 모발의 수분함유량은 10~15%이고, 10% 이하인 경우 건조모라고 한다.[25]

(2) 모발의 등전점

모발을 구성하는 아미노산은 (+)과 (−)의 양측의 전기적 성질을 가진다. 산성 용액은 (+)이온으로 존재하고 알칼리성 용액은 (−)이온으로 존재하며 중성 용액은 (+)이온과 (−)이온이 동등한 상태가 되는데 이것을 등전점이라고 한다.

(3) pH와 모발과의 관계

pH는 산성과 알칼리성 정도를 나타내는 수치로 0~14까지 구분한다. 중간에 위치하는 7은 중성을 뜻하고 7 이상은 알칼리성, 7 이하는 산성이라 부른다.

수분을 함유하고 있을 때 표면 또는 모피질 내의 수분을 pH로 측정하면 모발의 경우 보통 4.5~5.5 의 수치를 나타낸다.[26]

pH 밸런스란 모발의 화학적 시술 후 본래의 pH 4.5~5.5의 약산성으로 되돌아가도록 해주는 것이다. 산성은 모표피를 닫아주고 모발에 윤기와 부드러움을 부여해 빗질이 용이하게 하며, 알칼리성은 모표피를 열어주고 모발의 광택을 없애며 까칠하게 만들어 빗질이 어렵다.[27]

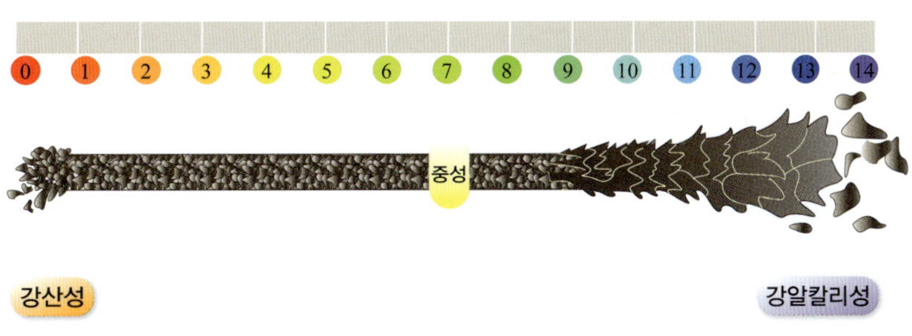

그림 2-6 pH와 모발과의 관계[28]

3. 헤어 샴푸의 이해

1. 헤어 샴푸의 정의

두피 및 모발에 쌓인 노폐물, 각질, 헤어제품(왁스, 스프레이 등)의 사용으로 인한 잔유물을 제거하여 청결히 해줌과 동시에 탈모, 비듬, 피부염 등의 질병을 방지할 수 있다. 또한 적당한 자극을 통해 혈액순환을 촉진시키고 생리기능을 높여 모근부의 기능을 활발하게 만들어 생리적 기능을 돕고 모발과 두피를 건강하게 유지한다.

2. 헤어 샴푸의 주성분

샴푸의 80~90%는 물과 계면활성제로 이루어진다. 계면활성제는 물과 친한 친수기(hydrophilic group)와 기름과 친한 친유기(lipophilic group)로 나뉜다. 친수기의 경우 물과 화합이 쉬운데 비해 친유기는 화합이 어려워 친수성 부분은 수용액 내부로 친유성 부분은 액체 밖으로 배열한다. 계면활성제는 수용액상에서 이온화되는 이온성 계면활성제와 이온화되지 않는 비이온성 계면활성제로 나누어지고 이온성질에 따라 양이온, 음이온, 양성이온, 비이온성 계면활성제로 분류된다.[29)]

(1) 양이온 계면활성제(Cationic Surfactant)

물속에서 해리될 때 양이온의 형태를 갖는다. 세정력은 높지 않으나 살균과 소독작용이 우수하고 정전기 발생을 억제하며 모발의 유연함을 부여하는 특성을 가진다. 또한 음이온 계면활성제를 중화하고 모발을 윤기있게 만드는 헤어린스, 헤어 트리트먼트 및 섬유유연제에 사용된다.

(2) 음이온 계면활성제(Anionic Surfactant)

물속에서 해리될 때 음이온의 형태를 갖는다. 우수한 세정효과와 기포를 형성하는 특성을 가지며 침투와 분산성, 유화가 뛰어나 샴푸, 클렌징 폼 비누, 주방세제, 세탁세제 등에 사용된다.

(3) 양성이온 계면활성제(Amphoteric Surfactant)

양이온과 음이온의 두 가지 성질을 동시에 가진다. pH에 따라 양이온은 산성영역에서 음이온은 알칼리성 영역에서 해리되어 한쪽의 특성을 나타낸다. 다른 분류의 계면활성제에도 상용성이 좋아 유화제로도 사용되고 기포를 안정화시키며 적당한 세정 작용으로 피부 자극이 적어 유아용 제품, 저자극 제품 등에 사용된다.

(4) 비이온성 계면활성제(Nonionic Surfactant)

물에 해리된 후 특정 이온을 띠지 않기 때문에 산성이나 알칼리성의 영향을 받지 않고 분자 내 여러 극성기를 가지고 있어 물과 친화성이 자유롭다. 이러한 비이온성 계면활성제는 피부 자극이 매우 적고 안정적이며 유화력과 윤활력은 우수하여 장기간 사용하는 기초화장품에 주로 사용되고 크림의 경우 유화제 역할을 한다.

• 계면활성제의 구조

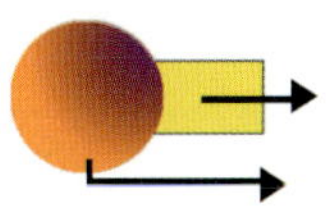

동그란 부분은 물에 섞이기 쉬운 친수기, 네모난 부분은 기름에 섞이기 쉬운 친유기이다. 물에 닿으면 동그란 부분은 외측으로, 네모난 부분은 내측으로 원형을 만들게 되는데 이 현상을 미셀(Micelle)이라고 부른다.

종류	구성	용해 중 친수기 상태	용도
양이온 계면활성제	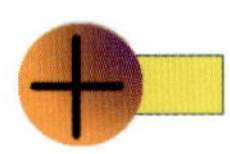	양(+)이온을 띰	헤어린스, 헤어 트리트먼트, 섬유유연제 등
음이온 계면활성제	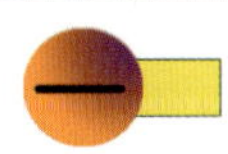	음(−)이온을 띰	샴푸, 클렌징 폼, 비누, 주방세제, 세탁세제 등
양성이온 계면활성제	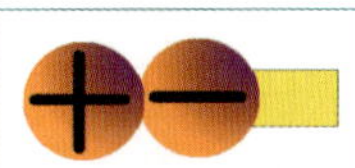	양(+), 음(−)이온을 동시에 띰	유아용 제품, 저자극 제품 등
비이온 계면활성제	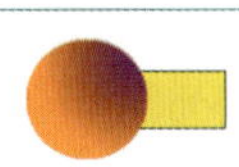	특정 이온을 띠지 않음	기초화장품 등

그림 2-7 계면활성제의 종류와 특징[30]

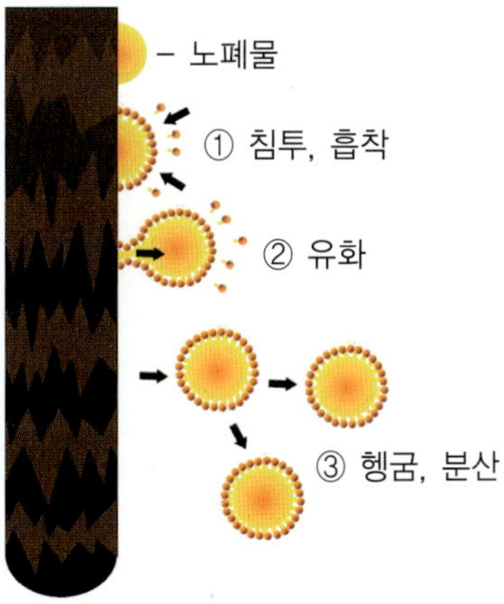

노폐물을 세정하는 원리로 친유성이 내측, 친수성이 외측방향으로 노폐물에 샴푸제가 침투되어 모발에 흡착된다. 계면활성제 작용으로 노폐물을 떨어뜨려 떠오르게 한 후 많은 양의 계면활성제가 노폐물 표면을 감싸며 친수성으로 변화한다. 계면활성제로 덮인 기름이 씻겨 내려가며 더 이상 모발에 붙지 않도록 분산시킨다.

그림 2-8 세정작용 원리

3. 헤어 샴푸의 기본동작

샴푸 기본동작은 손바닥의 넓은 부분을 사용하여 거품을 충분히 만들고 손가락의 지문과 손톱 아래 첫 마디를 사용하여 테크닉을 진행한다.[31)]

① 지그재그 기법

② 굴리기 기법

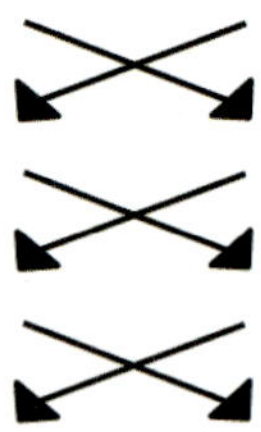

③ 양손교차 기법

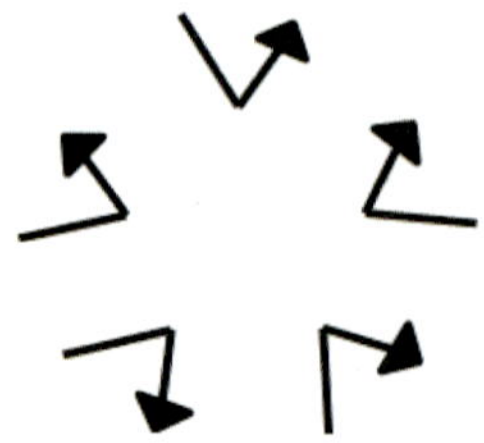

④ 튕기기 기법

4. 헤어 샴푸의 종류

(1) 중성 샴푸제

중성 샴푸제의 pH는 약 7.5~8.5의 수치로 합성세제나 비누를 주제로 하여 두피 및 모발에 있는 노폐물 등을 제거한다. 세정력이 강하기 때문에 두피를 심하게 자극하는 것을 피하고 장기간 사용할 경우 두피가 건조해질 수 있어 세정력이 약한 샴푸와 교차해서 사용하는 것이 좋다.

(2) 산성 샴푸제

산성 샴푸제의 pH는 약 5.5~6.5의 수치로 퍼머넌트 웨이브, 염색 등 화학적 시술로 알칼리화 된 모발에 산성 샴푸제를 사용하여 pH수치를 등전점으로 내려주어 모발의 손상을 줄여준다.[32)]

(3) 컬러 샴푸제

컬러 샴푸제의 pH는 약 5.5~6.5의 수치로 염색 모발의 전용샴푸제로 사용되며 논스트리핑 샴푸제(Nonstripping shampoo)라고 부른다. 컬러 샴푸제는 대부분 pH가 낮은 산성으로 이루어져 있고 모발의 노폐물을 제거하는 세정력이 약하나 자극이 적은 특징을 갖는다. 중성 샴푸제보다 퇴색 정도가 약하지만 기포제 함유량에 따라 모발을 퇴색시킬 수 있다.

5. 헤어 샴푸의 목적에 따른 분류

샴푸는 두피 및 모발을 세정하기 위한 목적뿐만 아니라 화학적 시술에 따라 시술 전의 프레 샴푸(Pre shampoo)와 시술 후의 애프터 샴푸(After shampoo)로 나뉘며 목적에 따라 샴푸를 다양하게 분류할 수 있다. 헤어 샴푸는 모든 미용 기술의 기초가 되고 두피 및 모발을 자극하여 혈액순환을 도와 모근을 강화시키며 생리기능을 높인다.

표 2-4 목적에 따른 샴푸의 분류

두피 및 모발 상태	샴푸 목적
보통 상태 두피 및 모발	• 플레인 샴푸(Plain shampoo) 기본 세정력을 가지며 펌 시술 전처리 샴푸로 사용
영양이 필요한 두피 및 모발	• 소프트터치 샴푸(Soft touch shampoo) 모발에 유연성 부여
	• 브라이언트 샴푸(Brilliant shampoo) 모발에 광택 부여
	• 뉴트리티브 샴푸(Nutritive shampoo) 모발에 영양 보급
과다 유분 상태의 두피 및 모발	• 저미사이드 샴푸(Germiside shampoo) 살균효과와 소독효과에 효과적
	• 디오드랜트 샴푸(Deodrant shampoo) 두피 냄새 제거
건조한 상태의 두피 및 모발	• 라이치리스 샴푸(Lichless shampoo) 건조한 두피의 가려움 완화
	• 드라이벤티브 샴푸(Dry preventive shampoo) 건조한 모발 완화
탈모 상태의 두피 및 모발	• 프리벤테이션 샴푸(Preventation shampoo) 탈모상태의 두피를 완화
과다 비듬 상태의 두피 및 모발	• 댄드러프 리무버 샴푸(Dandruff remover shampoo) 노화 각질 용해작용 비듬 원인의 미생물을 안정적으로 살균
손상 상태의 두피 및 모발	• 리컨디셔닝 샴푸(Reconditioning shampoo) 손상된 모발 회복에 효과적
염색 상태의 두피 및 모발	• 논스트리핑 샴푸(Nonstripping shampoo) 염색모발에 자극이 적음
다공성 상태의 두피 및 모발	• 프로테인 샴푸(Protein shampoo) 단백질과 콜라겐이 주원료로 다공성 모발에 침투해 간충물질로 작용하고 탄력 회복에 효과적

6. 좌식 샴푸와 와식 샴푸

(1) 좌식 샴푸

고객이 의자에 앉아 있는 상태에서 샴푸를 시술하는 방법으로 샴푸제와 소량의 물을 이용하여 시술하는 샴푸법이다. 모발에 수분이 있는 상태에서 이루어지므로 고객의 얼굴이나 목덜미에 흐르지 않도록 적당량을 사용하고 거품이 얼굴에 닿지 않도록 시술한다. 샴푸 시술이 끝나면 샴푸 도기로 이동하여 거품을 헹구어낸다.

(2) 와식 샴푸

고객이 샴푸의자에 앉아 샴푸도기에 머리를 두고 누운 상태로 시술하는 방법으로 보편적으로 많이 시술하는 샴푸법이다. 시술 전에는 반드시 수온을 체크하고 시술 중 고객의 얼굴이나 귀에 물이 들어가지 않도록 주의한다.

4. 헤어 트리트먼트의 이해

1. 헤어 트리트먼트의 정의

헤어 트리트먼트는 치료, 처리, 처치, 치유의 의미를 가진다. 손상으로 생긴 모발의 변화는 일시적이 아닌 지속적으로 진행되기 때문에 트리트먼트의 개념도 일시적 치유가 아닌 지속적 관리 개념이 되어야 한다.[33)]

헤어 트리트먼트는 케라틴과 단백질을 주성분으로 하여 화학적, 물리적 자극으로부터 손상된 모발을 보호하고 손상 부위의 결절 현상 등을 방지한다.

또한 모발의 유 · 수분을 부여하는 모발 화장품으로 손상 부분에 부드러운 유막을 형성시켜 푸석하고 건조한 모발에 윤기와 활력, 유연성을 부여하고 모발에 필요한 영양 성분을 보충하여 모발을 아름답고 건강하게 유지하도록 돕는다.

그림 2-9 헤어 트리트먼트의 작용

2. 헤어 트리트먼트의 종류

(1) 크림 타입 트리트먼트 (Cream type treatment)

보편적으로 사용되는 트리트먼트 타입으로 대부분 유화 제형이 많고 도포 후 적정 시간이 지나면 헹구어내는 방법으로 사용한다. 사용 후 모발에 적당량 남아있는 유 · 수분이 건조를 막고 유연함과 광택을 부여하며 주로 큐티클의 손상된 부분에 영양 성분을 공급하여 정상 모발로 돌려주거나 유지하는 목적으로 사용된다. 유 · 수분의 함량에 따라 W/O(Water in Oil)형과 O/W(Oil in Water)형이 있고 모두 컨디셔닝 효과는 비슷하나 W/O형 트리트먼트 제품은 헹군 후 광택이나 윤기가 강하게 남는다는 장점을 가지며 O/W형 트리트먼트 제품은 가볍고 개운한 사용감의 장점을 가진다.

(2) 에어졸(스프레이) 타입 트리트먼트 (Aerosols type treatment)

에어졸을 이용하여 가스의 압력으로 내용물을 분사시키는 형태와 펌프를 이용하여 액상 트리트먼트를 분사시키는 형태로 나뉘고 다른 타입의 트리트먼트보다 쉽게 사용할 수 있어 최근 폭넓게 사용되고 있다. 일부 제품을 제외하고 헹구지 않는 제품이 많고 컨디셔닝 효과 외에도 스타일링의 효과까지 줄 수 있어 블로우 드라이어 사용 단계에서 모발에 분사 후 마무리하는 용도로도 사용된다. 과도한 블로우 드라이어의 열풍이나 빗질 시 생길 수 있는 마찰을 최대한 줄여주고 유 · 수분을 공급하며 모발을 보호하는 목적을 가진다.

(3) 젤 타입 트리트먼트 (Gel type treatment)

보통 긴 머리를 가진 사람들의 경우 모발 끝부분으로 갈수록 손상이 많다. 이러한 현상은 모발 손상도가 높아지면서 유분이 부족해지고 서서히 갈라지며 끊어지게 되어 일어난다. 따라서 폴리펩타이드나 고농도의 유성 성분들을 보충하기 위해 올리브유와 같은 식물성 오일 및 윤활성, 밀착성, 내수성이 있는 실리콘, 라놀린 오일 등을 사용한다. 외관상 투명한 젤 형태의 트리트먼트가 많고 모발 끝의 갈라진 부분을 회복시켜주며 손상을 미연에 방지하는 목적으로 사용된다. 일부 제품은 캡슐 형태나 앰플 형태도 있으나 성분은 비슷하다.[34)]

(4) 팩 타입 트리트먼트 (Pack type treatment)

영양 부족으로 인해 모발이 갈라지거나 잦은 퍼머넌트 웨이브, 염색 등의 화학적 시술로 손상되고 수분이 손실된 경우 손상된 부분에 도포하여 모발을 보호해주는 제품으로 크림 타입 트리트먼트보다 지속력을 높일 수 있다. 열처리 기구, 미스트 기구 등을 사용하면 모발 내에 영양 성분을 효과적으로 침투시킬 수 있다.[35)]

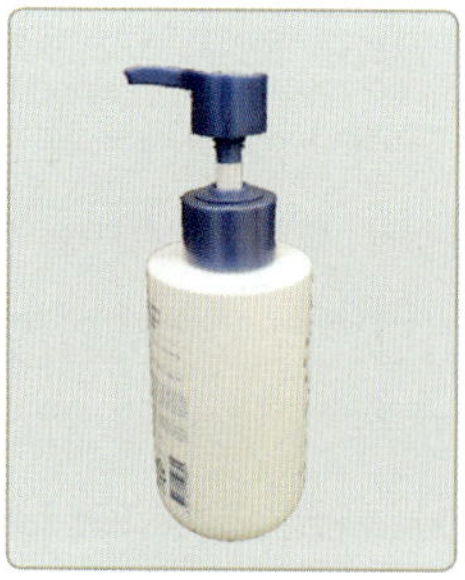

크림 타입

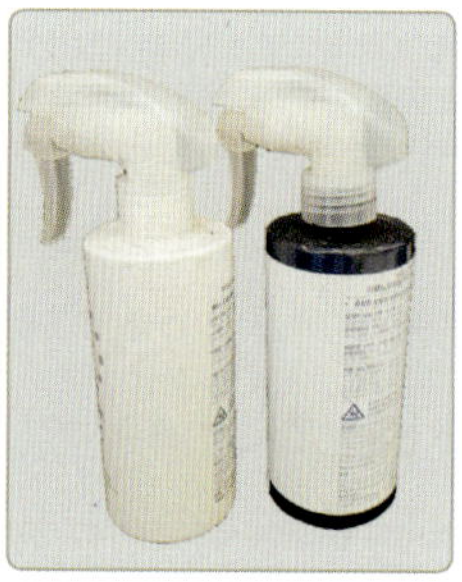

에어졸(스프레이) 타입

젤 타입

팩 타입

크림 제형

에어졸(스프레이) 제형

젤 제형

팩 제형

3. 헤어 트리트먼트의 목적에 따른 분류

(1) 두피 트리트먼트

두피에 있는 불필요한 노폐물을 제거하고 혈액순환을 왕성하게 도와 두피의 생리 기능을 높인다. 또한 두피의 성육을 저장하고 두피에 지방을 보급하기 위한 목적을 가진다.

표 2-5 두피 상태에 따른 트리트먼트의 분류

두피 상태	트리트먼트 목적
보통 상태의 두피	플레인 스캘프 트리트먼트
지방이 부족해 건조한 상태의 두피	건조된 스캘프 트리트먼트
지방이 많아 유분이 많은 상태의 두피	오일 스캘프 트리트먼트
비듬이 많은 상태	두피 댄드러프(비듬) 스캘프 트리트먼트

(2) 모발 트리트먼트

다공성모 및 손상 모발의 모표피를 단단하게 하고 모발의 수분 함량을 본래 상태로 회복시키는데 도움을 준다. 또한 화학적 시술 과정에서 모발의 단백질 유실을 막기 위한 목적으로도 사용한다.

표 2-6 모발 상태에 따른 트리트먼트 목적

모발 상태	트리트먼트 목적
화학처리 전	시술과정 동안 손상이 적도록 하고 모발의 손상 부분이 상충되도록 도움을 줌
화학처리 후	퍼머넌트 웨이브, 염색 후 즉각적인 산성의 항산화제로 사용되고 산성을 유지하도록 도움을 주며 알칼리를 중화하여 화학적 손상에 의한 프로테인을 잃어버리지 않도록 도움을 줌
모발 회복	pH 6의 약산성은 모발의 표피층을 부드럽게 하여 윤기를 향상시키고 수분 유실을 막으며 손상이 있는 표피층의 완충제 역할을 함

5. 두상의 포인트와 영역

1. 두상의 혈점

두상의 혈점

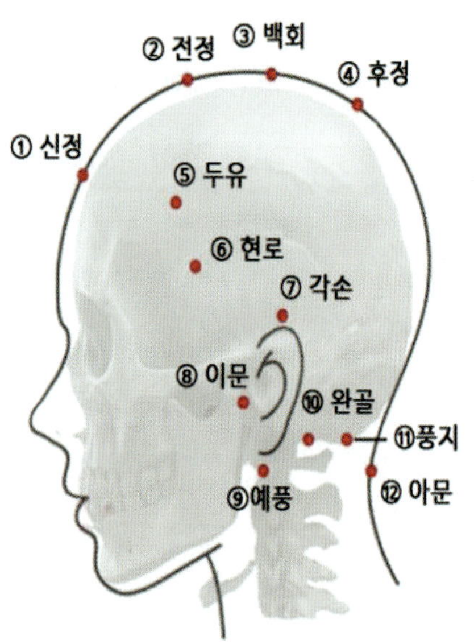

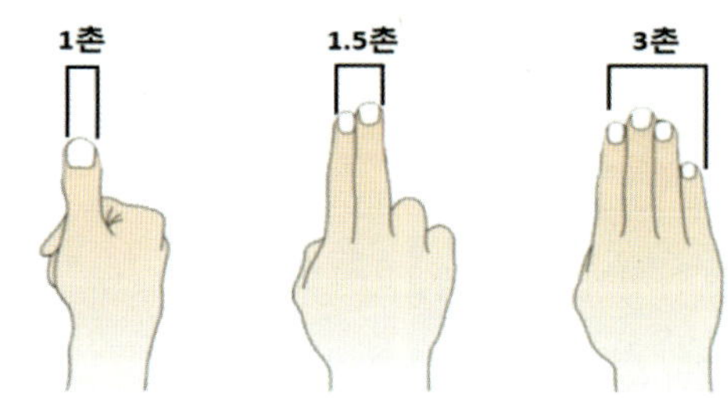

① 신정 : 전두부 중심선상의 지점
② 전정 : 신정에서 2촌 뒤 지점
③ 백회 : 두상의 정수리 부분의 지점
④ 후정 : 백회에서 3촌 뒤 지점
⑤ 두유 : 앞머리 양쪽에서 모발과 이마 끝이 만나는 지점
⑥ 현로 : 관자놀이가 위치한 지점
⑦ 각손 : 귓바퀴를 접은 위쪽 지점
⑧ 이문 : 귓바퀴가 끝나는 지점
⑨ 예풍 : 귓볼의 뒤쪽 지점
⑩ 완골 : 유양돌기 뒤쪽 아래 오목한 지점
⑪ 풍지 : 완골지점의 아래 모발이 난 지점
⑫ 아문 : 후하부 중심선상의 지점

2. 두상의 포인트

두상의 포인트

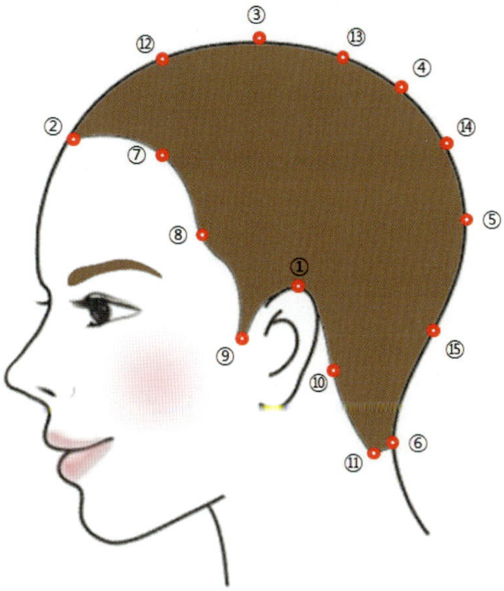

번호/약어	용어
① E.P	ear point
② C.P	center point
③ T.P	top point
④ G.P	golden point
⑤ B.P	back point
⑥ N.P	nape point
⑦ F.S.P	front side point
⑧ S.P	side point
⑨ S.C.P	side corner point
⑩ E.B.P	ear back point
⑪ N.S.P	nape side point
⑫ C.T.M.P	center top medium point
⑬ T.G.M.P	top golden medium point
⑭ G.B.M.P	golden back medium point
⑮ B.N.M.P	back nape medium point

3. 두상의 영역

두상의 영역

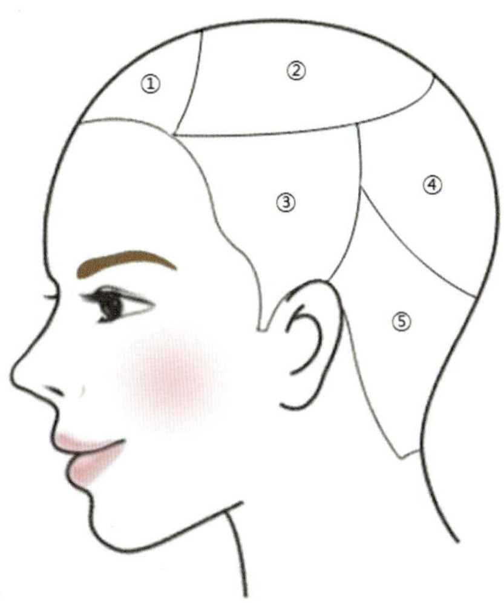

번호/용어	특징
① 프린지	• 전체적인 이미지 결정에 가장 큰 영향을 미침 • 앞머리 연출, 볼륨 높이 연출
② 크라운	• 볼륨에 의하여 실루엣의 높낮이에 영향을 미침
③ 사이드	• 얼굴 양 옆의 대칭과 조화에 영향을 미침 – 폭이 좁을 때 : 사이드 볼륨 많이 – 폭이 넓을 때 : 사이드 볼륨 적게
④ 백	• 측면에서 두상 앞뒤 조화에 큰 영향을 미침
⑤ 백 사이드	• 정면에서 귀 뒷부분의 볼륨에 큰 영향을 미침

6. 블로우 드라이의 이해

1. 블로우 드라이의 정의

블로우 드라이어의 열풍으로 젖은 모발을 빠르게 건조할 수 있다. 적당한 수분을 가진 모발에 다양한 브러시를 사용하여 텐션에 의한 모류의 방향, 볼륨, 윤기 등을 생성하고 조형적이고 자연스러운 질감을 표현한다.

이에 따라 외부적 자극에 의한 손상으로 손실된 모발에 윤기와 탄력을 단발적으로 재생할 수 있고 스타일링의 기본적이며 완성도가 높은 유용한 시술이다.

표 2-7 블로우 드라이의 장·단점

장점	단점
• 빠른 건조시간 • 모발의 흐름 정리(윤기) • 시술도중 결과 확인 가능 • 웨이브 강약 조절 가능 • 자연스러운 헤어스타일	• 테크닉이 필요 • 미숙한 사전처리에 의한 모발 손상 • 미숙한 열처리에 의한 모발 손상

2. 블로우 드라이의 원리

블로우 드라이는 수소결합으로 이루어진다. 이는 수소, 질소, 탄소, 산소가 엮여 합쳐진 결합으로 열이나 강한 알칼리를 더하거나 수분에 의해 모발이 젖으면 결합이 절단된다. 수소결합에 의해 절단된 모발은 열에 의해 건조가 되면 다시 재결합이 되며 원하는 형태의 스타일링이 형성된다. 이러한 과정에는 텐션, 온도, 속도, 각도, 뜸, 회전력에 따라서 결과가 달라질 수 있다.

① 텐션(Tension)

적당히 팽팽한 느낌으로 고른 힘을 주어 지속적으로 롤 브러시를 회전하여 모발에 윤기가 부여한다. 윤기있는 모발을 위해 시술 중 지속적으로 롤 브러시를 회전하고 고른 힘이 들어가야 한다. 롤 브러시를 회전 중 모발이 롤에 끼어 빠지지 않을 경우 롤 브러시를 회전 반대 방향으로 반 바퀴 풀어서 빼 준 후 다시 그 부분에서 브러시를 회전하며 드라이한다.

② 온도(Temperature)

블로우 드라이어의 열풍이 과도한 경우 모발 수분량이 감소되어 거칠어지고 윤기는 소실된다. 드라이 중 자연건조 되어 수분이 부족한 부분은 적당한 수분을 공급하여 시술해야 모발 손상을 방지하고 윤기를 부여할 수 있다.

③ 속도(Speed)

적당한 속도는 모발의 매끄러움과 윤기를 만든다. 모발의 흐름을 정리하기 위한 드라이는 빠르게 진행하는 반면 모발의 윤기를 위한 브러시 회전은 천천히 뜸을 들이며 시술한다.

④ 각도(angle)

헤어 미용의 모든 테크닉에는 각도의 개념이 매우 중요하다. 사람의 두상은 둥근구의 형태를 가지고 있어 위치에 따라 각도가 달라지기 때문에 각도의 개념을 잘 이해하고 시술한다.

표 2-8 두상의 각도에 따른 특징

두상의 영역	각도	위치	특징
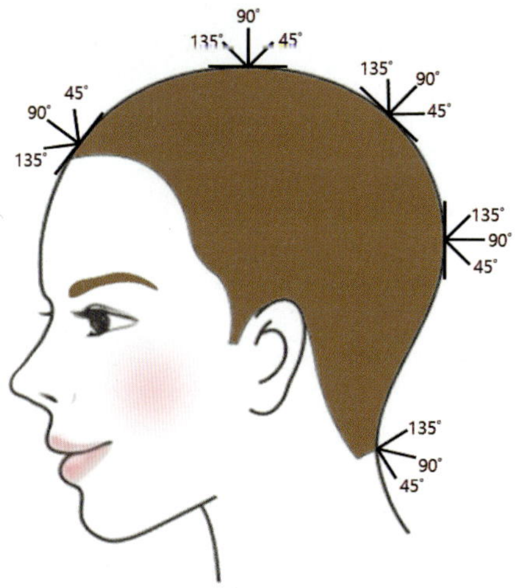	45°	• 네이프(Nape)	• 모량이 많은 부분 • 볼륨 많은 부분 볼륨 다운(down)
	90°	• 백(Back) • 골덴(Golden)	• 기본의 자연스러운 볼륨
	135°	• 골덴(Golden) • 탑(Top)	• 모량이 적은 부분 • 볼륨 없는 부분 볼륨 업(up)

3. 블로우 드라이의 종류

(1) 스트레이트(Straight technique)

직모 형태의 시술 방법으로 사전에 두상의 곡면을 체크하고 모근의 볼륨이 부족한 부분에 두상에 대한 90° 각도로 충분한 볼륨을 보충한 다음 모선에서 자연각도로 롤 아웃한다.

롤 브러시의 너비만큼 2~3cm정도 섹션을 나눈 후 모근에 롤 브러시를 넣고 블로우 드라이어 입구가 시술자를 향하도록 45° 각도로 위치하여 일정한 텐션과 열풍을 주어 모선단 쪽으로 서서히 이동한다.

모근에 롤 브러시를 가져가 2~3회 텐션을 주고 회전시켜 볼륨을 생성할 부분에 열풍을 준 후 롤 브러시를 회전 시키지 않은 상태로 하향하여 모선의 끝부분에서 롤 브러시를 롤링하며 자연시술각으로 아웃한다.

(2) C컬 : 인컬(Incurl technique)

① 곡선기법(Curve technique)

머릿결의 방향성과 릿지를 주기 위해 롤 브러시를 잡은 손목을 90°로 회전시켜 롤링하는 시술 방법이다. 릿지가 시작되는 부분을 기점으로 롤 브러시를 돌려 블로우 드라이어의 열풍을 이용하여 베이스를 고정한 후 뜸의 조절과 함께 롤 브러시를 잡은 손목을 꺾으며 미끄러지듯 아웃한다.

② 와인딩 기법(Winding technique)

롤 브러시를 이용하여 뜬 판넬을 롤 브러시에 와인딩 하듯 감는 시술 방법이다. 일정한 섹션을 모근부터 곡선 기법으로 한 번 브러싱 한 후 일정한 텐션감을 유지하며 모선의 끝부분부터 롤 브러시에 감아 블로우 드라이어의 열풍을 준 후 안쪽도 같은 방법으로 열풍과 뜸을 들인다.

동시에 일정한 텐션으로 스트랜드를 감아 나가며 블로우 드라이어의 열풍을 주어 모선이 다 풀릴 때까지 롤링하여 롤 브러시를 아웃한다.

(3) C컬 : 아웃컬(Outcurl technique)

① 스푼 기법(Spoon technique)

모근의 볼륨을 강하게 주거나 모발 면을 윤기가 나도록 할 때 사용하는 기본적인 시술 방법이다. 아웃컬이 극대화되어 보일 수 있도록 모근의 볼륨을 살려준다. 섹션 안쪽부터 롤 브러시를 넣어 모발을 뜨듯 판넬을 잡는 것이 요령으로 섹션의 모근 부분에 롤 브러시를 120° 각도 이상으로 1/4정도 회전시키며 롤 브러시가 오프 더 베이스가 되도록 안착시킨 후 서서히 모발의 면을 드라이 입구가 따라가며 위로 서서히 롤 브러시를 아웃한다.

② 슬라이싱 기법(Slicing technique)

모발의 방향감을 주기 위한 시술 방법이다. 모선을 들어 스트랜드 반대 방향의 커브 라인을 만들기 위해 릿지의 기점이 되는 부분에 롤 브러시를 넣고 스트랜드에 열풍을 주어 서서히 향하고자 하는 방향으로 롤 브러시 위치를 바꾼 후 블로우 드라이어의 열풍을 주며 아웃커브로 롤 브러시를 아웃한다.

(4) S컬 : 리버스, 포워드(Reverse wave, Forward wave technique)

① 리버스 : 바깥말음, 얼굴 반대 방향

② 포워드 : 안말음, 얼굴 방향

4등분 블로킹 후 두상 곡면에 따라 슬라이딩 기법(Sliding technique)으로 판넬의 결을 스트레이트로 가볍게 정돈한다.

이어서 판넬의 웨이브 릿지 시작부분에서 롤 브러시를 잡은 손에 텐션을 주어 판넬이 롤 브러시에 감기도록 곡선의 흐름을 만든다. 흐름을 잡은 후 모발 끝에서부터 텐션을 유지하고 롤에 두 바퀴 이상 감는다. 한 바퀴씩 롤 브러시에 열풍을 주어 릿지를 잡고 반 바퀴 반대로 돌려 열을 식히며 원하는 웨이브의 방향감을 주어 롤 브러시를 돌리며 릿지를 잡는다.

이때 릿지를 잡고 롤 브러시에 열풍을 준 후 다시 반 바퀴 반대로 돌려 열을 식히고 풀어주어 릿지를 잡아주는 반복 시술을 진행하며 마지막 모선 끝은 롤링하며 롤 브러시를 아웃한다.

블로우 S : 리버스

블로우 S : 포워드

4. 블로우 드라이 시술 전 사전처리

블로우 드라이는 모발의 적당한 습도가 필요하다. 모발에 수분이 많은 경우 쉽게 늘어져 원하는 스타일의 표현이 어렵고 열과 바람을 과하게 받아 모발 손상이 쉽다.

블로우 드라이 시술 시 가장 적당한 습도는 10~14%의 수분량이다. 이는 모발을 손으로 만졌을 때 약간의 촉촉한 느낌이 든다면 드라이하기 적합한 상태로 볼 수 있고, 무게감이나 축축한 느낌이 든다면 습도가 많아 드라이하기 적합하지 않은 상태로 볼 수 있다. 블로우 드라이 시술 중 부분적 건조되는 모발에 수분을 공급하며 시술해야 모발의 손상도를 줄이고 윤기를 부여할 수 있다.

표 2-9 적당한 수분량

모발	모근	모간	모선
염색모(극손상모)	10%	35%	50%
웨이브모(손상모)	10%	25%	40%
스트레이트모(정상모)	5%	15%	30%

표 2-10 모발의 수분량에 따른 특징

수분량	스타일	손상도	기타
수분이 많을 때	• 쉽게 늘어짐 • 수차례 가해진 열풍으로 스타일링이 매끈하지 않음	• 장시간 가해진 열풍으로 모발 손상이 이루어짐	• 시간이 오래 걸림 • 과다한 전력소비로 비경제적임
수분이 없을 때	• 컬이 잘 걸리지 않음 • 긴 기장의 머리일수록 스타일링이 매끈하지 않음 • 지나친 두피볼륨이 생김 • 윤기가 나지 않음	• 강한 열풍이 직접 닿아 모발 손상이 이루어짐 • 건조현상과 큐티클 층의 균열이 생김	• 두피에 건성 비듬 유발

5. 블로우 드라이 시술도구

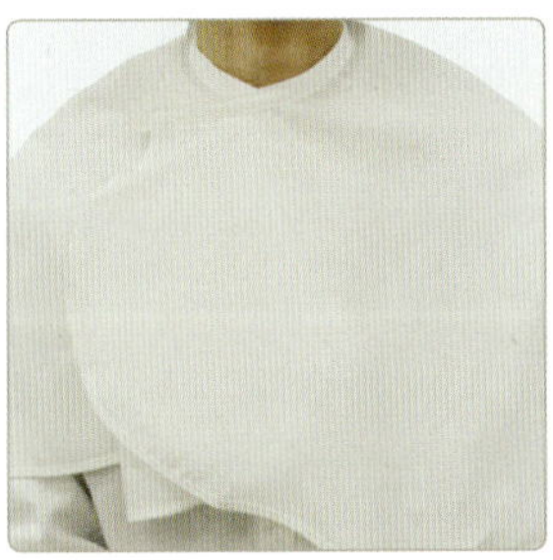

드라이보

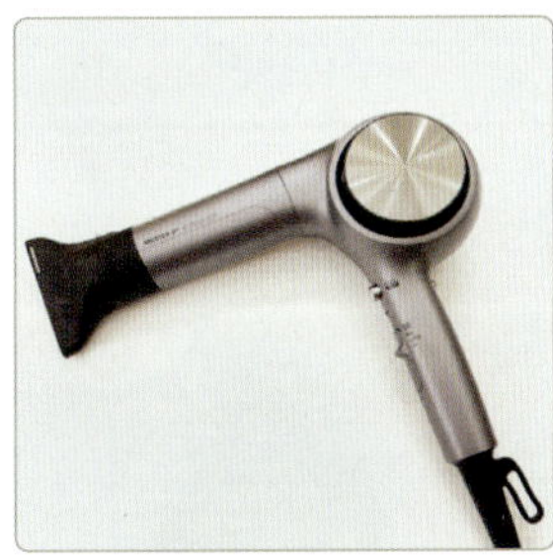

블로우 드라이어

분무기

핀셋

롤 브러시

덴멘 브러시

6. 블로우 드라이의 도구 사용법

(1) 블로우 드라이어 잡는 법

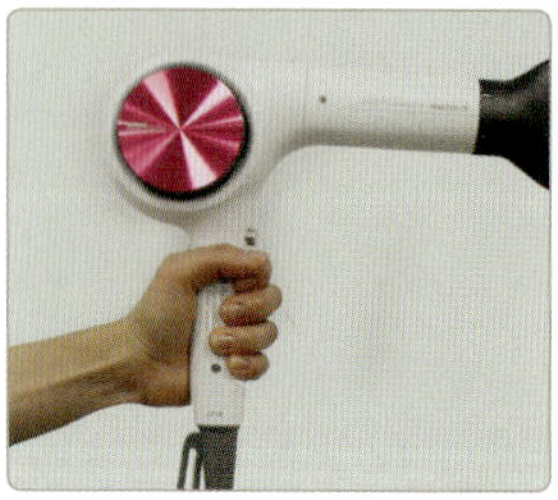

손잡이 잡는 방법(세로 섹션)

손잡이 잡는 방법(가로 섹션)

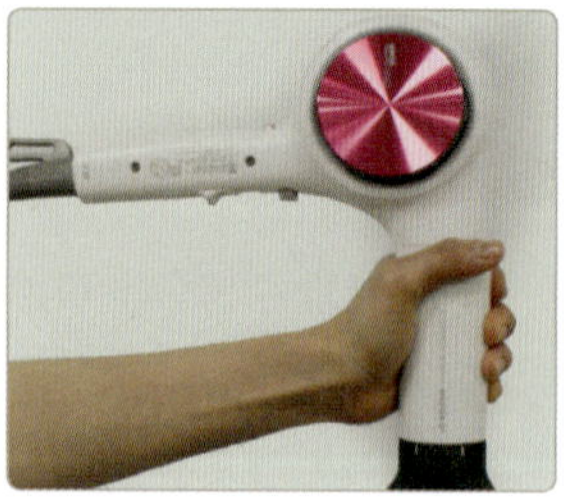

바디를 잡는 방법

(2) 두상에 따른 드라이 입구 방향

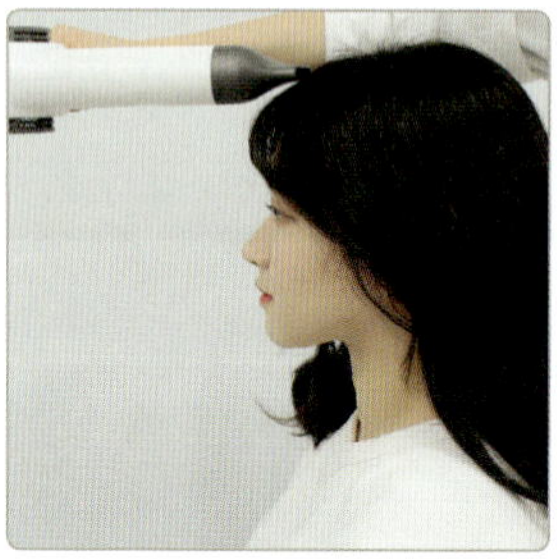

센터(Center)

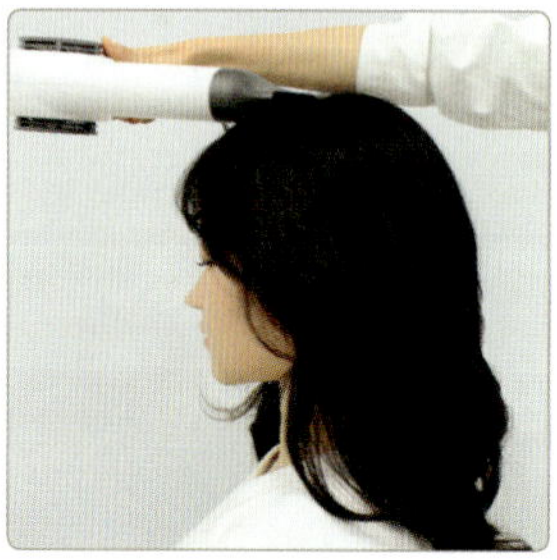

탑(Top)

골덴(Golden)

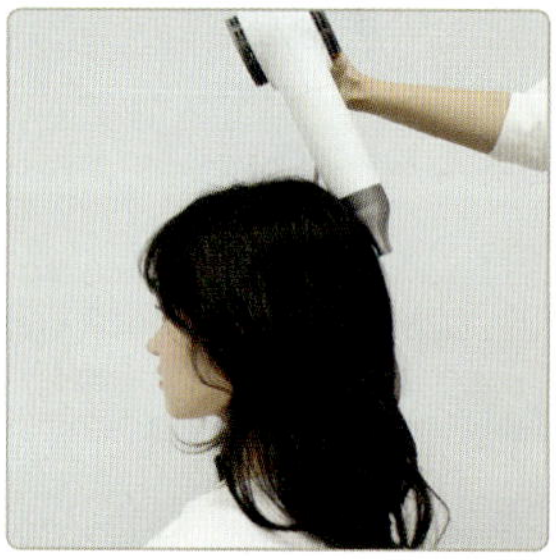

백(Back)

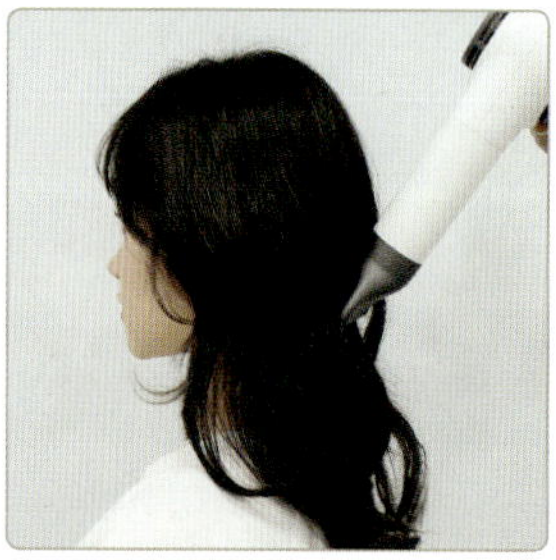

네이프(Nape)

(3) 롤 브러시 잡는 법

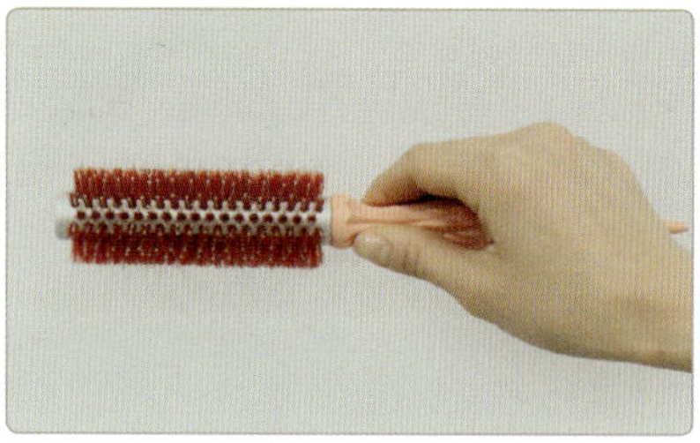

엄지와 검지로 중심을 잡는다.

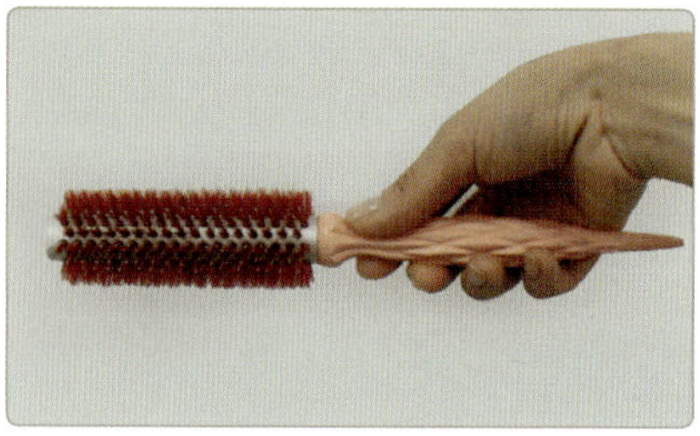

다른 세 손가락으로 손잡이를 잡는다.

(4) 롤 브러시 테크닉

모발이 꺾이지 않도록 노즐의 거리를 두고 롤을 밀착시켜 회전하며 드라이한다.

7. 블로우 드라이 시술 시 주의사항

① 모발이 청결하지 않거나 제품의 잔여물이 있는 경우 사전샴푸 후 시술한다.

② 모발에 수분이 너무 많으면 블로우 드라이의 효과가 반감되므로 모발에 적당한 수분만을 남겨두고 시술한다.

③ 블로우 드라이 스타일링 시술 시에는 모발의 질에 따라 적당한 수분이 있는 상태에서 시술한다.

④ 블로우 드라이어의 코드가 고객의 어깨나 얼굴에 닿아 불쾌감을 주지 않도록 한다.

⑤ 블로우 드라이어의 열풍의 방향은 항상 시술자를 향하도록 하며 고객의 두피에 열풍이 가지 않도록 주의한다.

⑥ 시술과정 중 섹션을 뜰 때 엉키지 않게 빗질 후 브러시를 회전하여 시술한다.

⑦ 판넬의 양이 적으면 힘을 덜 받고 양이 많으면 판넬의 각도가 일정하지 않을 수 있으므로 섹션의 양은 적당하게 조절한다.

⑧ 판넬은 모아 잡지 않고 평행으로 잡는다.

7. 아이론 드라이의 이해

1. 아이론 드라이의 정의

아이론 드라이는 고열을 이용해 스타일의 형태를 보완하거나 새로운 형태로 연출하는 작업이다. 모발 상태에 따라 온도를 조절하여 건조된 모발에 헤어 아이론과 빗을 이용하여 일시적으로 원하는 스타일을 만들어 주는 것이다.

따라서 아이론 드라이는 짧은 시간 내에 조형적이며 탄력있는 질감을 표현하기 위해 다양한 아이론 기기를 사용하여 윤기, 지속성, 탄력성 있는 헤어스타일을 표현할 수 있고 스타일링의 가장 기본이면서 완성도가 높은 유용한 시술이다.

표 2-11 아이론 드라이의 장·단점

장점	단점
• 빠른 시술시간 • 모발의 윤기 극대화 • 지속성이 좋음 • 탄력성이 좋음	• 다소 경직된 느낌 • 미숙한 사전처리에 의한 모발 손상 • 미숙한 열처리에 의한 모발 손상

2. 아이론 드라이의 원리

아이론의 고열에 의해서 일시적으로 모발의 구조에 변화를 주어 스타일링을 형성하는 방법으로 모발 내부의 측쇄결합 중 수소결합과 염결합을 이용한다. 모발 내부 결합수의 수소결합은 고열에 의해 수분이 감소하면서 재결합 배열을 이루고, 염결합 또한 고열에 의해 결합이 끊어졌다가 다시 재결합하게 된다.

이러한 원리를 기본으로 아이론의 고열로 모발의 수분을 감소시키고 물리적인 힘을 가해 새로운 형태의 모양을 만드는 것으로 수소결합과 염결합의 재결합으로 새로운 형태가 생성되어 고정된다. 그러므로 아이론으로 한번 스타일링에 실패한 모발을 다른 형태로 전환하기 위해서는 반드시 적당한 수분을 공급한 후 건조시켜서 다시 시술한다.

① 텐션(Tension)

적당히 팽팽한 느낌으로 고른 힘을 주어 일정한 손의 압력으로 시술하여 윤기있게 드라이한다.

② 온도(Temperature)

과도한 고온 시술은 모발 손상을 초래할 수 있으므로 모발진단 후 모발의 상태에 따른 적정한 온도조절이 필요하다. 모발에 따라 평균 160~180°의 온도가 적당하다.

③ 속도(Speed)

적당한 속도는 모발의 매끄러움과 윤기를 만든다. 모발의 흐름을 정리하고 매끄러운 질감을 부여하기 위해 일정한 속도로 천천히 시술한다.

④ 각도(angle)

헤어 미용의 모든 테크닉에는 각도의 개념이 매우 중요하다. 사람의 두상은 둥근 구의 형태를 가지고 있어 위치에 따라 각도가 달라지기 때문에 각도의 개념을 잘 이해하고 시술한다.

3. 아이론 드라이의 종류

(1) 스트레이트(Straight technique)

5등분 블로킹 후 수평(horizontal) 섹션으로 아이론 안에 모발을 넣어 꼬리빗으로 고정한 후 텐션을 유지하며 천천히 모선단으로 하향한다. 직모의 연출을 위해 뿌리 부분에서 장시간 특정 부위에 머무르지 않고 일정한 텐션을 유지하며 진행한다. 판넬의 끝부분에 다다르면 아이론에 의해 고정된 판넬을 바닥면에서 수직으로 위치하고 아이론 또한 수직에서 15° 각도로 모발이 흩어지거나 뻗지 않도록 바닥면으로 아웃한다.

백 포인트까지는 3~4등분으로 시술하고 모근의 볼륨이 백 포인트보다 돌출되지 않도록 곡선기법을 적용하지 않도록 시술하고 꼬리빗으로 모발의 흔들림을 최소화한다. 백 포인트 윗부분부터 이어 투 이어 라인까지 두상의 곡면을 따라 모근에 볼륨을 넣고 천천히 시술하여 백 포인트에 다다르면 아래 섹션에 얹어지듯 진행하여 아래 판넬에 밀착시키며 풀 다운으로 아웃한다.

(2) C컬 : 인컬(Incurl technique)

이어 투 이어 라인으로 사이드와 백을 파팅한 후 백 파트를 3등분으로 블로킹하여 나눈 후 각 블록의 네이프부터 시작하여 탑에서 마무리한다. 백 파트는 네이프의 하단에서 수평 섹션으로 아이론의 너비만큼 섹션을 나누어 시술을 시작한다.

모근에 아이론과 판넬을 섹션과 평행하게 위치한 후 바닥면과 평행으로 모발 끝부분까지 풀 다운하여 시술한 후 다시 모근에서 45° 아래 방향으로 모선단에서 릿지를 주고자 하는 위치에서 손목의 스냅을 이용하여 반 바퀴를 감아 모선을 잡고 있던 손으로 판넬을 위로 올려주며 풀 다운으로 아이론이 네이프를 스치며 아웃한다.

백 포인트 윗부분부터 탑 포인트까지 3~4등분하여 모근에 볼륨을 넣기 위해 두피 가까이 아이론을 밀착시킨 후 천천히 시술하여 백 포인트에서 아래 섹션에 얹어지듯 모선단부의 길이를 확인하며 아래 섹션의 C컬의 시작점에서 아이론을 회전하여 모선 끝에서 아웃한다.

(3) C컬 : 아웃컬(Outcurl technique)

5등분 블로킹 후 각 블록의 네이프부터 시작하여 탑에서 마무리한다. 네이프는 아이론의 너비만큼 섹션을 나누어 모근 부분에 볼륨을 생성하고 45° 각도로 내려오다가 릿지의 시작점에서 판넬을 잡고 있는 손으로 텐션을 고정한 후 판넬은 안말음과 반대 방향으로 시술자 쪽으로 아이론을 아웃한다.

백 포인트까지 2~3등분하여 위와 같은 방법으로 시술하고 형태를 잡아 아래 판넬 위에 올려준다. 아웃컬의 방향은 모발이 떨어지는 반대 방향으로 인위적인 방향 전환의 시술로 지속기간이 짧아 많은 텐션과 각도가 필요하며, 모선의 모량을 제거한 모발이 아웃컬 형성에 더 수월하다.

(4) S컬 : 리버스, 포워드(Reverse wave, Forward wave technique)

① 리버스 : 바깥말음, 얼굴 반대 방향
왼쪽 두상을 중심으로 아이론의 손잡이가 위로 올라가는 형태.

② 포워드 : 안말음, 얼굴 방향
왼쪽 두상을 중심으로 아이론의 손잡이가 아래로 내려가는 형태.

S컬 형성을 위해 섹션은 직선, 사선, 나선형 중의 어느 것을 사용해도 무방하나 컬을 형성하는 지점에서 아이론의 방향성은 매우 중요하다. 위 리버스와 포워드의 방향 표기는 왼쪽 두상을 중심으로 제시하였으나 오른쪽에서 시술 시 방향감이 바뀌는 것을 주의한다.

이는 모선 끝이 어느 방향으로 떨어지느냐에 따라 방향감이 달라지기 때문이다. 왼쪽 두상에서 아이론의 핸들이 아래로 내려가면 모선 끝의 방향은 아이론의 오른쪽을 향하고 핸들이 위로 올라가면 모선 끝의 방향은 아이론의 왼쪽을 향한다.

네이프부터 컬을 형성하는 것이 가장 이상적인 형태로 아이론을 한 바퀴 돌려 뒤쪽으로 당겨 공기감을 형성해준 후 다시 위로 감아주고 또 다시 뒤로 당겨 프롱에 모근 쪽을 향해 판넬을 감아주는 방식으로 모선 끝까지 감길 수 있도록 반복한다. 아이론을 아웃한 후 손가락으로 릿지를 잡아 디자인에 맞는 형태의 위치에 살며시 놓는다.

아이론 S : 리버스

아이론 S : 포워드

4. 아이론 드라이 시술 전 사전처리

아이론 드라이는 모발이 완전히 건조된 상태에서 시술한다. 모발에 수분이 있는 경우 원하는 스타일의 표현이 어렵고 과한 열을 직접적으로 받아 모발 손상이 쉽다.

아이론 드라이 시술 시 가장 적당한 수분량은 정상모, 손상모, 극손상모 모두 0%로 손으로 모발을 만졌을 때 수분감이 전혀 없는 완전 건조된 상태를 드라이하기 적합한 상태로 볼 수 있고, 수분감이 있는 경우 적합하지 않은 상태로 볼 수 있다. 완전히 건조된 모발에 고온을 이용하여 드라이하기 때문에 시술 전 헤어에센스, 헤어오일 등을 도포하는 사전처리가 필요하고 모발의 상태에 알맞는 온도를 설정한 후 시술해야 원하는 스타일링과 모발의 손상을 줄일 수 있다.

표 2-12 모발의 수분량에 따른 특징

수분량	스타일	손상도	기타
수분이 많을 때	• 컬이 걸리지 않음	• 강한 열이 모발에 직접 닿아 모발 손상이 이루어짐	• 시간이 오래 걸림 • 과다한 전력소비로 비경제적임
수분이 없을 때	• 컬이 잘 걸림 • 매끈하며 윤기가 남 • 원하는 스타일링 가능	• 강한 열이 모발에 직접 닿아 모발 손상이 이루어짐 • 건조현상과 큐티클 층의 균열이 생김	• 시간 단축에 용이함

5. 아이론 드라이 시술도구

드라이보

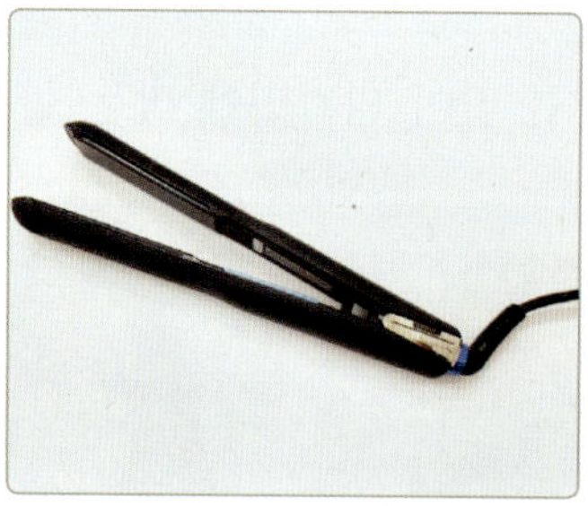

플랫 아이론

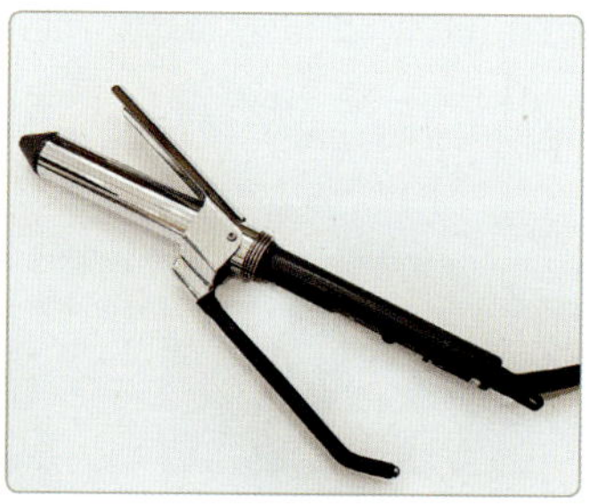

원형 아이론 I

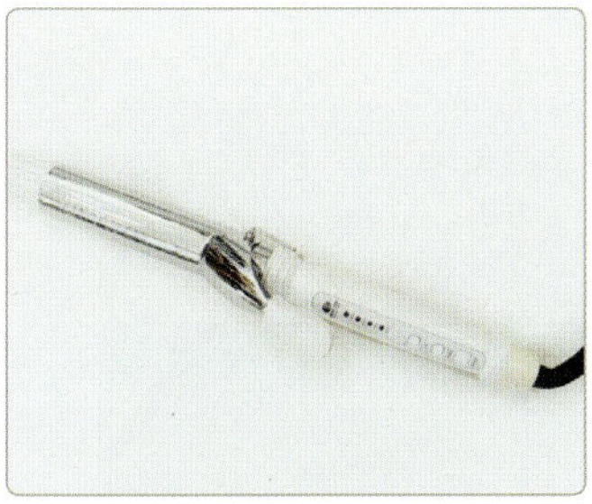
원형 아이론II

다이렉트 아이론

볼륨 스트레이터

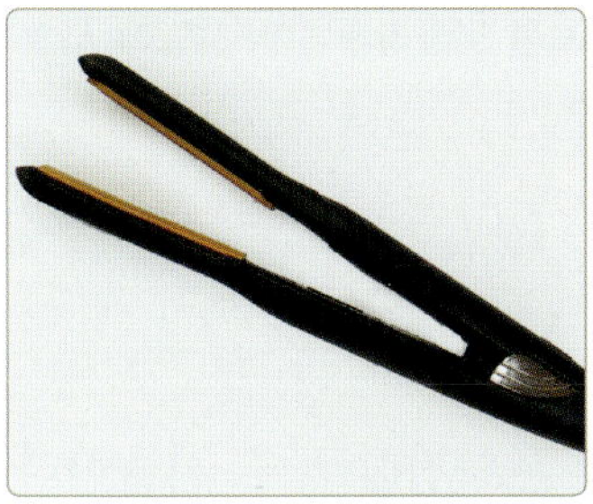
반원 아이론

핀셋

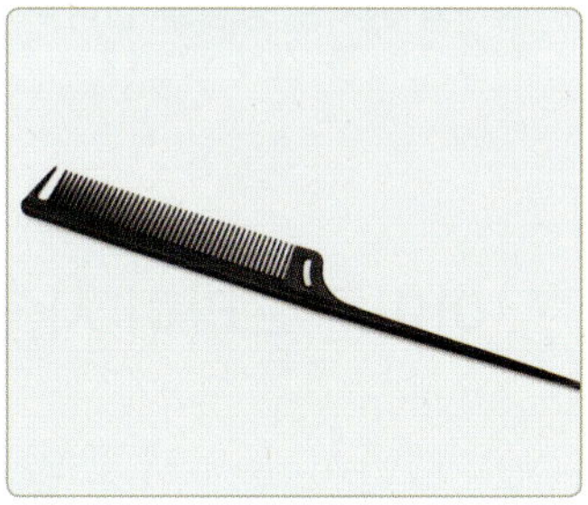
꼬리빗

6. 아이론 드라이의 도구 사용법

(1) 플랫 아이론 잡는 법

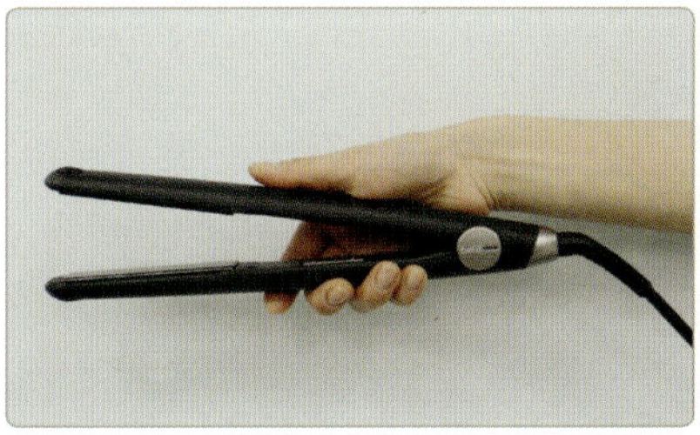
엄지와 검지로 중심을 잡아주고 세 손가락은 기기 전체를 감싸 잡는다.

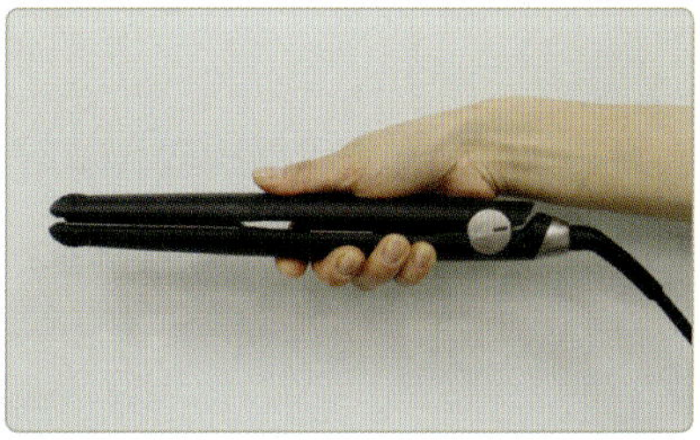
손을 오므려 기기의 열판이 맞물리게 하여 모발에 시술한다.

(2) 원형 아이론 잡는 법

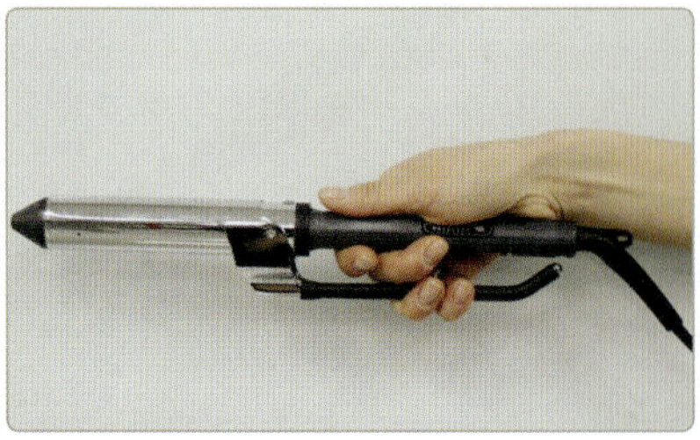

엄지와 검지로 중심을 잡아주고 세 손가락은 핸들 전체를 감싸 잡는다.

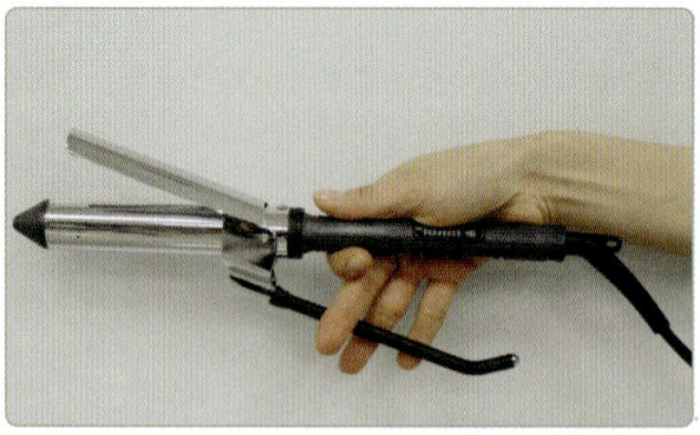

손을 오므렸다 폈다를 반복해 핸들을 움직여 주어 프롱과 그루브를 맞물리게 하여 모발에 시술한다.

7. 아이론 드라이 시술 시 주의사항

① 모발이 청결하지 않거나 제품의 잔여물이 있는 경우 사전샴푸 후 시술한다.

② 백콤이 있는지 모발 정돈 상태를 체크한다.

③ 모발은 100% 건조되어 있는 상태에서 시술한다.

④ 헤어 아이론의 코드가 고객의 어깨나 얼굴에 닿아 불쾌감을 주지 않도록 한다.

⑤ 아이론의 온도를 체크한다. 너무 높은 온도로 시술하지 않도록 한다. (180° 이상의 온도에서 시술 시 같은 판넬에 3번 이상 같은 동작을 시술하지 않는다.)

⑥ 판넬에 아이론의 자국이 나지 않도록 오른손의 압을 조절하도록 한다.

⑦ 모선을 잡고 있는 왼손은 텐션을 조절하여 모선이 휘어지지 않도록 한다.

⑧ 모선 끝까지 일정한 뜸으로 아웃한다.

8. 헤어스타일링 기본도구

① 블로우 드라이어

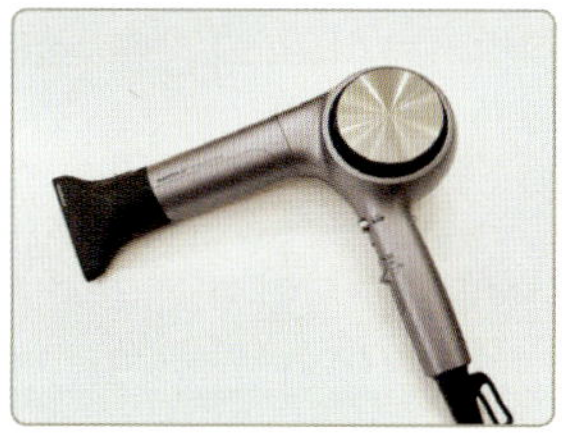

열풍, 냉풍의 바람을 조절하여 젖은 머리를 말리는데 사용하거나 블로우 드라이 시술 시 사용하여 스타일링을 형성한다.

② 플랫 아이론

전열부가 납작한 형태의 기기로 주로 부스스하거나 웨이브가 있는 모발을 스트레이트 형태로 스타일링 시술 시 사용하고, 모발 상태에 따라 저온에서 고온까지 선택하여 시술한다.

③ 원형 아이론 (손잡이형)

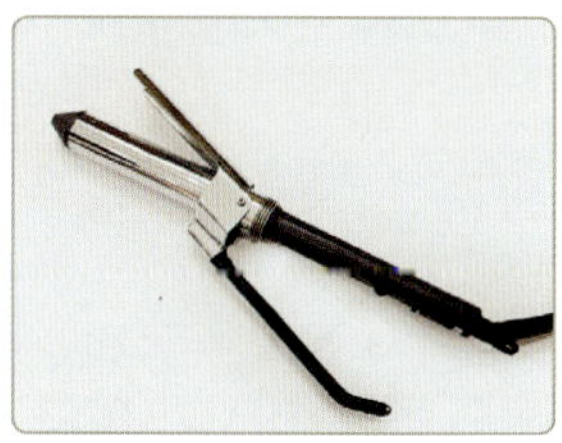

전열부의 프롱과 홈이 파인 그루브가 맞물리는 형태의 기기로 다양한 웨이브의 형태로 스타일링 시술 시 사용하고, 모발 상태에 따라 저온에서 고온까지 선택하여 시술한다. 손잡이 사용이 쉽지 않아 주로 전문가용으로 많이 사용한다.

④ 원형 아이론 (집게형)

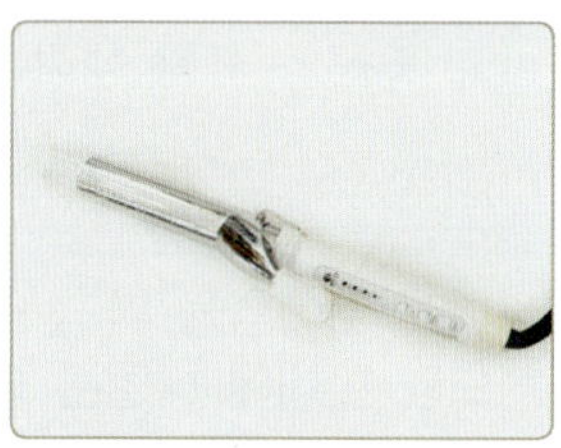

전열부의 프롱과 홈이 파인 그루브가 맞물리는 형태의 기기로 다양한 웨이브의 형태로 스타일링 시술 시 사용하고, 모발 상태에 따라 저온에서 고온까지 선택하여 시술한다. 손잡이 사용이 쉬워 일반인도 편하게 사용할 수 있다.

⑤ 다이렉트 아이론

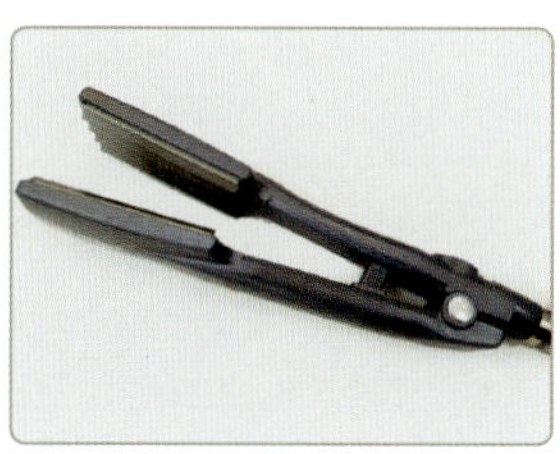

열판이 지그재그의 형태로 되어있고 일명 '나이아가라' 라고 부르는 스타일링 시술 시 또는 모량이 적은 모발에 뿌리 볼륨을 생성할 때 사용한다. 모발 상태에 따라 저온에서 고온까지 선택하여 시술한다.

⑥ 볼륨 스트레이터

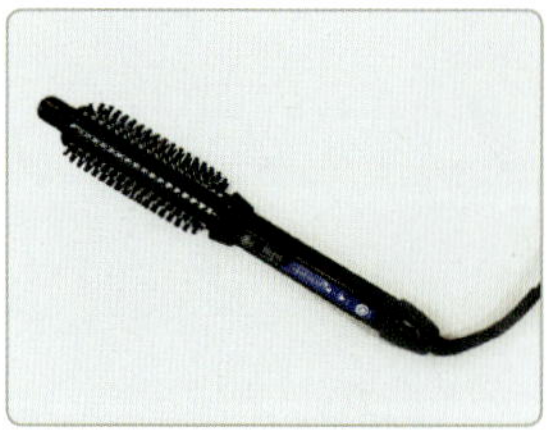

전체적으로 브러시가 달려있어 엉킨 모발에 용이하고, 열판이 둥근 형태로 되어있어 볼륨을 쉽게 생성할 수 있다. 제품에 따라 스트레이트 판, 원형 아이론, 롤 브러시로 교체가 가능하여 다양한 스타일링이 가능하다.

⑦ 반원 아이론

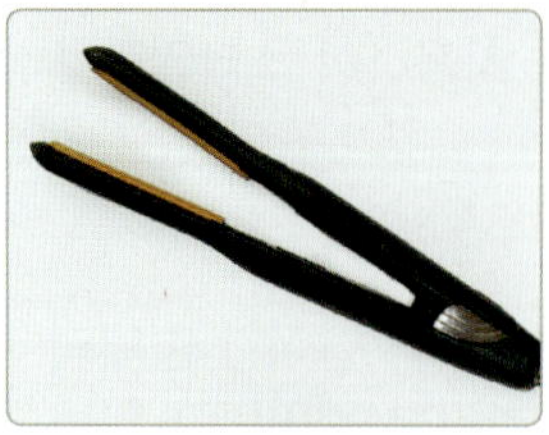

제품에 따라 열판의 폭이 좁은 것부터 넓은 것까지 다양하고 뿌리 부분의 볼륨을 생성하여 풍성한 스타일링을 연출할 때 사용하고 모발 상태에 따라 저온에서 고온까지 선택하여 시술할 수 있다.

⑧ 쿠션 브러쉬

빗대에 쿠션이 있고 면적이 넓어 두피 마사지에 효과가 있고 일정한 텐션으로 엉킨 모발 및 모발 전체를 브러싱 할 때 사용한다.

⑨ 롤 브러시

돈모, 가시 돈모, 금속성, 나일론 등 다양한 종류의 롤 브러시가 있다. 모발에 윤기를 주고 스트레이트나 웨이브를 형성할 때 사용하고 모근의 볼륨 생성에 용이하다.

⑩ 덴멘 브러시

제작회사의 이름을 따서 만들어진 브러시로 아치모양 빗대에 나일론 모가 심어진 형태이다. 열에 강하고 모발에 윤기 부여를 위해 사용하고 모발 텐션과 모근의 볼륨 생성에 용이하다.

⑪ 꼬리빗

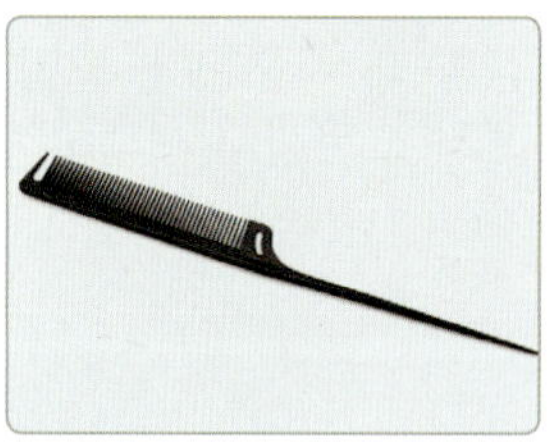

촘촘한 빗살에 뾰족한 꼬리가 달린 형태의 빗으로 다양한 시술에 가장 많이 사용되는 도구로서 섹션을 나눌 때 용이하다.

⑫ 분무기

건조된 모발에 수분을 공급할 때 사용하고 블로우 드라이 시 용이하다.

⑬ 핀셋

다른 섹션의 모발이 시술에 방해되지 않도록 섹션을 나누어 고정하는데 사용한다.

⑭ 드라이보

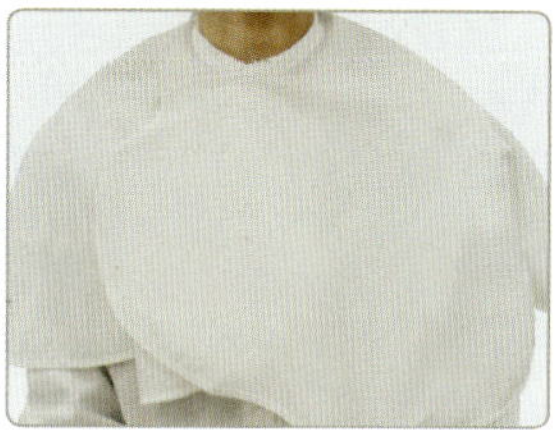

고객의 피부와 옷을 보호하기 위해 착용한다.

예상문제

01 모발의 발생과정을 적으시오.

02 모발을 둘러싸고 있는 주머니 모양으로 모유두를 감싸고 있는 것을 적으시오.

03 입모근의 특징에 대해 설명하시오.

04 모표피의 3개의 층을 적으시오.

05 공기 함유량이 많을수록 모발에 광택을 부여하는 것은?

06 모발의 성장주기를 적으시오.

07 휴지기는 전체 모발에서 몇 %를 차지하는지 적으시오.

08 감각기능의 역할을 설명하시오.

09 배설기능의 역할을 설명하시오.

10 직모에 대해 설명하시오

예상문제

11 횡단면이 작게 오그라진 타원형을 띠는 모발의 형상을 적으시오.

12 배냇머리를 뜻하는 솜털의 명칭을 적으시오.

13 연모와 경모 중간쯤 되는 모발을 적으시오.

14 모발의 흡습성에 대해 설명하시오.

15 모발을 브러싱 할 때 마찰에 의해 달라붙는 정전기 현상을 적으시오.

16 모발의 80~90%는 무엇으로 구성되어 있는지 적으시오.

17 샴푸의 정의를 적으시오.

18 샴푸의 주성분을 적으시오.

19 프레 샴푸와 애프터 샴푸의 차이점을 적으시오.

20 양이온 계면활성제의 특성을 적으시오.

예상문제

21 중성 샴푸제의 pH를 적으시오.

22 좌식 샴푸와 와식 샴푸의 차이점을 적으시오.

23 두피 트리트먼트의 목적을 적으시오.

24 모발 트리트먼트의 목적을 적으시오.

25 전체적인 이미지 결정에 가장 큰 영향을 미치는 두상의 영역을 적으시오.

26 정면에서 귀 뒷부분의 볼륨에 큰 영향을 미치는 두상의 영역을 적으시오.

27 블로우 드라이의 원리를 적으시오.

28 블로우 드라이 시술 시 가장 적당한 모발의 수분량을 적으시오.

29 아이론 드라이의 원리를 적으시오.

30 아이론 드라이 시술 시 가장 적당한 모발의 수분량을 적으시오.

[정답]

01 전모아기 → 모아기 → 모항기 → 모구성 모항기 → 완성 모낭

02 모낭

03 급격한 온도변화가 있거나 공포로 인해 근육이 수축하면서 피부 표면에 소름을 일으켜 털을 곤두서게 한다.

04 에피큐티클, 엑소큐티클, 엔도큐티클

05 모수질

06 성장기 → 퇴행기 → 휴지기 → 발생기

07 14%

08 모근의 지방선과 입모근에 지각 신경이 분포되어 있어 적은 자극에도 바로 반응한다.

09 환경오염에 의한 수은 · 납 등의 중금속이 체내에 들어오면 혈액 내의 유해한 물질을 모발을 통해 다시 몸 밖으로 배출한다.

10 주로 동양인에게 나타나고 모낭이 꼿꼿하고 단면이 원형을 띤다.

11 축모

12 취모

13 성모

14 습한 공기 중에서 수분을 흡수하고, 건조한 공기 중에서 수분을 발산한다.

15 대전성

16 단백질

17 두피 및 모발에 쌓인 노폐물, 각질, 헤어제품의 사용으로 인한 잔유물을 제거하여 청결히 해줌과 동시에 탈모, 비듬, 피부염 등의 질병을 방지할 수 있다. 또한 적당한 자극을 통해 혈액순환을 촉진시키고 생리기능을 높여 모근부의 기능을 활발하게 만들어 생리적 기능을 돕고 모발과 두피를 건강하게 유지한다.

18 계면활성제

19 프레 샴푸 : 시술 전, 애프터 샴푸 : 시술 후

20 세정력은 높지 않으나 살균과 소독작용이 우수하고 정전기 발생을 억제하고 모발의 유연함을 부여하는 특성을 가진다.

21 7.5~8.5

22 두피에 있는 불필요한 노폐물을 제거하고 혈액순환을 왕성하게 도와 두피의 생리기능을 높이고 두피의 성육을 저장하며 두피에 지방을 보급하기 위한 목적을 가진다.

23 좌식 샴푸는 고객의 의자에 앉아 있는 상태에서 시술하고, 와식 샴푸는 샴푸 도기에 머리를 두고 누운 상태로 시술한다.

24 다공성모 및 손상 모발의 모표피를 단단하게 하고 모발의 수분 함량을 본래 상태로 회복시키는데 도움을 주고, 화학적 시술 과정에서 모발의 단백질 유실을 막기 위한 목적으로도 사용한다.

25 프린지

26 백 사이드

27 수소결합

28 10~14%

29 수소결합, 염결합

30 0%

Chapter 3
NCS 샴푸 및 헤어스타일링 실기

2주 고객 응대 서비스 · 헤어스타일 상담과 헤어 샴푸

기초 드라이

3주 블로우 스트레이트 드라이
4주 아이론 스트레이트 드라이
5주 블로우 C컬(인컬) 드라이
6주 아이론 C컬(인컬) 드라이
7주 블로우 C컬(아웃컬) 드라이
8주 아이론 C컬(아웃컬) 드라이

응용 드라이

9주 블로우 S컬(리버스) 드라이
10주 아이론 S컬(리버스) 드라이
11주 블로우 S컬(포워드) 드라이
12주 아이론 S컬(포워드) 드라이
13주 S–S컬 쇼트헤어 드라이
14주 S–S컬 핑거 드라이
15주 S–S컬 트위스트 드라이
16주 S–S컬 물결 드라이

Chapter 3 NCS 샴푸 및 헤어스타일링 실기

2nd week

고객 응대 서비스·헤어스타일 상담과 헤어 샴푸

학습내용(단원명)	수업 목표
고객 응대 서비스 · 헤어스타일 상담과 헤어 샴푸	• 고객의 방문사유를 확인한 후 대기 또는 서비스 공간으로 안내할 수 있다. • 고객의 미용서비스 이력 및 특이사항에 대한 정보를 수집할 수 있다. • 고객의 취향 및 라이프스타일 등을 고려하여 고객에게 어울리는 스타일을 제안할 수 있다. • 고객에게 요금을 안내할 수 있다. • 고객을 배웅할 수 있다. • 고객이 불편하지 않도록 샴푸대의 높이와 수온조절을 할 수 있다. • 얼굴에 물이 튀지 않도록 주의하며 적당량의 샴푸제 · 트리트먼트제를 사용하여 매니플레이션을 할 수 있다. • 샴푸제 · 트리트먼트제 성분이 남지 않도록 충분하게 헹굴 수 있다. • 샴푸대 및 주변을 깨끗하게 정리한 후 고객을 서비스 공간으로 안내할 수 있다.

1. 고객 응대하기

1 고객의 방문사유를 확인한다.
2 대기시간을 전달하고 서비스 공간으로 안내한다.
3 준비된 다과 및 음료와 PC 및 서적 등을 제공한다.

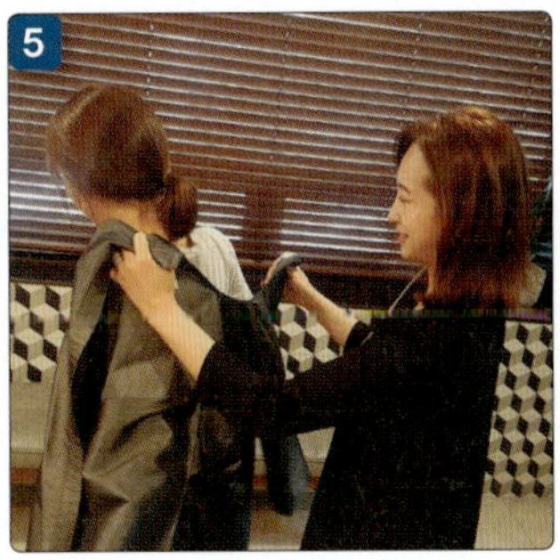

4 고객과 시술 상담을 하고 요금을 미리 공지한다.
5 고객의 의복 및 소지품 등을 보관하고 시술 가운을 제공한다.
6 고객을 시술석으로 안내한다.

7 시술 전 고객에게 시술에 대하여 다시 한 번 안내한다.
8 시술이 끝나면 요금을 안내하고 계산을 돕는다.
9 고객을 배웅한다.

2. 헤어스타일 상담

1. 헤어스타일 상담하기

고객의 요구를 정확히 파악하는 것은 만족스러운 결과를 얻기 위해 매우 중요하다. 고객이 희망하는 디자인과 요구사항을 경청한 후 책이나 태블릿 PC 또는 사진 등의 자료를 활용하여 고객이 희망하는 디자인과 최대한 가까운 스타일을 파악하기 위해 상담을 진행한다.

또한 헤어디자인의 설계를 위해 고객의 얼굴형과 두상은 물론 체형의 외형적 특징을 정확하게 파악해야 한다.

특히 두상과 얼굴형은 헤어스타일과 가장 밀접한 관계를 이루고 있으므로 그 특징을 정확히 파악하여 고객의 단점을 보완하고 장점을 부각시킬 수 있는 헤어디자인을 설계하는 것이 중요하다.[36)]

(1) 얼굴형 분석에 따른 헤어스타일 제안

얼굴형은 외모에서 개성을 가장 잘 나타내는 요소로써 얼굴형과 헤어스타일은 서로 상호작용하여 시각적 효과에 영향을 준다.[37)]

얼굴형은 두 가지 이상의 복합적이고 다양한 형으로 이루어지며 이러한 여러 가지 얼굴형을 이해하기 위해 먼저 얼굴형의 비율을 알아야 한다.[38)]

얼굴형의 비율은 얼굴을 수평으로 3등분하여 정확히 분석한 후 얼굴의 중앙을 수직으로 나누는 것이 그 기준이 된다.

얼굴형은 이목구비, 머리모양을 제외한 얼굴의 외곽선을 뜻하고, 외곽선의 형태에 따라 나누어지는 타입으로 얼굴형에 관한 학설이 여러 가지 있지만 국제 표준의 얼굴형은 황금비율인 1:1.618의 비율을 따르고 있다.[39)]

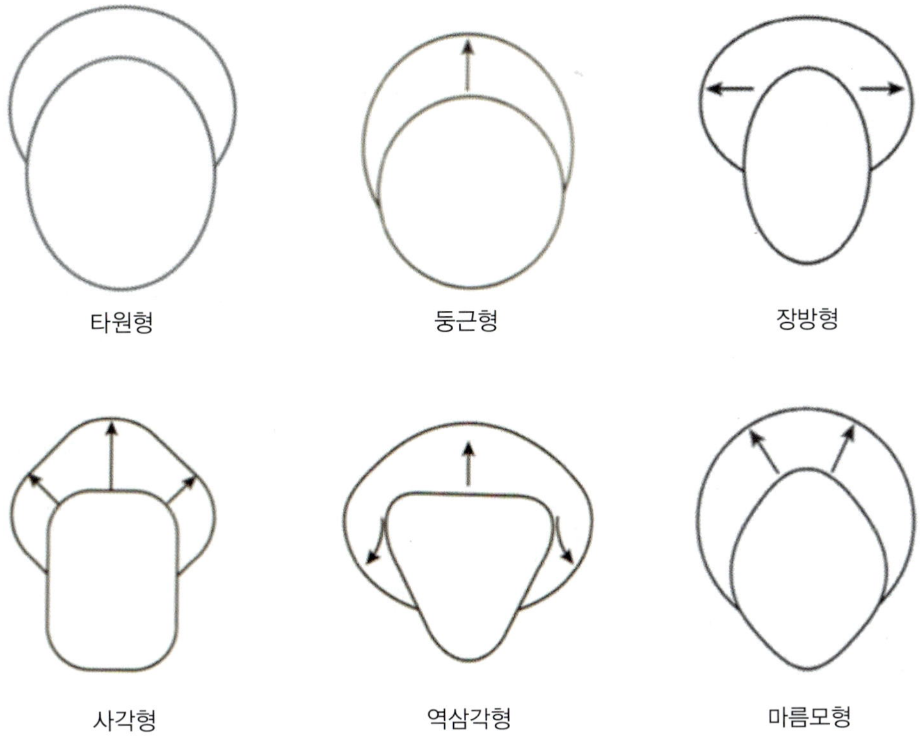

그림 3-1 6가지 얼굴형에 따른 헤어스타일 볼륨[40)]

① 타원형

얼굴의 가로 길이와 세로 길이의 비율이 1:1.5이고 헤어라인에서 눈썹:눈썹에서 코끝:코끝에서 턱선의 비율이 1:1:1이며 완만한 턱선과 균형 잡힌 얼굴 윤곽으로 어떠한 스타일이라도 잘 어울리는 얼굴형이다. 얼굴 윤곽선을 가리지 않고 드러내는 헤어스타일로 변화를 주는 것이 효과적이며 현대인의 가장 이상적이고 표준적인 얼굴형으로 여겨져 다른 얼굴형의 수정 시 기본이 되는 얼굴형이다.

타원형의 얼굴형은 다양한 디자인의 헤어스타일이 어울리므로 선택의 폭이 넓다고 할 수 있다.[41)]

② 둥근형

둥근 얼굴형은 얼굴의 넓이와 길이가 거의 동일한 형으로 미간이 꽉 차 있어 온화하고 친밀감과 귀여운 이미지를 주는 얼굴형이다. 둥근 얼굴형의 통통한 볼을 커버하고 얼굴이 길어 보이기 위해 세련된 이미지로 보완해야 하며 탑 부분에 풍성한 볼륨을 생성하고 사이드는 차분하게 내려오는 웨이브가 어울린다. 반대로 사이드에 볼륨을 주는 웨이브는 볼을 더 통통하게 보일 수 있어 피하고 앞머리는 짧은 뱅 스타일보다 길게 늘어뜨리는 스타일이 얼굴을 길어 보이게 한다.[42)]

③ 장방형

얼굴의 폭이 좁고 길이가 긴 얼굴형으로 가로의 폭이 좁아 턱이 길어 보이고 날카로운 인상을 줄 수 있다. 길고 갸름한 장방형은 여성스러움과 성숙한 분위기가 있어 지적이고 침착한 인상을 주지만 자칫하면 발랄함이 없어 나이가 들어 보일 수 있는 단점이 있다. 어울리는 헤어스타일로는 뱅 스타일로 이마를 가리고 양쪽 볼 측면의 볼륨을 강조한 스타일과 단발의 보브스타일이 어울린다. 긴 길이의 스트레이트와 탑 부분의 볼륨을 주면 더 길어 보일 수 있으므로 볼륨을 다운시켜야 한다.

④ 사각형

얼굴의 폭과 길이가 거의 같고 체격이 크며 어깨 폭이 넓은 사람 중에 많은 얼굴형이다. 하악골의 발달로 인상이 강해 보이나 의지가 강하고 신뢰감 있는 성실한 얼굴형이라 할 수 있다. 어울리는 헤어스타일로는 얼굴형을 감싸듯 쏟아지는 헤어스타일, 머리끝이 가벼운 스타일에 부드러운 웨이브로 사각턱을 부드럽게 만드는 헤어스타일, 비대칭 헤어스타일, 웨이브가 강한 롱(Long)헤어스타일이다. 중간 가르마나 턱선에 맞춘 단발머리, 수평의 보브스타일, 얼굴형이 드러나도록 바깥으로 뻗친 헤어스타일은 피하는 것이 좋다.[43]

⑤ 역삼각형

역삼각형 얼굴형은 현대적인 얼굴형으로 이마의 가로 넓이가 넓어 시원해 보이고 세련된 이미지를 풍기지만 턱이 좁아 가냘프게 보이고, 다소 신뢰감이 떨어져 보일 수 있다. 어울리는 헤어스타일로는 좁은 턱선을 보완하기 위해 전체적으로 층을 주고 굵은 웨이브로 턱선을 부드럽게 감싸도록 모발의 끝 선이 안쪽으로 말리는 헤어스타일이 잘 어울린다.[44] 턱선을 강조하거나 얼굴을 드러내는 스타일과 같은 길이의 스트레이트 헤어스타일은 얼굴 폭을 더욱 가늘어 보일 수 있어 피하는 것이 좋다.[45]

⑥ 마름모형

마름모 얼굴형은 얼굴 중앙 부분이 넓고 돌출된 얼굴형으로 얼굴 길이가 좁으며 광대뼈가 두드러져 보이는 얼굴형이다. 군살이 없는 마른 사람에게 많은 얼굴형으로 입체감이 있어 샤프(Sharp)하고, 지적인 이미지를 주지만 차갑고, 신경질적인 이미지를 줄 수 있다.[46] 어울리는 헤어스타일은 삼각형과 역삼각형의 헤어 연출과 비슷하고, 앞머리에 볼륨을 주고 층이 있는 보브스타일, 얼굴선을 따라 흘러내리는 레이어드(Layerd)스타일이 잘 어울린다.[47]

(2) 두상 분석에 따른 헤어스타일 제안

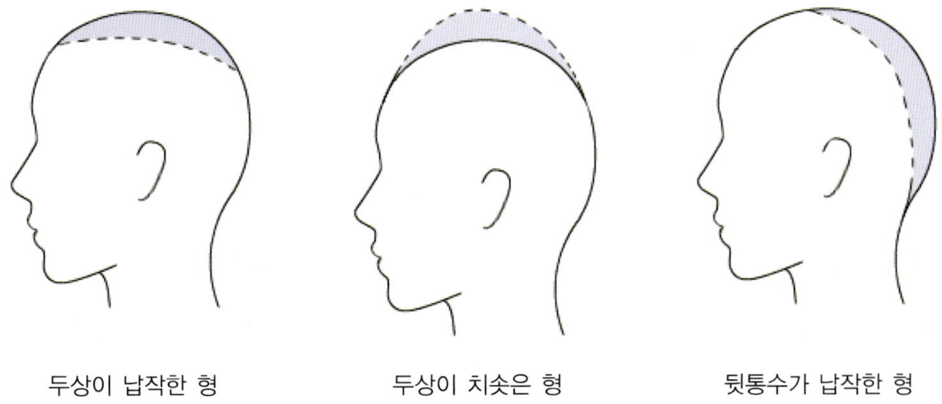

그림 3-2 3가지 두상에 따른 헤어스타일 볼륨

① 두상이 납작한 형

탑 부분은 웨이브의 볼륨을 생성한다. 사이드 부분은 볼륨을 줄인다.

② 두상이 치솟은 형

탑 부분은 볼륨을 줄이고, 사이드는 웨이브의 볼륨을 풍성하게 생성한다.

③ 뒤통수가 납작한 형

뒤통수는 웨이브를 강하게 볼륨감을 생성하고 그 외에는 뒤통수의 웨이브 볼륨보다 약한 볼륨을 생성한다.

(3) 목의 형태에 따른 헤어스타일 제안

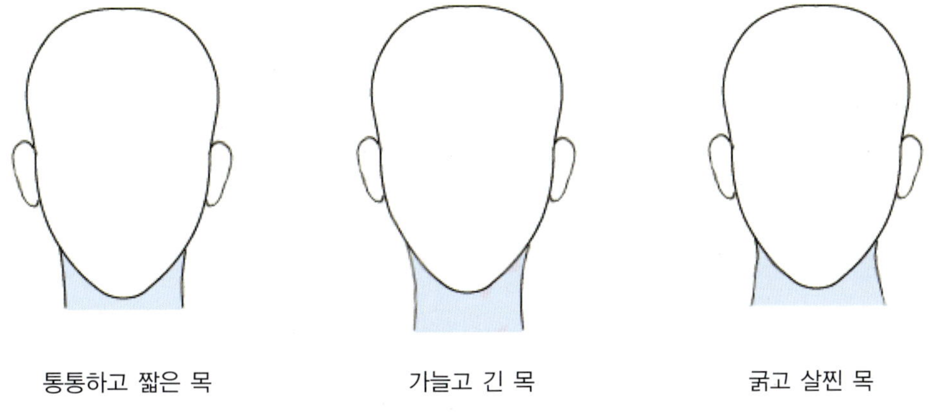

그림 3-3 3가지 목의 형태에 따른 헤어스타일 볼륨

① 통통하고 짧은 목을 가진 경우

목덜미 부분에 볼륨감이 형성되지 않도록 목 위쪽으로 스타일을 연출하면 목이 길어 보이는 효과가 있다.

② 가늘고 긴 목을 가진 경우

부드러운 웨이브를 형성하여 볼륨감을 주어 가늘어 보이는 목을 볼륨감 있게 연출한다.

③ 굵고 살찐 목을 가진 경우

층이 없는 수평선의 무게감 있는 웨이브 스타일은 피하는 것이 좋다.

(4) 체형에 따른 헤어스타일 제안[48)]

① 키가 크고 마른 체형

롱 웨이브 헤어스타일이 적합하다. 스트레이트 헤어는 마른체형을 부각시키고 짧은 헤어는 키가 더욱 커보일 수 있어 피하는 것이 좋다.

② 키가 작고 마른 체형

롱 헤어 웨이브나 스트레이트 헤어는 피하고 단발 길이의 웨이브 스타일을 선택하는 것이 적합하다. 키가 작은 사람은 모발이 길면 오히려 키가 더 작아보일 수 있어 짧은 헤어스타일이 좋다.

③ 키가 크고 뚱뚱한 체형

컬이 강한 웨이브나 롱 헤어보다 단정한 스트레이트 헤어가 좋다.

④ 키가 작고 뚱뚱한 체형

단발이나 롱 웨이브 스타일보다 숏 스타일의 스트레이트 헤어가 적합하다. 웨이브는 볼륨감으로 인해 부피감이 더 크게 보일 수 있어 볼륨감을 줄여주는 깔끔한 스트레이트 헤어가 좋다.

2. 고객 미용서비스 정보 수집하기

성 명 :	학 번 :	시술일자: 20 년 월 일
고객이름 :	나이 :	

얼굴형태 분석 □ 둥근형 □ 장방형 □ 계란형 □ 역삼각형 □ 사각형

두상형태 분석 □ 탑부분 솟은 형태 □ 탑부분 낮은 형태 □ 측면 들어간 형태 □ 측면 나온 형태

체격형태분석 □ 키가 크고 마른 체형 □ 키가 크고 통통한 체형
□ 키가 작고 마른 체형 □ 키가 작고 통통한 체형

모질상태 분석

□ 건강모 □ 손상모(염색모) □ 극손상모 □ 직모 □ 파상모 □ 축모

□ 웨이브 모발 (□일반펌, □열펌)

커트형태분석 □ 짧은 길이 □ 중간 길이 □ 긴 길이

상담내용 (고객이 원하는 스타일)

디자인 분석 및 시술 과정

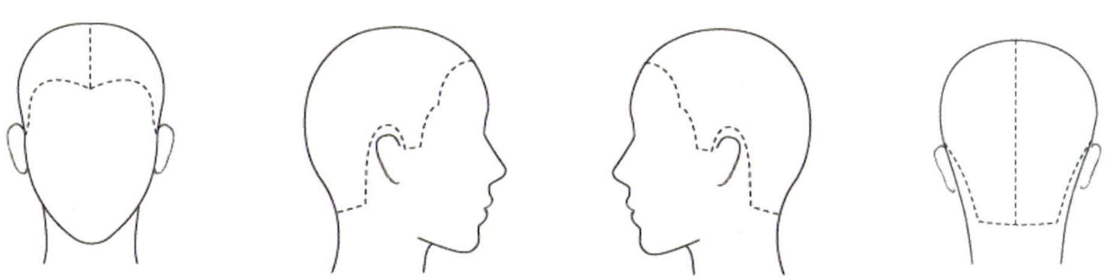

시술도구 및 제품

3. 요금 설정하기

미용요금 상세 주문내역서

20 년 월 일

고객성명	□ 남 □ 여	핸드폰 (SNS)	□ 수신 □ 수신안함
담당자		생일	
방문경로	□ 블로그 □ 카페 □ 간판 □ 재방문 □ 소개 ( ) □ 기타		

시술내용	기본요금	추가요금	비고
컷트 □ 남 □ 여 □ 학생 □ 디자인컷 □ 앞머리			
펌 □ 앞머리 □ 다운펌 □ 기본펌 □ 영양펌 □ 열펌 □ 뿌리펌			
염색 □ 뿌리염색 □ 전체염색 □ 탈 색 □ 헤나/왁싱 □ 와칸			
크리닉 □ 기본 □ 특수			
두피 스켈링			
스켈링 컷			
드라이			
샴푸			
업스타일			
점판			

할인/서비스	(%) /
총 합계	
결제방법	□ 현금 □ 카드 □ 회원권

고객 확인	(서명)	담당자 (원장, 부원장, 점장, 실장, 디자이너, 매니저)	(서명)

※ 공중위생관리법 의거하여 시술하는 자는 미용사 자격증(면허증)이 반드시 있어야 함.

3. 헤어 샴푸

1. 헤어 샴푸 준비하기

샴푸보 착용하기

헤어 샴푸 시술 시 물이나 거품 등이 고객의 옷으로 스며들지 않도록 준비한다.

샴푸제 준비하기

고객의 두피 및 모발에 알맞은 샴푸제를 선택하여 준비한다.

모발 트리트먼트 준비하기

고객의 두피 및 모발에 알맞은 트리트먼트제를 선택하여 준비한다.

타월 준비하기

헤어 샴푸 시술 후 모발의 수분을 제거하기 위하여 수건을 준비한다.

2. 좌식 샴푸 시술하기

좌식 샴푸

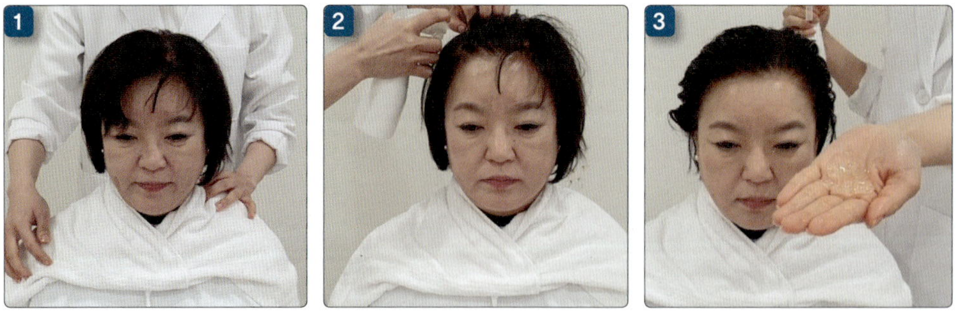

1 고객의 어깨에 샴푸보와 타월을 두른다.
2 고객의 얼굴에 물이 흐르지 않도록 주의하며 두피 위주로 수분을 공급한다.
3 손바닥에 적당량의 샴푸제를 준비한다.

4 전두부부터 측두부까지 핸들링하여 충분한 거품을 낸다.
5 후두부부터 후하부까지 핸들링하여 충분한 거품을 낸다.
6 고객의 얼굴에 거품이 흐르지 않도록 손날로 헤어라인을 감싸고 시술한다.

7 C.P부터 G.P 방향으로 두상을 따라 길을 만들고 지그재그 테크닉으로 시술한다.
8 F.S.P부터 G.P 방향으로 두상을 따라 길을 만들고 지그재그 테크닉으로 시술한다.
9 S.C.P부터 G.P 방향으로 두상을 따라 길을 만들고 지그재그 테크닉으로 시술한다.

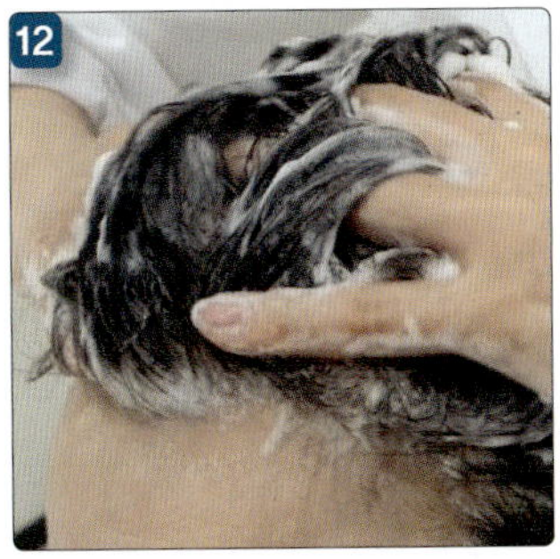

10 반대편도 동일한 방법으로 진행한다.

11 순차적으로 C.P부터 G.P방향, F.S.P부터 G.P방향, S.C.P부터 G.P방향으로 지그재그 테크닉을 사용하여 진행한다.

12 이어서 양손교차 테크닉으로 전두부의 노폐물을 제거한다.

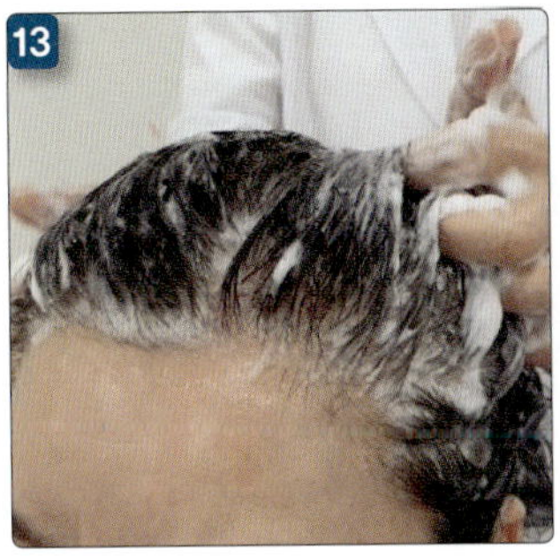

13 계속해서 측두부는 지그재그 테크닉을 사용하여 진행한다.

14 고객의 앞쪽 시술이 끝나면 뒤쪽을 진행한다. E.B.P부터 G.P 방향으로 시술한다.

15 N.S.P부터 G.P 방향으로 두상을 따라 길을 만들고 지그재그 테크닉으로 시술한다.

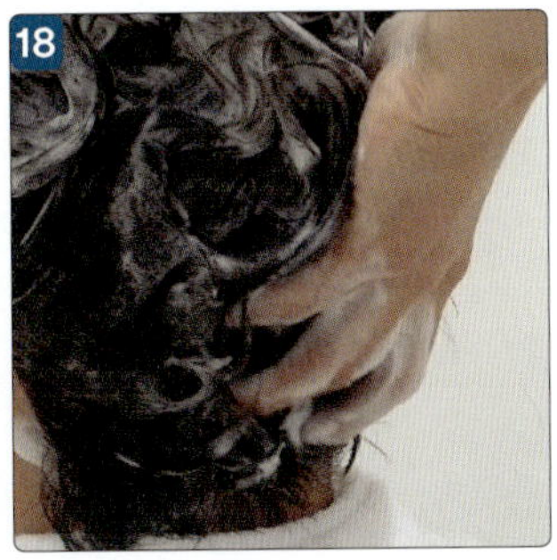

16 N.P부터 G.P 방향으로 두상을 따라 길을 만들고 지그재그 테크닉으로 시술한다.

17 반대편도 동일한 방법으로 진행한다. E.B.P부터 G.P 방향으로 시술한다.

18 N.S.P부터 G.P 방향으로 두상을 따라 길을 만들고 지그재그 테크닉으로 시술한다.

19 N.P부터 G.P 방향으로 두상을 따라 길을 만들고 지그재그 테크닉으로 시술한다.

20 샴푸 테크닉이 끝나면 모근에서 모선 끝 방향으로 모발을 쓸어올리며 거품을 낸다.

21 모발이 흐르지 않도록 정돈하여 고정한다.

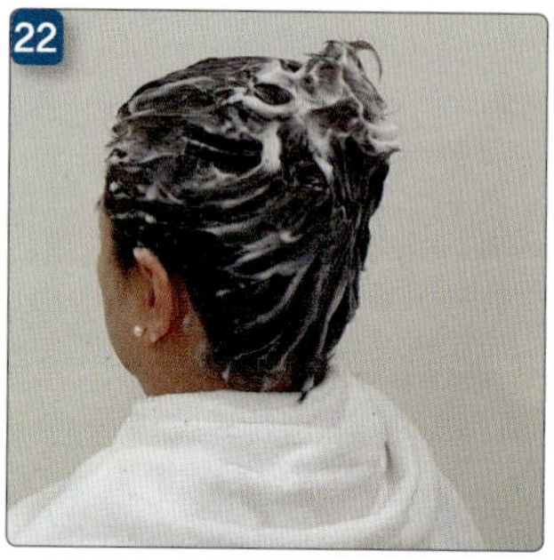

22 거품이 흐르지 않도록 마무리한 후 고객을 샴푸대로 안내한다.

와식 샴푸

3. 와식 샴푸 시술하기

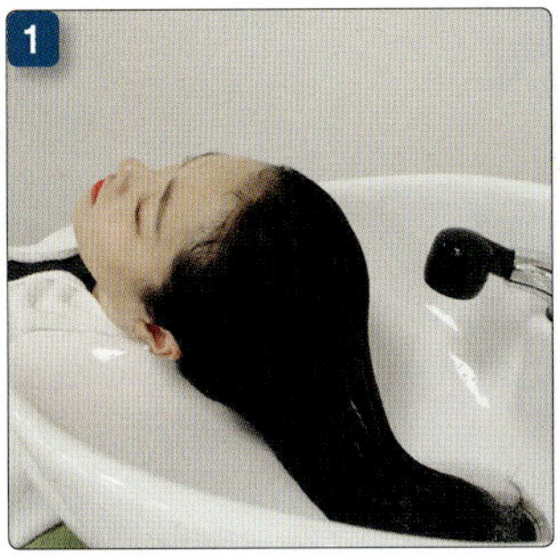
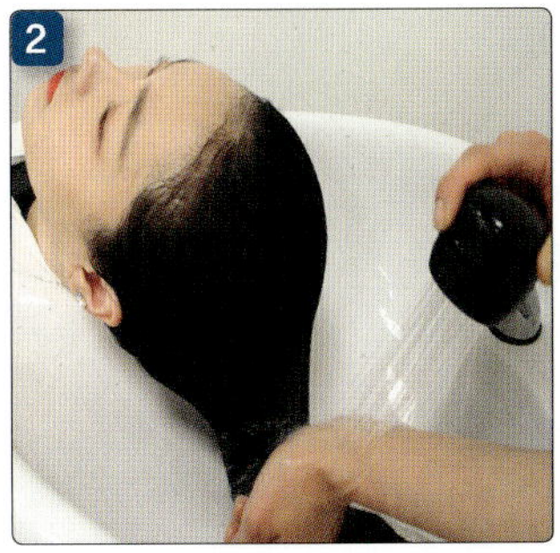
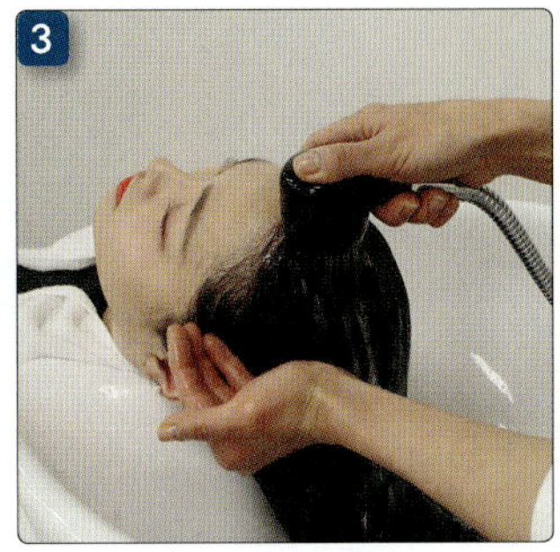

1 고객이 편한 자세를 취할 수 있도록 돕는다.
2 손목 안쪽에 물을 분사하여 적합한 온도를 맞춘다.
3 샤워기 헤드를 밀착시켜 F.S.P부터 두피를 적신다.

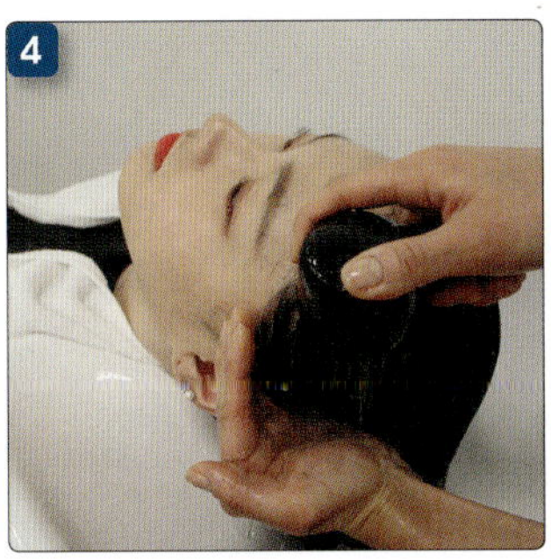

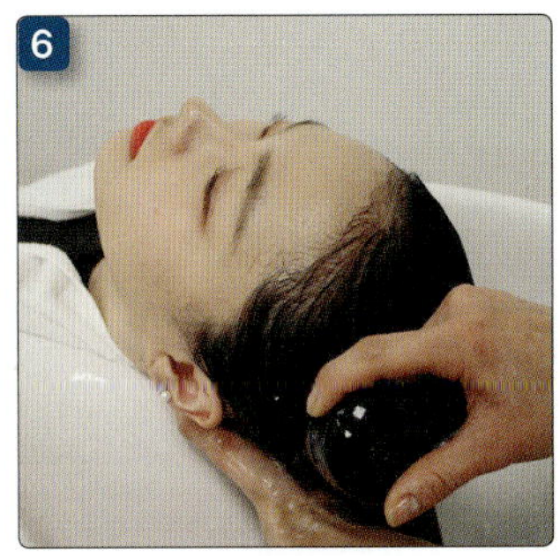

4 귀에 물이 들어가지 않도록 막아주고 F.S.P부터 후두부 쪽으로 물이 흐르도록 적신다.
5 위와 같은 방법으로 N.S.P까지 적신다.
6 한 손으로 목덜미를 받치고 목에 물이 들어가지 않도록 막으며 적신다.

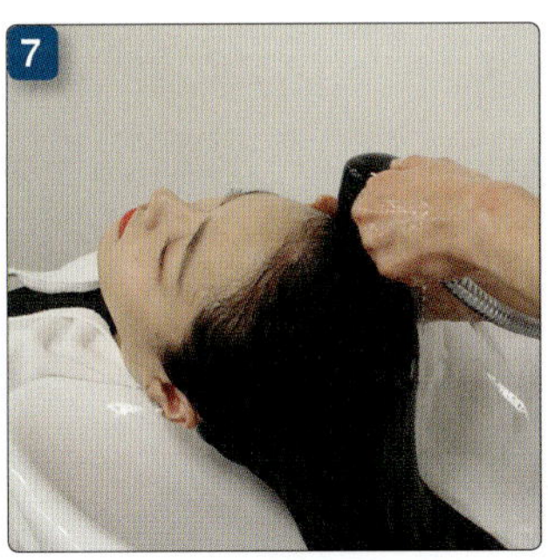
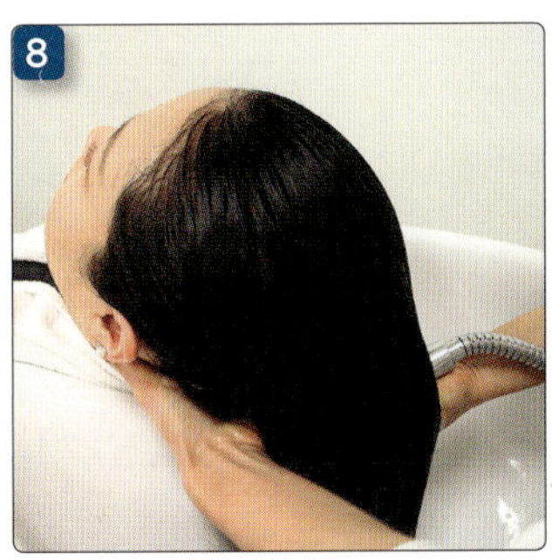
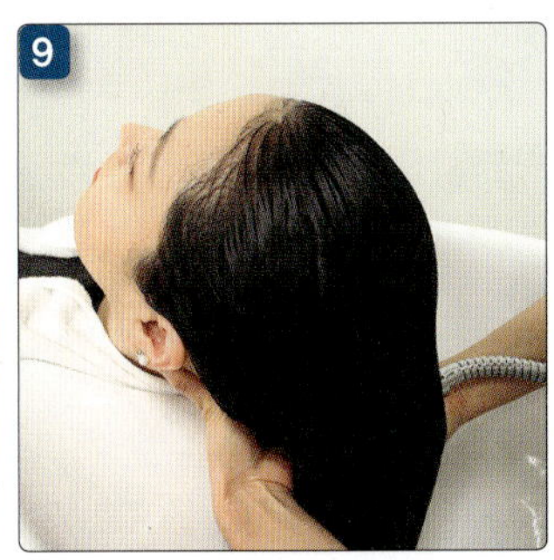

7 반대편도 동일한 방법으로 충분히 적신다.
8 한 손으로 목덜미를 잡은 후 목에 물이 들어가지 않도록 막으며 후두부를 적신다.
9 후두부부터 모발까지 적신다.

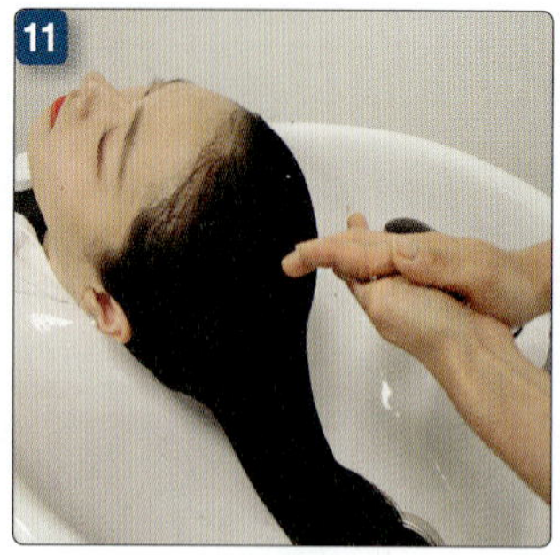
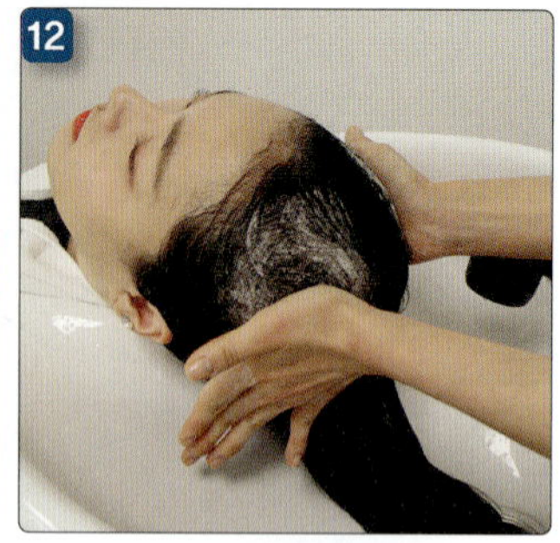

10 손바닥에 적당량의 샴푸제를 준비한다.

11 손바닥의 샴푸제를 비벼 거품을 낸다.

12 전두부에 샴푸제를 도포하여 충분한 거품을 낸다. 이때 수분을 공급하면 거품이 더 풍성해진다.

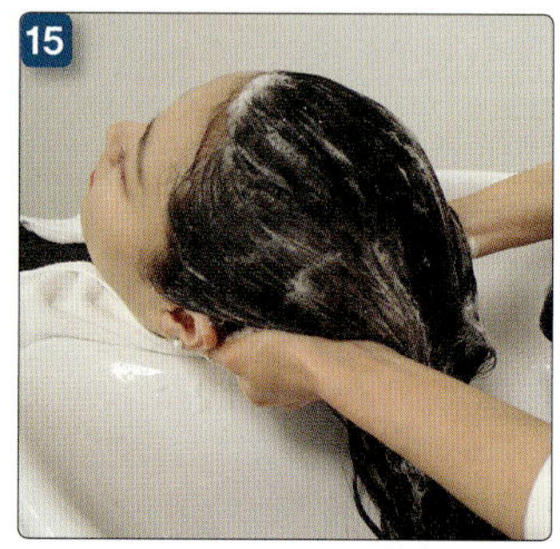

13 모발이 엉키지 않도록 길을 내어가며 거품을 형성한다.

14 측두부에 샴푸제를 도포하여 거품을 낸다.

15 후두부에 샴푸제를 도포하여 거품을 낸다.

16 모발에 샴푸제를 도포하여 거품을 낸다.

17 C.P부터 G.P까지 엄지를 사용하여 양손교차 테크닉으로 가볍게 문지르듯 시술한다.

18 위와 동일한 방법으로 S.P부터 G.P까지 시술한다.

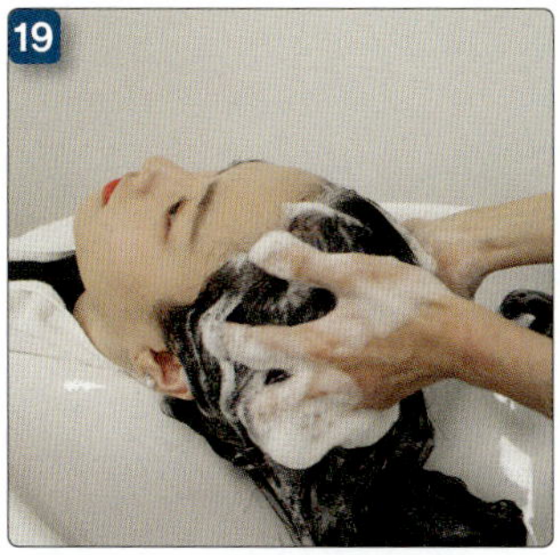

19 S.C.P부터 G.P 방향으로 손가락 4개를 이용하여 시술한다.
20 E.B.P부터 G.P 방향으로 손가락 4개를 이용하여 시술한다.
21 N.S.P부터 G.P 방향으로 손가락 4개를 이용하여 시술한다.

22 N.P부터 G.P 방향으로 손가락 4개를 이용하여 시술한다.
23 후두부는 지그재그 테크닉을 사용하여 양손을 교차하여 G.P 방향으로 시술한다.
24 모발 부분은 전체적으로 주무르듯 마사지하여 마무리한다.

4. 모발 헹구기

모발 헹구기

1 손목 안쪽에 물을 분사하여 적합한 온도를 맞춘다.
2 F.S.P부터 샤워기 헤드를 밀착시켜 시작한다.
3 샤워기 헤드를 감싸고 측두부로 이동하며 머리를 헹군다.

4 귀에 물이 들어가지 않도록 막으며 S.C.P를 헹군다.
5 귀 뒤쪽까지 한 손으로 막으며 헹군다.
6 귀 뒷부분은 손바닥을 이용하여 헹군다.

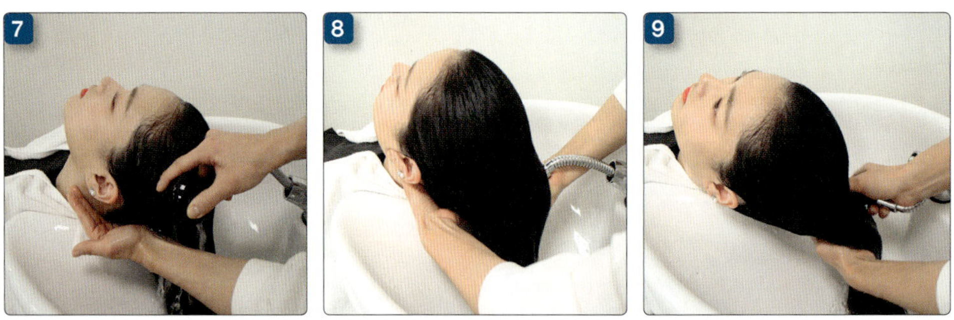

7 물이 흐르지 않도록 막으며 N.S.P를 헹군다.
8 한 손으로 목덜미를 받치고 목에 물이 들어가지 않도록 막으며 후두부를 헹군다.
9 앞의 과정을 반복하여 거품이 남지 않도록 모발까지 깨끗하게 헹군다.

트리트먼트 도포 지압

5. 모발 트리트먼트 도포 및 두피 지압하기

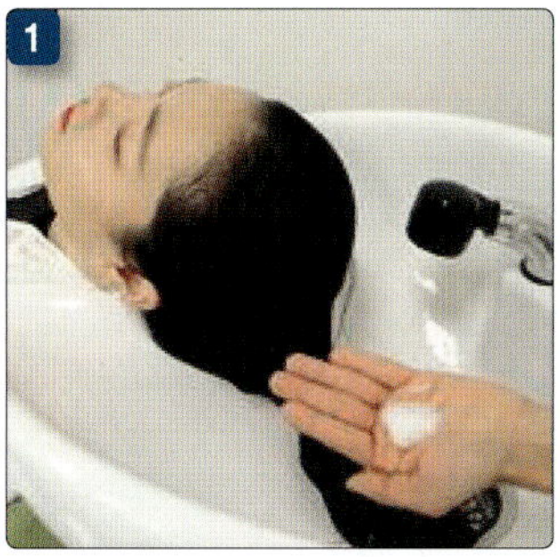
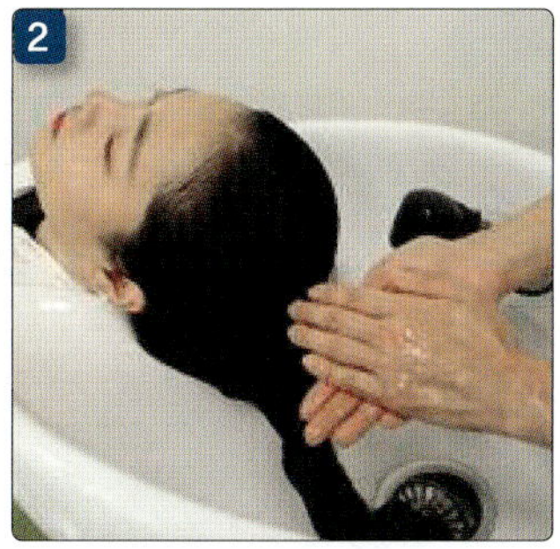
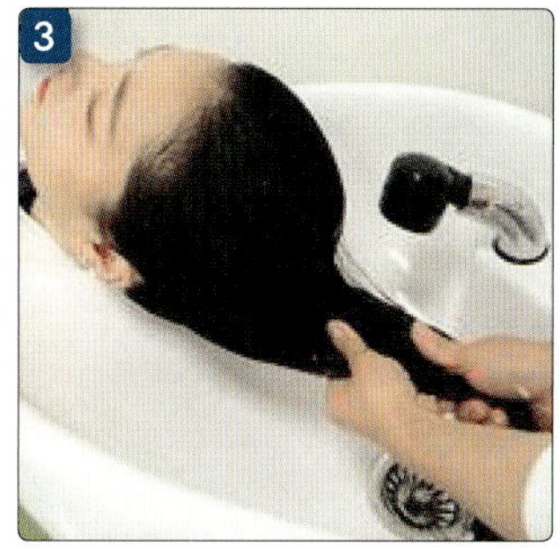

1 손바닥에 적당량의 모발 트리트먼트제를 준비한다.
2 손바닥의 모발 트리트먼트제를 비벼 양측의 손바닥에 고루고루 묻힌다.
3 두피를 제외한 모발에 고루고루 도포한다.

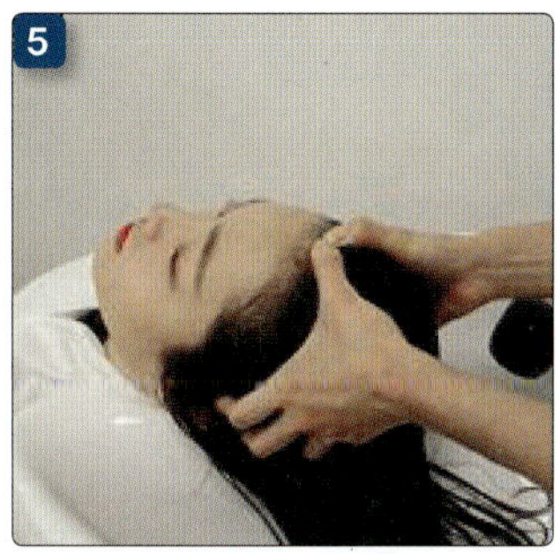
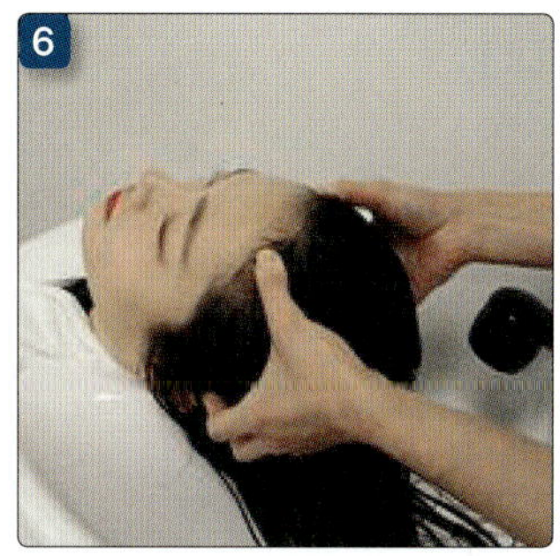

4 모발의 엉킴을 풀어가며 모발을 정돈하듯 도포한다.
5 손톱 밑의 지문 부위를 사용하여 신정부터 두피 지압을 시작한다. 원을 그리듯 지그시 누른다.
6 이어서 두유를 지그시 눌러 지압한다.

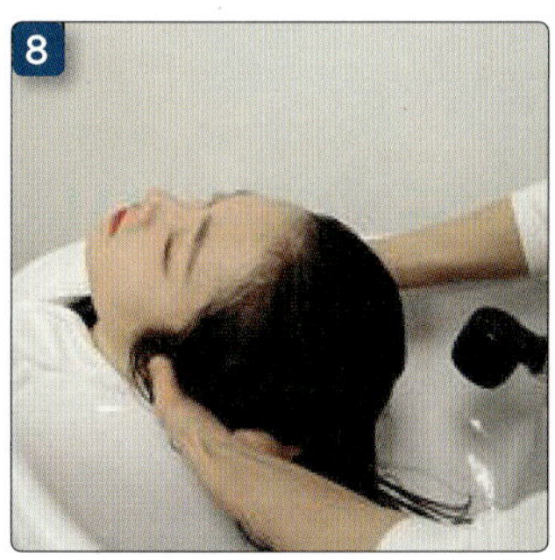
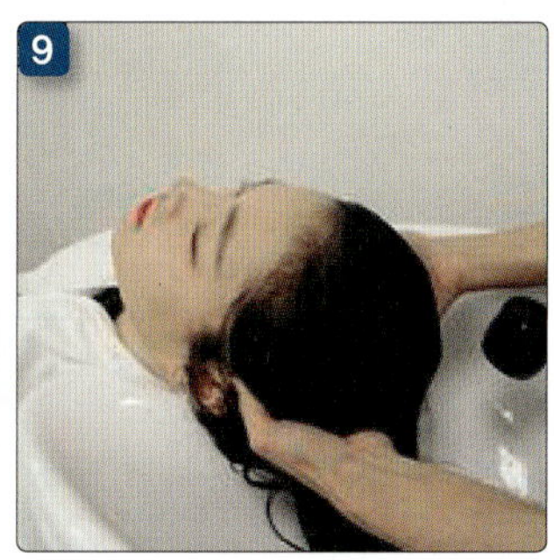

7 이어서 현로를 지그시 눌러 지압한다.
8 이어서 이문을 지그시 눌러 지압한다.
9 이어서 각손을 지그시 눌러 지압한다.

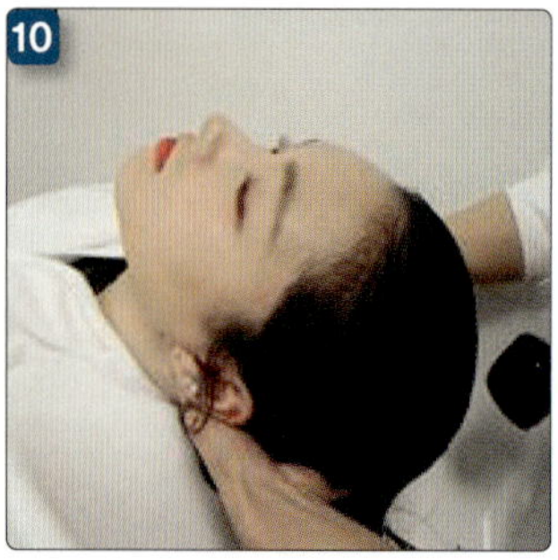
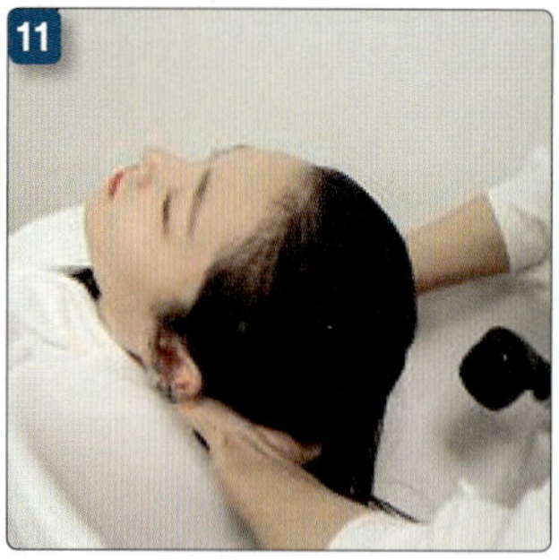
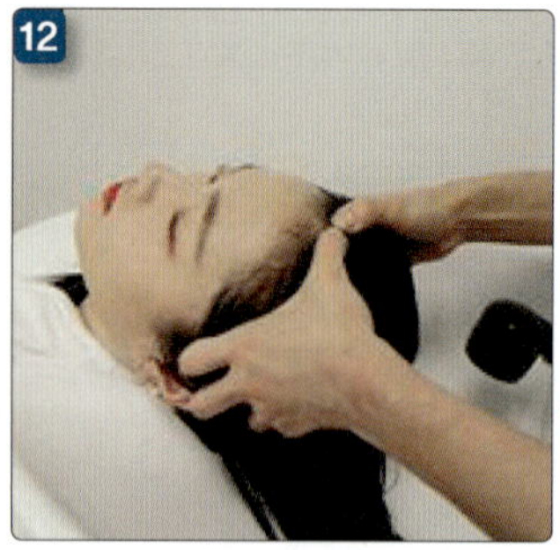

10 이어서 예풍을 지그시 눌러 지압한다.

11 5번-10번을 한 번 더 진행한 후 후두부의 완골, 풍지, 아문을 지그시 지압한다

12 신정부터 원을 그리듯 지그시 눌러 지압한다.

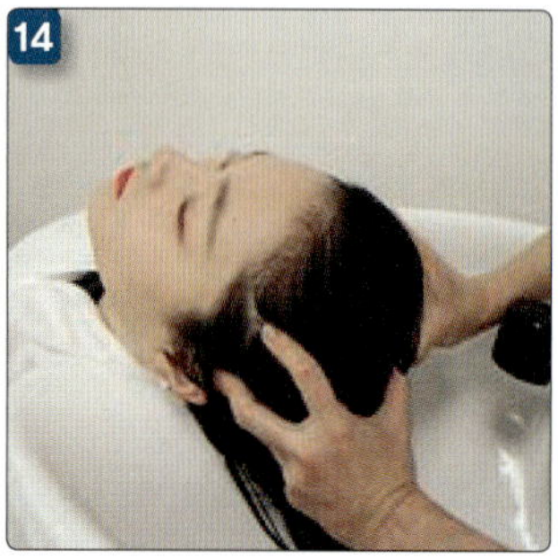
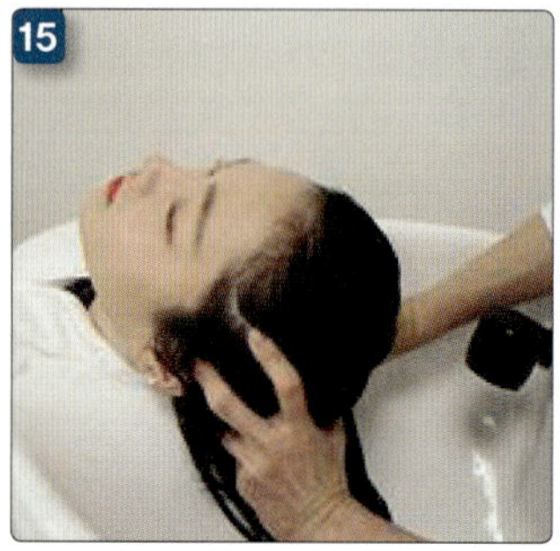

13 이어서 전정을 지그시 눌러 지압한다.

14 이어서 백회를 지그시 눌러 지압한다.

15 이어서 후정을 지그시 눌러 지압한다.

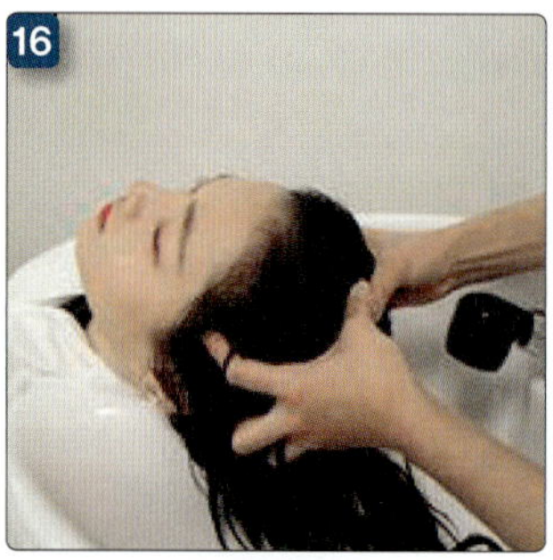
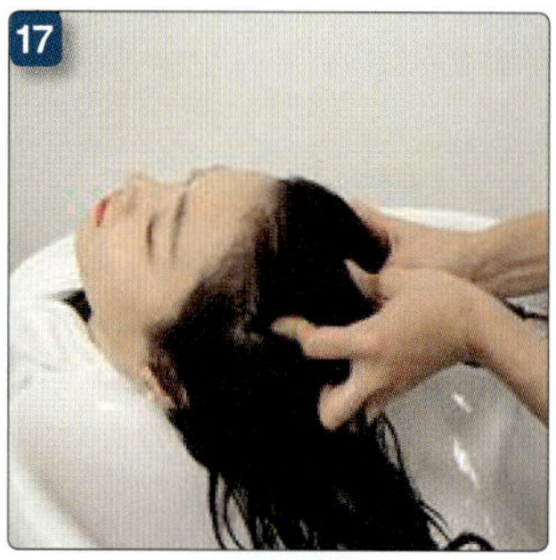
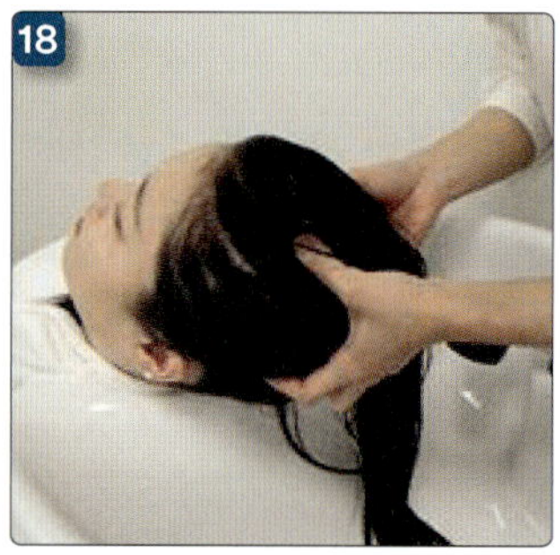

16 양손의 엄지를 전정에 위치하고 네 손가락으로 측두부를 지압한다.

17 이어서 네 손가락을 후정 방향으로 끌어올린다.

18 계속해서 후두부를 지압한다.

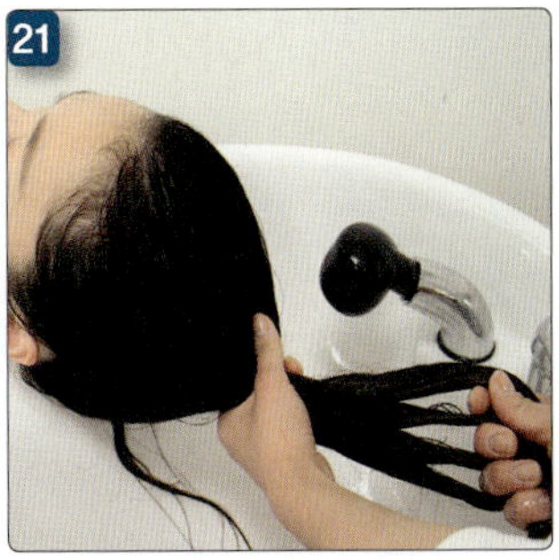

19 이어서 전체적으로 두상을 지그시 지압해준다.

20 위와 동일한 방법으로 지압한다.

21 손가락으로 모발을 쓸어내려 모발이 엉킴을 방지하고 트리트먼트제를 충분히 흡수시킨 후 잔여물이 남지 않도록 깨끗하게 헹군다.

6. 물기 제거하기

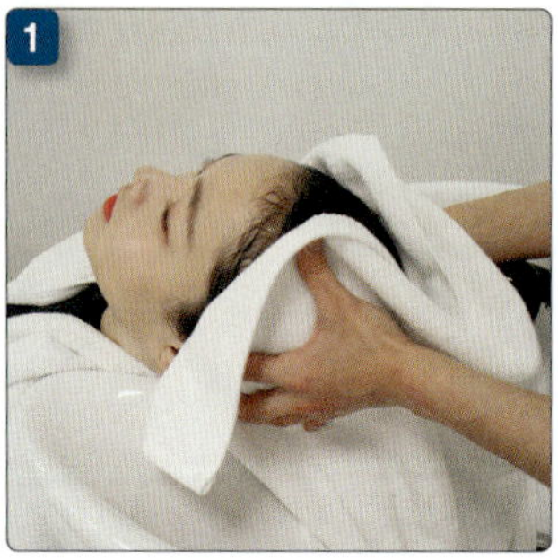

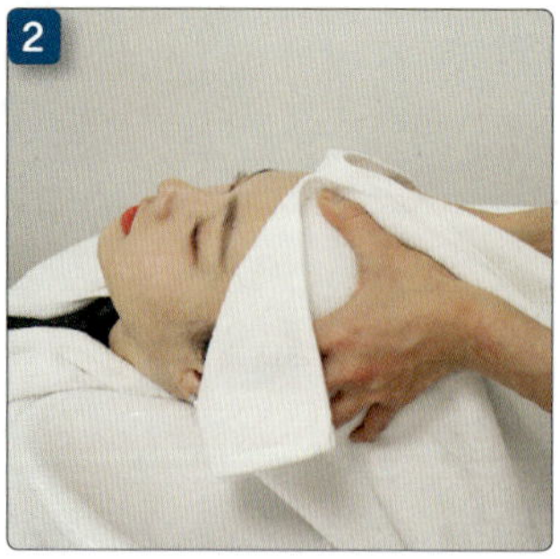

1 타월을 가로로 잡은 후 헤어라인부터 닦는다.
2 C.P부터 지그시 눌러 물기를 제거한다.
3 계속해서 측두부와 후두부까지 지그시 눌러 닦는다.

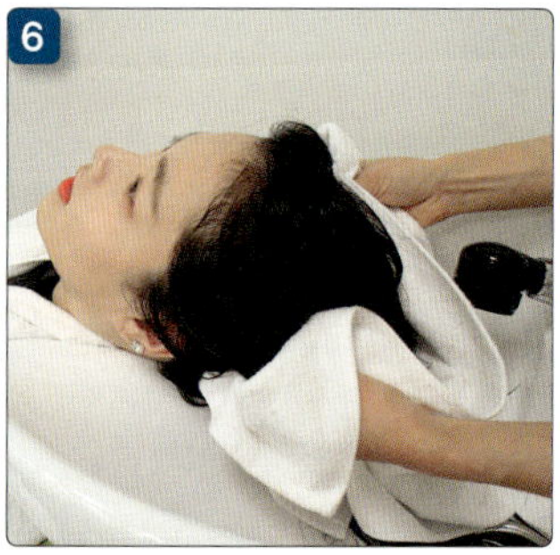

4 주먹을 쥐듯 힘있게 모발을 잡아 수분을 제거한다.
5 모발을 두드리듯 닦는다.
6 모발을 튕겨주어 두피 곳곳의 수분을 제거한다.

모발 건조하기

7. 타월로 모발 감싸기 ①

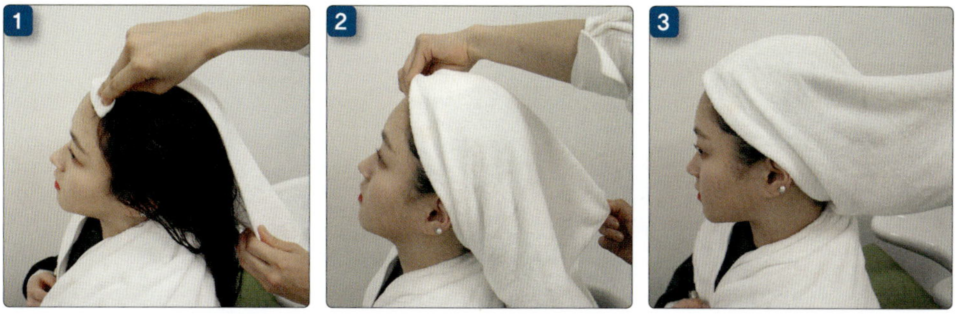

1 우측 페이스라인을 감아 고정한 후 반대편 타월 끝자락을 잡아 왼쪽으로 넘기듯이 좌측 페이스라인 방향으로 감싼다.

2 타월이 맞물리는 부분에서 위에 있는 타월 끝자락을 아래 있는 타월 속으로 넣어 고정한다.

3 모발 부분에 위치한 타월을 정돈한다.

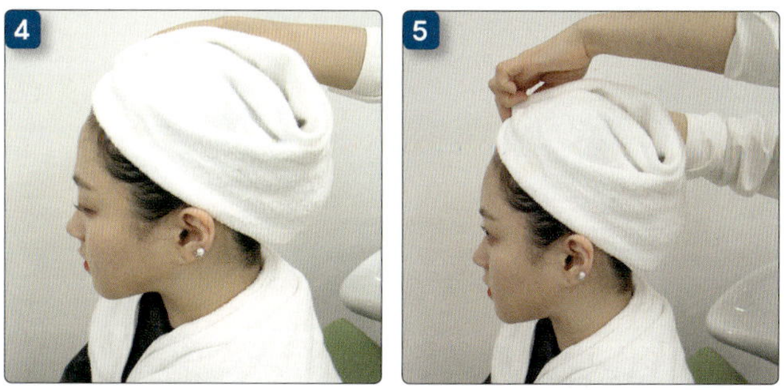

4 타월이 풀리지 않도록 주의하며 페이스라인을 따라 감싸진 타월 속으로 함께 넣어 고정한다.

5 모발이 빠지지 않도록 정돈한다.

타월로 모발 감싸기 ②

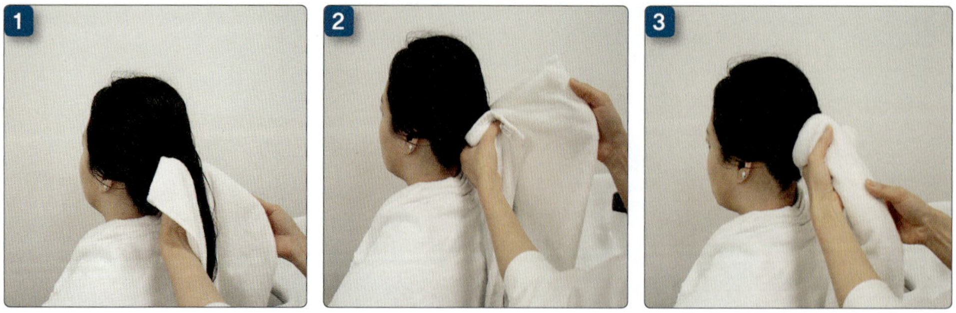

1 타월을 세로방향으로 모발 밑에 위치하여 머리를 묶듯 모발과 함께 잡는다.
2 타월 좌측에 텐션을 주어 묶듯 고정하고 우측도 감싼다.
3 타월과 모발을 지탱하는 부분을 힘있게 잡아 진행한다.

4 타월과 모발을 적당히 꼬아 진행한다.
5 적당히 힘을 주며 크게 원을 그리듯 돌린다.
6 타월 끝까지 텐션을 유지하며 감는다.

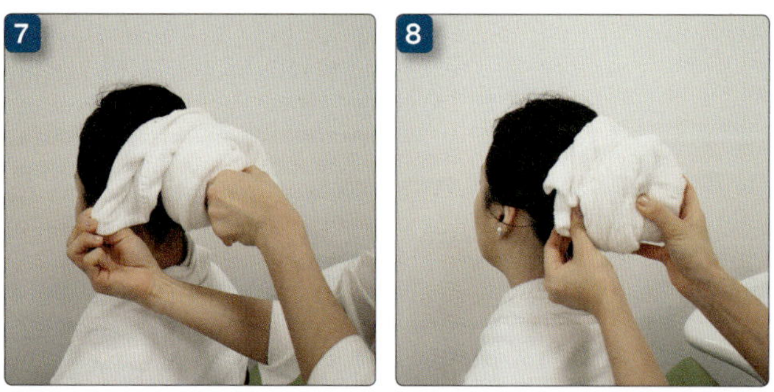

7 타월이 풀리지 않도록 텐션을 유지하며 고정한다.
8 타월의 끝을 안쪽으로 끼워 고정한다.

8. 헤어 샴푸 마무리하기

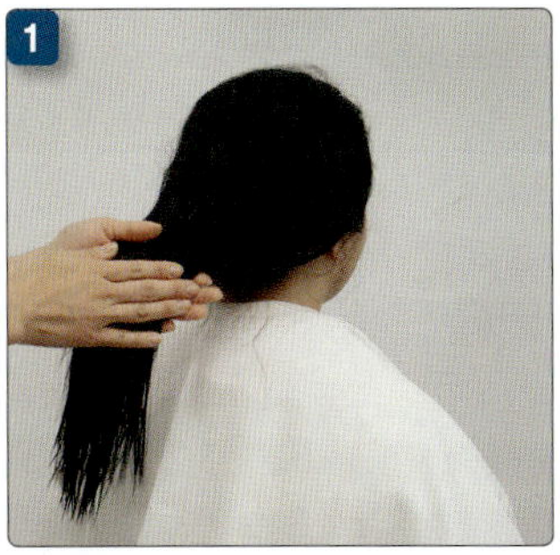
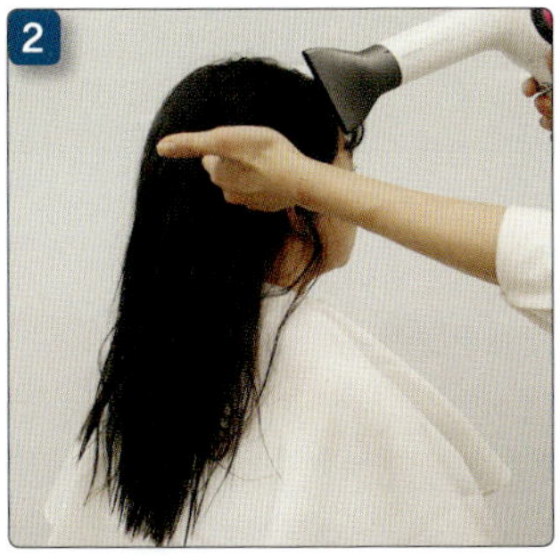

1 타월 드라이를 충분히 한 후 모발에 에센스를 도포한다.
2 사이드(Side)는 앞에서 뒤쪽으로 두피부터 건조한다.
3 모발을 손가락으로 잡은 후 사선으로 쓸어주며 건조한다.

4 계속해서 백(Bcak)은 모발이 날리지 않도록 뒤에서 앞쪽으로 두피부터 건조한다.
5 모발을 손가락으로 잡은 후 사선으로 쓸어주며 건조한다.
6 드라이어 입구와 손바닥을 평행하게 위치하고 모발을 따라가며 모발 끝까지 건조한다.

고객응대 서비스 · 헤어스타일 상담 실습과정 사진		
사진		설명

실습 사진	
고객 응대하기	헤어스타일 상담
고객 미용서비스 정보 수집하기	요금 설정하기

헤어 샴푸 실습과정 사진		
사진		설명

실습 사진	
헤어 샴푸 시술 전	헤어 샴푸 준비하기
타월로 모발 감싸기	헤어 샴푸 마무리하기

Review 〈단원평가〉

고객응대 서비스 · 헤어스타일 상담과 헤어 샴푸에 대한 장점과 단점, 그리고 느낀점을 적으시오.

장점

단점

느낀 점

학생 자가 진단 및 교수평가

능력단위명 〈코드〉	고객응대 서비스 〈1201010116_19v5〉, 헤어스타일 상담 〈1201010130_17v4〉, 헤어 샴푸 〈1201010156_19v5〉

진단 영역	진 단 문 항	학생 평가					교수평가				
		매우 미흡	미흡	보통	우수	매우 우수	매우 미흡	미흡	보통	우수	매우 우수
고객응대 서비스	1. 고객의 방문사유를 확인한 후 대기 또는 서비스공간으로 안내할 수 있다.	①	②	③	④	⑤	①	②	③	④	⑤
	2. 고객의 소지품과 의복 등을 보관할 수 있다.	①	②	③	④	⑤	①	②	③	④	⑤
	3. 고객에게 전화응대 서비스를 할 수 있다.	①	②	③	④	⑤	①	②	③	④	⑤
	4. 고객에게 대기시간을 전달하고 서비스 공간으로 안내할 수 있다.	①	②	③	④	⑤	①	②	③	④	⑤
	5. 고객에게 준비된 다과 및 음료 등을 제공할 수 있다.	①	②	③	④	⑤	①	②	③	④	⑤
	6. 고객에게 신문, 잡지, 컴퓨터 등을 제공할 수 있다.	①	②	③	④	⑤	①	②	③	④	⑤
	7. 보관한 고객의 소지품과 의복 등을 고객에게 전달할 수 있다.	①	②	③	④	⑤	①	②	③	④	⑤
	8. 서비스가 종료된 고객에게 서비스내역과 요금을 확인 후 결제할 수 있다.	①	②	③	④	⑤	①	②	③	④	⑤
	9. 제휴카드 포인트 적립 등의 부가서비스를 안내할 수 있다.	①	②	③	④	⑤	①	②	③	④	⑤
	10. 고객에게 재방문 시기를 안내할 수 있다.	①	②	③	④	⑤	①	②	③	④	⑤
	11. 고객을 배웅할 수 있다.	①	②	③	④	⑤	①	②	③	④	⑤
헤어스타일 상담	1. 고객의 미용서비스 이력을 수집할 수 있다.	①	②	③	④	⑤	①	②	③	④	⑤
	2. 고객의 건강상태 및 알레르기 등의 특이사항에 대한 정보를 수집할 수 있다.	①	②	③	④	⑤	①	②	③	④	⑤
	3. 고객의 취향 및 라이프스타일 등에 대한 정보를 수집할 수 있다.	①	②	③	④	⑤	①	②	③	④	⑤
	4. 패션, 메이크업, 헤어스타일 등 최신 트렌드정보를 수집 · 분석할 수 있다.	①	②	③	④	⑤	①	②	③	④	⑤
	5. 시각자료를 이용하여 고객이 요구하는 헤어디자인을 파악할 수 있다.	①	②	③	④	⑤	①	②	③	④	⑤

진단 영역	진 단 문 항	학생 평가 매우 미흡	학생 평가 미흡	학생 평가 보통	학생 평가 우수	학생 평가 매우 우수	교수평가 매우 미흡	교수평가 미흡	교수평가 보통	교수평가 우수	교수평가 매우 우수
헤어스타일 상담	6. 고객의 취향 및 라이프스타일 등을 고려하여 고객에게 어울리는 스타일을 제안할 수 있다.	①	②	③	④	⑤	①	②	③	④	⑤
	7. 미용서비스 전 고객에게 지불할 요금을 안내하여 동의를 구할 수 있다.	①	②	③	④	⑤	①	②	③	④	⑤
	8. 미용서비스 중간에 요금이 변경된 경우 고객에게 재 안내 할 수 있다.	①	②	③	④	⑤	①	②	③	④	⑤
헤어샴푸	1. 고객의 편의를 위해 가운 및 무릎덮개, 어깨타월을 착용해 주고 좌식 또는 와식 샴푸를 준비할 수 있다.	①	②	③	④	⑤	①	②	③	④	⑤
	2. 엉킨 모발의 정돈과 이물질 제거를 위해 사전 브러시를 할 수 있다.	①	②	③	④	⑤	①	②	③	④	⑤
	3. 고객이 불편하지 않도록 샴푸대의 높이 조절하고 수온을 조절할 수 있다.	①	②	③	④	⑤	①	②	③	④	⑤
	4. 얼굴에 물이 튀지 않도록 모발에 물길을 만들어 모발을 충분하게 적실 수 있다.	①	②	③	④	⑤	①	②	③	④	⑤
	5. 모발 길이 및 모량에 따라 적당량의 샴푸제를 사용하여 두피 매니플레이션을 할 수 있다.	①	②	③	④	⑤	①	②	③	④	⑤
	6. 샴푸성분이 남지 않도록 페이스라인, 귀, 모발, 두피 등을 충분하게 헹굴 수 있다.	①	②	③	④	⑤	①	②	③	④	⑤
	7. 샴푸 후 두피 · 모발 상태를 파악하여 모발에 트리트먼트를 할 수 있다.	①	②	③	④	⑤	①	②	③	④	⑤
	8. 트리트먼트제를 모발에 도포한 후 두피 지압과 매니플레이션을 할 수 있다.	①	②	③	④	⑤	①	②	③	④	⑤
	9. 트리트먼트제가 페이스라인, 귀, 두피 등에 남지 않도록 충분하게 헹굴 수 있다.	①	②	③	④	⑤	①	②	③	④	⑤
	10. 타월로 모발의 물기를 제거한 후 두상을 타월로 감쌀 수 있다.	①	②	③	④	⑤	①	②	③	④	⑤
	11. 샴푸대 및 주변을 깨끗하게 정리한 후 고객을 서비스 공간으로 안내할 수 있다.	①	②	③	④	⑤	①	②	③	④	⑤

[진단결과]

진단영역	문항 수	점수	점수 ÷ 문항 수	문항 수	점수	점수 ÷ 문항 수
고객 응대 서비스	11			11		
헤어스타일 상담	8			8		
헤어 샴푸	11			11		
합계	30			30		

※ 자신의 점수를 문항 수로 나눈 값이 '3점' 이하에 해당하는 영역은 업무를 성공적으로 수행하는 능력이 부족한 것으로 교육훈련이나 개인학습을 통한 개발이 필요함.

[교수자 피드백]

블로우스트레이트드라이

Chapter 3 샴푸 및 헤어스타일링 실기

3 rd week

블로우 스트레이트 드라이

학습내용(단원명)	수업 목표
블로우 스트레이트 드라이	• 블로우 드라이어를 사용하여 모발을 스트레이트로 연출할 수 있다. • 모발 상태와 헤어디자인에 따라 기기의 온도, 각도와 방향, 텐션 등을 조절할 수 있다. • 콤아웃 기법과 헤어스타일 연출 제품 등을 사용하여 헤어스타일을 완성할 수 있다.

1. 블로우 스트레이트 드라이 준비하기

드라이보 착용하기

드라이 시술 전 고객의 피부와 옷을 보호하기 위해 드라이보를 준비한다.

시술도구 준비하기

블로우 드라이 시술을 위해 드라이보, 블로우 드라이어, 분무기, 롤 브러시, 꼬리빗, 핀셋을 준비한다.

2. 블로우 스트레이트 드라이 블로킹

5등분 블로킹

3. 블로우 스트레이트 드라이 시술 전

앞(front)

뒤(back)

우측(right side)

좌측(left side)

4. 블로우 스트레이트 드라이 시술하기

1 네이프(Nape) 센터를 중심으로 롤의 지름에 맞춰 약 2cm로 섹션을 나눈다.
2 드라이어 입구는 롤과 직각에 가깝게 하고 바람은 시술자를 향한다.
3 일정한 속도와 뜸을 유지하고 롤을 살짝 회전하며 진행한다.

4 모선 끝부분에서 모발이 롤에 엉키지 않도록 롤링하며 끝까지 열을 가해 롤을 아웃한다.
5 B.P는 볼륨 생성을 위해 롤의 각도를 오프 더 베이스로 드라이어 입구가 롤의 상단부분에 수직이 되도록 한다.
6 드라이 롤을 살짝 회전하고 텐션을 잃지 않도록 뜸을 들이며 시술한다.

7 모선 끝부분에서 모발이 롤에 엉키지 않도록 롤링하며 끝까지 열을 가해 롤을 아웃한다.
8 다음은 백사이드(Back Side)의 네이프(Nape)부터 시술한다.
9 섹션, 드라이어 입구는 롤과 평행하게 시술한다.

10 일정한 속도와 뜸을 유지하고 롤을 살짝 회전하며 진행한다.
11 모선 끝부분에서 모발이 롤에 엉키지 않도록 롤링하며 끝까지 열을 가해 롤을 아웃한다.
12 탑(Top)은 볼륨을 크게 생성하기 위해 온 더 베이스로 120°의 각도를 유지한다.

13 드라이어 입구의 바람이 새지 않도록 롤과 수직으로 시술한다.
14 롤을 회전시키고 온 더 베이스에 안착하도록 드라이어 입구도 같은 방향으로 시술한다.
15 롤과 드라이가 떨어지지 않도록 주의하고 포물선을 그리며 시술하여 볼륨을 연결한다.

16 텐션과 회전을 이용하여 같은 뜸으로 천천히 시술한다.

17 위의 방법과 동일하게 시술의 흐름이 끊기지 않도록 주의한다.

18 모선 끝부분에 날림이 없도록 끝까지 롤링하며 열을 주어 롤을 아웃한다.

19 사이드(Side)도 롤의 지름에 맞게 약 2cm로 섹션을 나눈다.

20 롤을 판넬의 뿌리 부분에 안착시킨 후 드라이어 입구가 롤의 윗부분과 평행하게 시술한다.

21 볼륨을 연결시켜 천천히 뜸을 주고 롤을 회전시켜 텐션을 유지하며 시술한다.

22 모선 끝부분에서 모발이 롤에 엉키지 않도록 롤링하며 끝까지 열을 가해 롤을 아웃한다.

23 프론트(Front)는 많은 볼륨이 필요하므로 각도에 주의하며 시술한다.

24 120°의 베이스 각도를 유지하며 시술하여 볼륨을 생성한다.

25 롤을 회전시키며 드라이어와 함께 각도를 따라 시술한다.
26 포물선을 그리며 시술하여 볼륨을 연결시켜 준다.
27 롤을 회전하여 텐션과 뜸을 주며 롤의 위치를 따라 시술한다.

28 롤의 회전으로 텐션을 유지하고 모발 끝으로 이동하며 시술한다.
29 모선 끝부분에서 모발이 롤에 엉키지 않도록 롤링하며 끝까지 열을 가해 롤을 아웃한다.
30 좌측 스트레이트 드라이가 완성된 모습이다. 반대편도 동일하게 진행하여 스트레이트 드라이를 완성한다.

5. 블로우 스트레이트 드라이 시술 후

앞(front)

뒤(back)

우측(right side)

좌측(left side)

실습과정 사진		
사진		설명

실습 사진	
앞(front)	뒤(back)
우측(right side)	좌측(left side)

Review 〈단원평가〉

블로우 스트레이트 드라이 실습에 대한 장점과 단점, 그리고 느낀 점을 적으시오.

장점

단점

느낀 점

학생 자가 진단 및 교수평가

능력단위명 〈코드〉	고객응대 서비스 〈1201010116_19v5〉, 헤어스타일 상담 〈1201010130_17v4〉, 헤어 샴푸 〈1201010156_19v5〉, 기초 드라이 〈1201010123_17v4〉

진단 영역	진 단 문 항	학생 평가					교수평가				
		매우 미흡	미흡	보통	우수	매우 우수	매우 미흡	미흡	보통	우수	매우 우수
고객응대 서비스	1. 고객의 방문사유를 확인한 후 대기 또는 서비스공간으로 안내할 수 있다.	①	②	③	④	⑤	①	②	③	④	⑤
	2. 나는 고객의 소지품과 의복 등을 보관할 수 있다.	①	②	③	④	⑤	①	②	③	④	⑤
	3. 나는 고객에게 전화응대 서비스를 할 수 있다.	①	②	③	④	⑤	①	②	③	④	⑤
	4. 나는 고객에게 대기시간을 전달하고 서비스공간으로 안내할 수 있다.	①	②	③	④	⑤	①	②	③	④	⑤
	5. 나는 고객에게 준비된 다과 및 음료 등을 제공할 수 있다.	①	②	③	④	⑤	①	②	③	④	⑤
	6. 나는 고객에게 신문, 잡지, 컴퓨터 등을 제공할 수 있다.	①	②	③	④	⑤	①	②	③	④	⑤
	7. 나는 보관한 고객의 소지품과 의복 등을 고객에게 전달할 수 있다.	①	②	③	④	⑤	①	②	③	④	⑤
	8. 나는 서비스가 종료된 고객에게 서비스 내역과 요금을 확인 후 결제할 수 있다.	①	②	③	④	⑤	①	②	③	④	⑤
	9. 나는 제휴카드 포인트 적립 등의 부가서비스를 안내할 수 있다.	①	②	③	④	⑤	①	②	③	④	⑤
	10. 나는 고객에게 재 방문시기를 안내할 수 있다.	①	②	③	④	⑤	①	②	③	④	⑤
	11. 나는 고객을 배웅할 수 있다.	①	②	③	④	⑤	①	②	③	④	⑤
헤어스타일 상담	1. 고객의 미용서비스 이력을 수집할 수 있다.	①	②	③	④	⑤	①	②	③	④	⑤
	2. 고객의 건강상태 및 알레르기 등의 특이사항에 대한 정보를 수집할 수 있다.	①	②	③	④	⑤	①	②	③	④	⑤
	3. 고객의 취향 및 라이프스타일 등에 대한 정보를 수집할 수 있다.	①	②	③	④	⑤	①	②	③	④	⑤
	4. 패션, 메이크업, 헤어스타일 등 최신 트렌드정보를 수집 · 분석할 수 있다.	①	②	③	④	⑤	①	②	③	④	⑤
	5. 시각자료를 이용하여 고객이 요구하는 헤어디자인을 파악할 수 있다.	①	②	③	④	⑤	①	②	③	④	⑤

진단 영역	진 단 문 항	학생 평가 매우 미흡	미흡	보통	우수	매우 우수	교수평가 매우 미흡	미흡	보통	우수	매우 우수
헤어스타일 상담	6. 고객의 취향 및 라이프스타일 등을 고려하여 고객에게 어울리는 스타일을 제안할 수 있다.	①	②	③	④	⑤	①	②	③	④	⑤
	7. 미용서비스 전 고객에게 지불할 요금을 안내하여 동의를 구할 수 있다.	①	②	③	④	⑤	①	②	③	④	⑤
	8. 미용서비스 중간에 요금이 변경된 경우 고객에게 재 안내 할 수 있다.	①	②	③	④	⑤	①	②	③	④	⑤
헤어 샴푸	1. 고객의 편의를 위해 가운 및 무릎덮개, 어깨타월을 착용해 주고 좌식 또는 와식 샴푸를 준비할 수 있다.	①	②	③	④	⑤	①	②	③	④	⑤
	2. 엉킨 모발의 정돈과 이물질 제거를 위해 사전 브러시를 할 수 있다.	①	②	③	④	⑤	①	②	③	④	⑤
	3. 고객이 불편하지 않도록 샴푸대의 높이 조절하고 수온을 조절할 수 있다.	①	②	③	④	⑤	①	②	③	④	⑤
	4. 얼굴에 물이 튀지 않도록 모발에 물길을 만들어 모발을 충분하게 적실 수 있다.	①	②	③	④	⑤	①	②	③	④	⑤
	5. 모발 길이 및 모량에 따라 적당량의 샴푸제를 사용하여 두피 매니플레이션을 할 수 있다.	①	②	③	④	⑤	①	②	③	④	⑤
	6. 샴푸성분이 남지 않도록 페이스라인, 귀, 모발, 두피 등을 충분하게 헹굴 수 있다.	①	②	③	④	⑤	①	②	③	④	⑤
	7. 샴푸 후 두피 · 모발 상태를 파악하여 모발에 트리트먼트를 할 수 있다.	①	②	③	④	⑤	①	②	③	④	⑤
	8. 트리트먼트제를 모발에 도포한 후 두피 지압과 매니플레이션을 할 수 있다.	①	②	③	④	⑤	①	②	③	④	⑤
	9. 트리트먼트제가 페이스라인, 귀, 두피 등에 남지 않도록 충분하게 헹굴 수 있다.	①	②	③	④	⑤	①	②	③	④	⑤
	10. 타월로 모발의 물기를 제거한 후 두상을 타월로 감쌀 수 있다.	①	②	③	④	⑤	①	②	③	④	⑤
	11. 샴푸대 및 주변을 깨끗하게 정리한 후 고객을 서비스 공간으로 안내할 수 있다.	①	②	③	④	⑤	①	②	③	④	⑤
기초 드라이	1. 모발 상태와 헤어디자인에 따라 블로우 드라이어, 헤어 아이론, 헤어브러시 등의 기기 및 도구를 선정할 수 있다.	①	②	③	④	⑤	①	②	③	④	⑤
	2. 헤어 아이론을 사용하여 모발을 스트레이트로 연출할 수 있다.	①	②	③	④	⑤	①	②	③	④	⑤

진단 영역	진 단 문 항	학생 평가					교수평가				
		매우 미흡	미흡	보통	우수	매우 우수	매우 미흡	미흡	보통	우수	매우 우수
기초 드라이	3. 모발 상태와 헤어디자인에 따라 기기의 온도, 각도와 방향, 텐션 등을 조절할 수 있다.	①	②	③	④	⑤	①	②	③	④	⑤
	4. 콤아웃 기법과 헤어스타일 연출 제품 등을 사용하여 헤어스타일을 완성할 수 있다.	①	②	③	④	⑤	①	②	③	④	⑤

[진단결과]

진단영역	문항 수	점수	점수 ÷ 문항 수	문항 수	점수	점수 ÷ 문항 수
고객응대 서비스	11			11		
헤어스타일 상담	8			8		
헤어 샴푸	11			11		
기초 드라이	4			4		
합계	34			34		

※ 자신의 점수를 문항 수로 나눈 값이 '3점' 이하에 해당하는 영역은 업무를 성공적으로 수행하는 능력이 부족한 것으로 교육훈련이나 개인학습을 통한 개발이 필요함.

[교수자 피드백]

아이롱스트레이트드라이

Chapter 3 샴푸 및 헤어스타일링 실기

4 rd week

아이론 스트레이트 드라이

학습내용(단원명)	수업 목표
아이론 스트레이트 드라이	• 헤어 아이론을 사용하여 모발을 스트레이트로 연출할 수 있다. • 모발 상태와 헤어디자인에 따라 기기의 온도, 각도와 방향, 텐션 등을 조절할 수 있다. • 콤아웃 기법과 헤어스타일 연출 제품 등을 사용하여 헤어스타일을 완성할 수 있다.

1. 아이론 스트레이트 드라이 준비하기

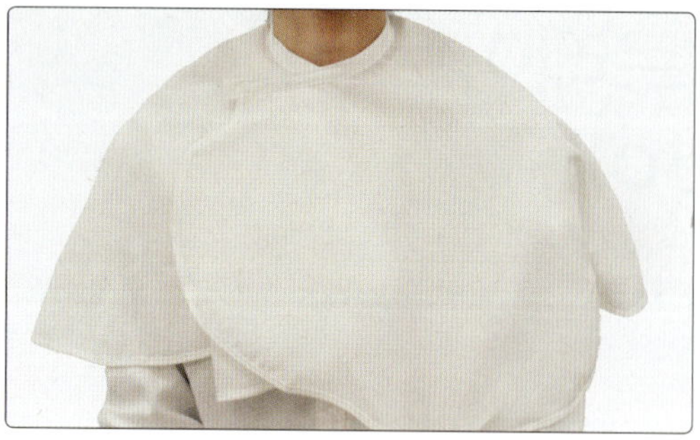

드라이보 착용하기

드라이 시술 전 고객의 피부와 옷을 보호하기 위해 드라이보를 준비한다.

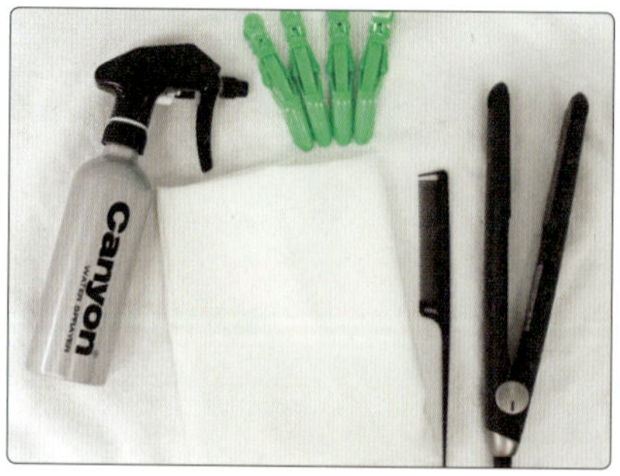

시술도구 준비하기

아이론 드라이 시술을 위해 드라이보, 헤어 아이론, 분무기, 꼬리빗, 핀셋을 준비한다.

2. 아이론 스트레이트 드라이 블로킹

5등분 블로킹

3. 아이론 스트레이트 드라이 시술 전

앞(front)

뒤(back)

우측(right side)

좌측(left side)

4. 아이론 스트레이트 드라이 시술하기

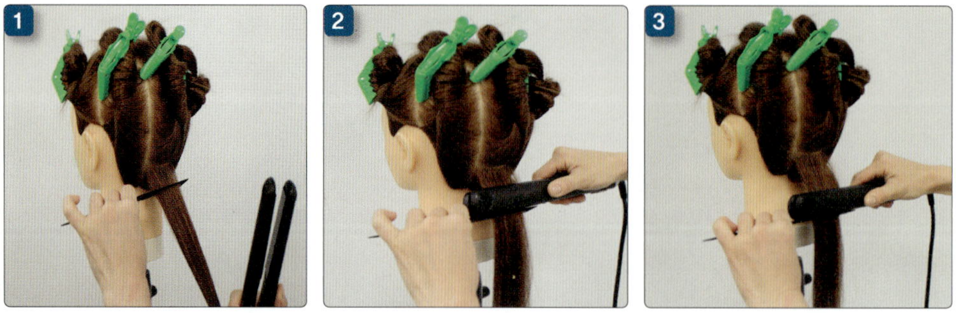

1 네이프(Nape) 센터부터 약 2cm정도 섹션을 나눈 후 하단부를 꼬리빗으로 받친다.

2 아이론을 꼬리빗 위로 위치하고 두상 15° 각도로 뜸을 주며 아래로 이동한다.

3 판넬이 지면과 0°가 되면 꼬리빗과 아이론도 서서히 0°로 맞춰가며 시술한다.

4 일정한 뜸을 주며 모발 끝부분으로 이동하며 시술한다.

5 계속해서 0°로 모발 끝까지 진행한다.

6 모발 끝이 날리지 않도록 끝까지 동일한 뜸으로 시술한다.

7 B.P는 아이론 자국이 생기지 않도록 뿌리 부분은 두상 90° 각도로 시술한다.

8 뿌리 부분의 시술이 끝나면 꼬리빗 위에 아이론을 위치하여 두상의 흐름에 따라 서서히 각도를 낮추며 시술한다.

9 판넬이 지면과 0°가 되면 꼬리빗과 아이론도 서서히 0°로 맞춰가며 시술한다.

10 계속해서 0°로 모발 끝까지 진행한다.
11 모발 끝이 날리지 않도록 끝까지 동일한 뜸으로 시술한다.
12 백(Back) 센터 부분의 스트레이트 드라이가 완성된 모습이다.

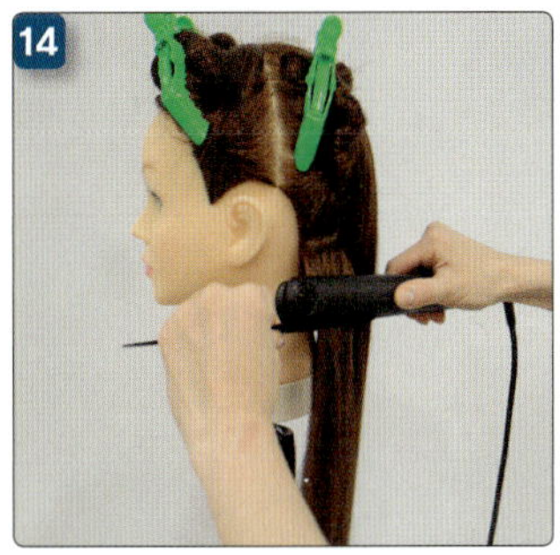

13 좌측 백사이드(Back Side)는 두상을 따라 각도가 틀어지지 않도록 주의하며 시술한다.
14 섹션과 평행하게 하여 시술각을 유지한다.
15 판넬이 지면과 0°가 되면 꼬리빗과 아이론도 서서히 0°로 맞춰가며 시술한다.

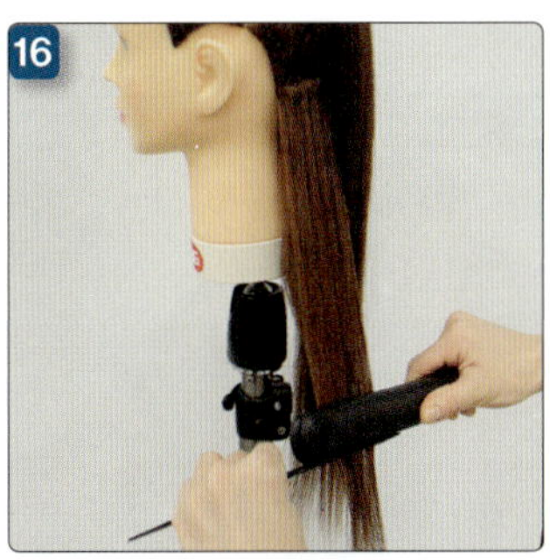

16 일정한 뜸을 주며 모발 끝부분으로 이동하며 시술한다.
17 시술각 0°로 유지하고 모발 끝이 날리지 않도록 끝까지 동일한 뜸으로 시술한다.
18 아이론과 모발의 판넬이 평행을 이루고 적당한 압력으로 닫아 프레스 작업을 먼저 진행한다.

19 아이론을 꼬리빗 위로 위치하고 두상 15˚ 각도로 뜸을 주며 아래로 이동한다.
20 판넬이 지면과 0˚가 되면 꼬리빗과 아이론도 서서히 0˚로 맞춰가며 시술한다.
21 시술각 0˚를 유지하며 일정한 뜸으로 모발 끝 쪽으로 이동하며 시술한다.

22 모발 끝이 날리지 않도록 끝까지 동일한 뜸으로 시술한다.
23 T.P는 아이론 자국이 생기지 않도록 뿌리 부분은 두상 90˚ 각도로 시술한다.
24 왼손으로 모발을 잡아 텐션을 유지하고, 두상에 90˚ 각도로 뿌리부분의 프레스 작업을 진행한다.

25 뿌리 부분의 시술이 끝나면 꼬리빗으로 판넬을 잡아 시술 각도를 확인한다.
26 꼬리빗 위에 아이론을 위치하고 두상의 흐름에 따라 서서히 각도를 낮추며 시술한다.
27 판넬이 지면과 0˚가 되면 꼬리빗과 아이론도 서서히 0˚로 맞춰가며 시술한다.

28 계속해서 0°로 모발 끝까지 진행한다.

29 모발 끝이 날리지 않도록 끝까지 동일한 뜸으로 시술한다.

30 C.P 는 아이론 자국이 생기지 않도록 뿌리 부분은 두상 90° 각도로 시술한다.

31 아이론과 모발의 판넬이 평행을 이루고 적당한 압력으로 닫아 프레스 작업을 먼저 진행한다.

32 판넬을 놓치지 않도록 꼬리빗으로 판넬을 먼저 받쳐주며 아이론을 아웃한다.

33 꼬리빗 위에 아이론을 위치하고 두상의 흐름에 따라 서서히 각도를 낮추며 시술한다.

34 계속해서 모발의 끝부분으로 이동한다.

35 판넬이 지면과 0°가 되면 꼬리빗과 아이론도 서서히 0°로 맞춰가며 시술한다.

36 스트레이트 드라이가 완성된 모습이다.

5. 아이론 스트레이트 드라이 시술 후

앞(front)

뒤(back)

우측(right side)

좌측(left side)

실습과정 사진		
사진		설명

실습 사진	
앞(front)	뒤(back)
우측(right side)	좌측(left side)

Review 〈단원평가〉

아이론 스트레이트 드라이 실습에 대한 장점과 단점, 그리고 느낀 점을 적으시오.

장점

단점

느낀 점

학생 자가 진단 및 교수평가

능력단위명 〈코드〉	고객응대 서비스 〈1201010116_19v5〉, 헤어스타일 상담 〈1201010130_17v4〉, 헤어 샴푸 〈1201010156_19v5〉, 기초 드라이 〈1201010123_17v4〉

진단 영역	진단문항	학생 평가					교수평가				
		매우 미흡	미흡	보통	우수	매우 우수	매우 미흡	미흡	보통	우수	매우 우수
고객응대 서비스	1. 고객의 방문사유를 확인한 후 대기 또는 서비스공간으로 안내할 수 있다.	①	②	③	④	⑤	①	②	③	④	⑤
	2. 나는 고객의 소지품과 의복 등을 보관할 수 있다.	①	②	③	④	⑤	①	②	③	④	⑤
	3. 나는 고객에게 전화응대 서비스를 할 수 있다.	①	②	③	④	⑤	①	②	③	④	⑤
	4. 나는 고객에게 대기시간을 전달하고 서비스공간으로 안내할 수 있다.	①	②	③	④	⑤	①	②	③	④	⑤
	5. 나는 고객에게 준비된 다과 및 음료 등을 제공할 수 있다.	①	②	③	④	⑤	①	②	③	④	⑤
	6. 나는 고객에게 신문, 잡지, 컴퓨터 등을 제공할 수 있다.	①	②	③	④	⑤	①	②	③	④	⑤
	7. 나는 보관한 고객의 소지품과 의복 등을 고객에게 전달할 수 있다.	①	②	③	④	⑤	①	②	③	④	⑤
	8. 나는 서비스가 종료된 고객에게 서비스 내역과 요금을 확인 후 결제할 수 있다.	①	②	③	④	⑤	①	②	③	④	⑤
	9. 나는 제휴카드 포인트 적립 등의 부가서비스를 안내할 수 있다.	①	②	③	④	⑤	①	②	③	④	⑤
	10. 나는 고객에게 재 방문시기를 안내할 수 있다.	①	②	③	④	⑤	①	②	③	④	⑤
	11. 나는 고객을 배웅할 수 있다.	①	②	③	④	⑤	①	②	③	④	⑤
헤어스타일 상담	1. 고객의 미용서비스 이력을 수집할 수 있다.	①	②	③	④	⑤	①	②	③	④	⑤
	2. 고객의 건강상태 및 알레르기 등의 특이사항에 대한 정보를 수집할 수 있다.	①	②	③	④	⑤	①	②	③	④	⑤
	3. 고객의 취향 및 라이프스타일 등에 대한 정보를 수집할 수 있다.	①	②	③	④	⑤	①	②	③	④	⑤
	4. 패션, 메이크업, 헤어스타일 등 최신 트렌드정보를 수집 · 분석할 수 있다.	①	②	③	④	⑤	①	②	③	④	⑤
	5. 시각자료를 이용하여 고객이 요구하는 헤어디자인을 파악할 수 있다.	①	②	③	④	⑤	①	②	③	④	⑤

진단 영역	진 단 문 항	학생 평가 매우 미흡	학생 평가 미흡	학생 평가 보통	학생 평가 우수	학생 평가 매우 우수	교수평가 매우 미흡	교수평가 미흡	교수평가 보통	교수평가 우수	교수평가 매우 우수
헤어스타일 상담	6. 고객의 취향 및 라이프스타일 등을 고려하여 고객에게 어울리는 스타일을 제안할 수 있다.	①	②	③	④	⑤	①	②	③	④	⑤
	7. 미용서비스 전 고객에게 지불할 요금을 안내하여 동의를 구할 수 있다.	①	②	③	④	⑤	①	②	③	④	⑤
	8. 미용서비스 중간에 요금이 변경된 경우 고객에게 재 안내 할 수 있다.	①	②	③	④	⑤	①	②	③	④	⑤
헤어 샴푸	1. 고객의 편의를 위해 가운 및 무릎덮개, 어깨타월을 착용해 주고 좌식 또는 와식 샴푸를 준비할 수 있다.	①	②	③	④	⑤	①	②	③	④	⑤
	2. 엉킨 모발의 정돈과 이물질 제거를 위해 사전 브러시를 할 수 있다.	①	②	③	④	⑤	①	②	③	④	⑤
	3. 고객이 불편하지 않도록 샴푸대의 높이 조절하고 수온을 조절할 수 있다.	①	②	③	④	⑤	①	②	③	④	⑤
	4. 얼굴에 물이 튀지 않도록 모발에 물길을 만들어 모발을 충분하게 적실 수 있다.	①	②	③	④	⑤	①	②	③	④	⑤
	5. 모발 길이 및 모량에 따라 적당량의 샴푸제를 사용하여 두피 매니플레이션을 할 수 있다.	①	②	③	④	⑤	①	②	③	④	⑤
	6. 샴푸성분이 남지 않도록 페이스라인, 귀, 모발, 두피 등을 충분하게 헹굴 수 있다.	①	②	③	④	⑤	①	②	③	④	⑤
	7. 샴푸 후 두피 · 모발 상태를 파악하여 모발에 트리트먼트를 할 수 있다.	①	②	③	④	⑤	①	②	③	④	⑤
	8. 트리트먼트제를 모발에 도포한 후 두피 지압과 매니플레이션을 할 수 있다.	①	②	③	④	⑤	①	②	③	④	⑤
	9. 트리트먼트제가 페이스라인, 귀, 두피 등에 남지 않도록 충분하게 헹굴 수 있다.	①	②	③	④	⑤	①	②	③	④	⑤
	10. 타월로 모발의 물기를 제거한 후 두상을 타월로 감쌀 수 있다.	①	②	③	④	⑤	①	②	③	④	⑤
	11. 샴푸대 및 주변을 깨끗하게 정리한 후 고객을 서비스 공간으로 안내할 수 있다.	①	②	③	④	⑤	①	②	③	④	⑤
기초 드라이	1. 모발 상태와 헤어디자인에 따라 블로우 드라이어, 헤어 아이론, 헤어브러시 등의 기기 및 도구를 선정할 수 있다.	①	②	③	④	⑤	①	②	③	④	⑤
	2. 헤어 아이론을 사용하여 모발을 스트레이트로 연출할 수 있다.	①	②	③	④	⑤	①	②	③	④	⑤

진단 영역	진 단 문 항	학생 평가					교수평가				
		매우 미흡	미흡	보통	우수	매우 우수	매우 미흡	미흡	보통	우수	매우 우수
기초 드라이	3. 모발 상태와 헤어디자인에 따라 기기의 온도, 각도와 방향, 텐션 등을 조절할 수 있다.	①	②	③	④	⑤	①	②	③	④	⑤
	4. 콤아웃 기법과 헤어스타일 연출 제품 등을 사용하여 헤어스타일을 완성할 수 있다.	①	②	③	④	⑤	①	②	③	④	⑤

[진단결과]

진단영역	문항 수	점수	점수 ÷ 문항 수	문항 수	점수	점수 ÷ 문항 수
고객응대 서비스	11			11		
헤어스타일 상담	8			8		
헤어 샴푸	11			11		
기초 드라이	4			4		
합계	34			34		

※ 자신의 점수를 문항 수로 나눈 값이 '3점' 이하에 해당하는 영역은 업무를 성공적으로 수행하는 능력이 부족한 것으로 교육훈련이나 개인학습을 통한 개발이 필요함.

[교수자 피드백]

블로우 C컬(인컬)

Chapter 3 샴푸 및 헤어스타일링 실기

5 rd week

블로우 C컬(인컬) 드라이

학습내용(단원명)	수업 목표
블로우 C컬(인컬) 드라이	• 블로우 드라이어를 사용하여 모발을 인컬로 연출할 수 있다. • 모발 상태와 헤어디자인에 따라 기기의 온도, 각도와 방향, 텐션 등을 조절할 수 있다. • 콤아웃 기법과 헤어스타일 연출 제품 등을 사용하여 헤어스타일을 완성할 수 있다.

1. 블로우 인컬 드라이 준비하기

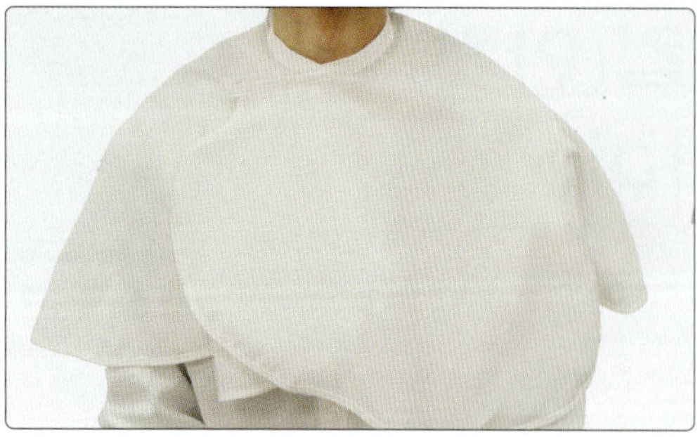

드라이보 착용하기

드라이 시술 전 고객의 피부와 옷을 보호하기 위해 드라이보를 준비한다.

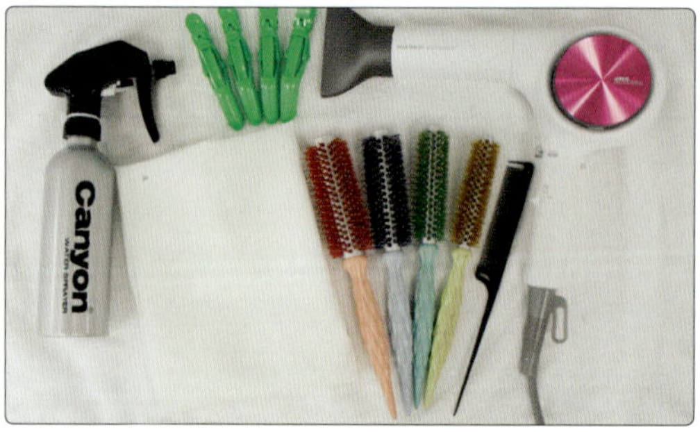

시술도구 준비하기

블로우 드라이 시술을 위해 드라이보, 블로우 드라이어, 분무기, 롤 브러시, 꼬리빗, 핀셋을 준비한다.

2. 블로우 인컬 드라이 블로킹

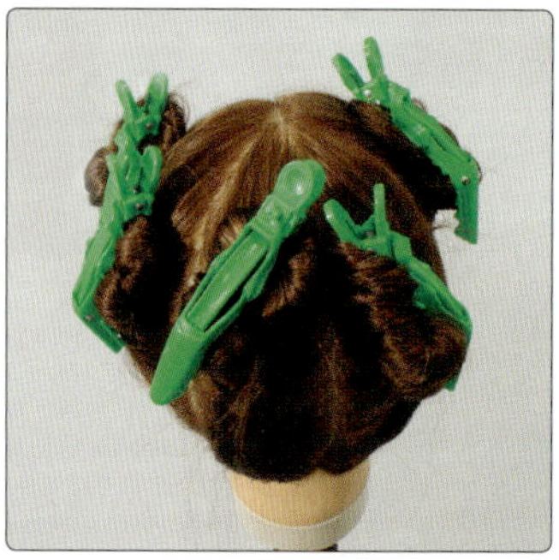

5등분 블로킹

3. 블로우 인컬 드라이 시술 전

앞(front)

뒤(back)

우측(right side)

좌측(left side)

4. 블로우 인컬 드라이 시술하기

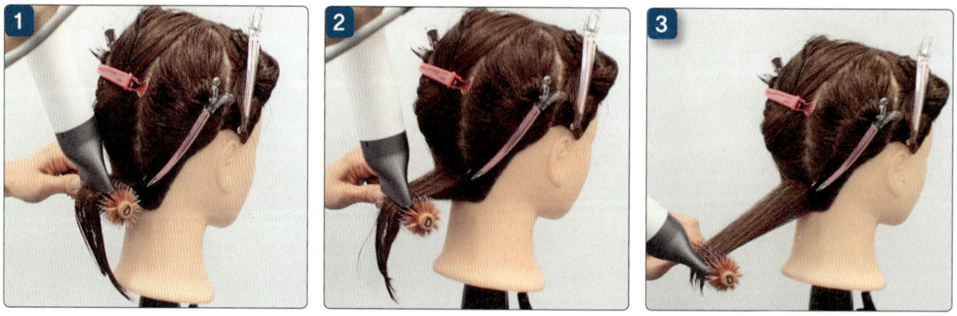

1 네이프(Nape) 센터부터 롤의 너비만큼 섹션을 나눈 후 롤의 상단에 드라이어 입구가 직각에 가깝게 드라이한다.

2 롤을 회전하여 텐션을 주고 드라이어는 모발 끝 방향으로 천천히 뜸을 들이며 진행한다.

3 릿지를 형성할 부분에서 손목과 손가락 회전을 통하여 롤에 모발 끝을 감는다.

4 모발이 빠지지 않도록 잡는다.

5 롤에 한 바퀴 반을 감는다.

6 열을 가한 후 뜸을 들인 후 아웃한다.

7 네이프(Nape) 센터의 인컬이 형성된 모습이다.

8 판넬의 뿌리부분에 롤을 온 더 베이스로 안착시킨 후 롤의 상단에 드라이어 입구가 직각에 가깝게 드라이한다.

9 볼륨을 형성하기 위해 포물선을 그리며 뜸을 들인다.

10 모발이 빠지지 않도록 주의하며 손목의 회전으로 텐션을 준다.
11 릿지를 형성할 부분에서 손목과 손가락 회전을 통하여 롤에 모발 끝을 감는다.
12 롤에 한 바퀴 반을 감아 열을 주고 뜸을 들인 후 아웃하여 인컬을 형성한다.

13 탑(Top)은 볼륨 생성을 위해 120° 각도 이상으로 포물선을 그리며 진행하여 볼륨을 연결한다.
14 각도가 떨어지지 않도록 주의하며 동일한 각도로 시술한다.
15 롤에 한 바퀴 반을 감아 열을 주고 열이 식을 때까지 뜸을 주어 인컬을 완성한다.

16 백의 인컬 드라이가 완성된 모습이다.
17 우측 백사이드(Back Side)도 동일한 방법으로 진행한다.
18 모발 끝에서 텐션과 손가락의 회전을 이용하여 인컬로 감는다.

19 롤에 한 바퀴 반을 감아 열을 주고 뜸을 들인 후 인컬을 형성한다.
20 판넬의 뿌리 부분에 롤을 안착시킨 후 롤의 상단에 드라이어 입구가 직각에 가깝게 드라이한다.
21 롤을 회전하며 텐션을 주고 드라이어는 모발 끝 방향으로 천천히 뜸을 들이며 진행한다.

22 릿지를 형성할 부분에서 손목과 손가락 회전을 통하여 롤에 모발 끝을 감는다.
23 롤에 한 바퀴 반을 감는다.
24 열이 식을 때까지 롤링하여 천천히 롤을 아웃시킨다.

25 우측 백사이드(Back Side)의 인컬이 형성된 모습이다.
26 뿌리 볼륨 생성을 위해 120° 각도 이상으로 드라이한다.
27 모선이 꺾이지 않도록 주의하며 진행한다.

28 모발 끝에서 텐션과 손가락의 회전을 이용하여 인컬로 감는다.
29 롤에 한 바퀴 반을 감아 열을 주어 인컬을 형성하고 열을 준다.
30 열이 식을 때까지 롤링하여 천천히 롤을 아웃시킨다.

31 우측 백사이드(Back Side)의 인컬 드라이가 완성된 모습이다.
32 반대편의 좌측 백사이드(Back Side)도 동일한 방법으로 진행한다.
33 우측 사이드(Side)도 위와 동일한 방법으로 진행한다.

34 롤의 너비만큼 섹션을 나눈 후 롤의 상단에 드라이어 입구가 직각에 가깝게 드라이한다.
35 롤을 회전하며 텐션을 주고 드라이어는 모발 끝 방향으로 천천히 뜸을 들이며 진행한다.
36 릿지를 형성할 부분에서 손목과 손가락 회전을 통하여 롤에 머리끝을 감는다.

37 우측 사이드(Side) 첫 번째 섹션의 인컬이 형성된 모습이다.
38 롤의 너비만큼 섹션을 나눈 후 롤의 상단에 드라이어 입구가 직각에 가깝게 드라이한다.
39 프론트(Front)는 볼륨 생성을 위해 120° 각도 이상으로 온 더 베이스로 안착시킨 후 드라이한다.

40 손목의 텐션을 이용해 포물선을 그리며 진행하여 볼륨을 연결한다.
41 뜸을 주어 시술해 윤기감을 극대화한다.
42 롤에 한 바퀴 반을 감아 열을 주고 뜸을 들인 후 인컬을 형성한다.

43 열이 식을 때까지 롤링하여 천천히 롤을 아웃한다.
44 오른쪽 사이드(Side)의 인컬 드라이가 완성된 모습이다.
45 좌측 사이드(Side)도 동일하게 시술하여 인컬 드라이를 완성한다.

5. 블로우 인컬 드라이 시술 후

앞(front)

뒤(back)

우측(right side)

좌측(left side)

<table>
<tr><th colspan="3">실습과정 사진</th></tr>
<tr><th colspan="2">사진</th><th>설명</th></tr>
<tr><td></td><td></td><td></td></tr>
<tr><td></td><td></td><td></td></tr>
<tr><td></td><td></td><td></td></tr>
<tr><td></td><td></td><td></td></tr>
<tr><td></td><td></td><td></td></tr>
</table>

실습 사진	
앞(front)	뒤(back)
우측(right side)	좌측(left side)

Review 〈단원평가〉

블로우 C컬(인컬) 드라이 실습에 대한 장점과 단점, 그리고 느낀 점을 적으시오.

장점

단점

느낀 점

학생 자가 진단 및 교수평가

능력단위명 〈코드〉	고객응대 서비스 〈1201010116_19v5〉, 헤어스타일 상담 〈1201010130_17v4〉, 헤어 샴푸 〈1201010156_19v5〉, 기초 드라이 〈1201010123_17v4〉

진단 영역	진 단 문 항	학생 평가					교수평가				
		매우 미흡	미흡	보통	우수	매우 우수	매우 미흡	미흡	보통	우수	매우 우수
고객응대 서비스	1. 고객의 방문사유를 확인한 후 대기 또는 서비스공간으로 안내할 수 있다.	①	②	③	④	⑤	①	②	③	④	⑤
	2. 나는 고객의 소지품과 의복 등을 보관할 수 있다.	①	②	③	④	⑤	①	②	③	④	⑤
	3. 나는 고객에게 전화응대 서비스를 할 수 있다.	①	②	③	④	⑤	①	②	③	④	⑤
	4. 나는 고객에게 대기시간을 전달하고 서비스공간으로 안내할 수 있다.	①	②	③	④	⑤	①	②	③	④	⑤
	5. 나는 고객에게 준비된 다과 및 음료 등을 제공할 수 있다.	①	②	③	④	⑤	①	②	③	④	⑤
	6. 나는 고객에게 신문, 잡지, 컴퓨터 등을 제공할 수 있다.	①	②	③	④	⑤	①	②	③	④	⑤
	7. 나는 보관한 고객의 소지품과 의복 등을 고객에게 전달할 수 있다.	①	②	③	④	⑤	①	②	③	④	⑤
	8. 나는 서비스가 종료된 고객에게 서비스 내역과 요금을 확인 후 결제할 수 있다.	①	②	③	④	⑤	①	②	③	④	⑤
	9. 나는 제휴카드 포인트 적립 등의 부가서비스를 안내할 수 있다.	①	②	③	④	⑤	①	②	③	④	⑤
	10. 나는 고객에게 재 방문시기를 안내할 수 있다.	①	②	③	④	⑤	①	②	③	④	⑤
	11. 나는 고객을 배웅할 수 있다.	①	②	③	④	⑤	①	②	③	④	⑤
헤어스타일 상담	1. 고객의 미용서비스 이력을 수집할 수 있다.	①	②	③	④	⑤	①	②	③	④	⑤
	2. 고객의 건강상태 및 알레르기 등의 특이사항에 대한 정보를 수집할 수 있다.	①	②	③	④	⑤	①	②	③	④	⑤
	3. 고객의 취향 및 라이프스타일 등에 대한 정보를 수집할 수 있다.	①	②	③	④	⑤	①	②	③	④	⑤
	4. 패션, 메이크업, 헤어스타일 등 최신 트렌드정보를 수집 · 분석할 수 있다.	①	②	③	④	⑤	①	②	③	④	⑤
	5. 시각자료를 이용하여 고객이 요구하는 헤어디자인을 파악할 수 있다.	①	②	③	④	⑤	①	②	③	④	⑤

진단 영역	진 단 문 항	학생 평가					교수평가				
		매우 미흡	미흡	보통	우수	매우 우수	매우 미흡	미흡	보통	우수	매우 우수
헤어스타일 상담	6. 고객의 취향 및 라이프스타일 등을 고려하여 고객에게 어울리는 스타일을 제안할 수 있다.	①	②	③	④	⑤	①	②	③	④	⑤
	7. 미용서비스 전 고객에게 지불할 요금을 안내하여 동의를 구할 수 있다.	①	②	③	④	⑤	①	②	③	④	⑤
	8. 미용서비스 중간에 요금이 변경된 경우 고객에게 재 안내 할 수 있다.	①	②	③	④	⑤	①	②	③	④	⑤
헤어 샴푸	1. 고객의 편의를 위해 가운 및 무릎덮개, 어깨타월을 착용해 주고 좌식 또는 와식 샴푸를 준비할 수 있다.	①	②	③	④	⑤	①	②	③	④	⑤
	2. 엉킨 모발의 정돈과 이물질 제거를 위해 사전 브러시를 할 수 있다.	①	②	③	④	⑤	①	②	③	④	⑤
	3. 고객이 불편하지 않도록 샴푸대의 높이 조절하고 수온을 조절할 수 있다.	①	②	③	④	⑤	①	②	③	④	⑤
	4. 얼굴에 물이 튀지 않도록 모발에 물길을 만들어 모발을 충분하게 적실 수 있다.	①	②	③	④	⑤	①	②	③	④	⑤
	5. 모발 길이 및 모량에 따라 적당량의 샴푸제를 사용하여 두피 매니플레이션을 할 수 있다.	①	②	③	④	⑤	①	②	③	④	⑤
	6. 샴푸성분이 남지 않도록 페이스라인, 귀, 모발, 두피 등을 충분하게 헹굴 수 있다.	①	②	③	④	⑤	①	②	③	④	⑤
	7. 샴푸 후 두피 · 모발 상태를 파악하여 모발에 트리트먼트를 할 수 있다.	①	②	③	④	⑤	①	②	③	④	⑤
	8. 트리트먼트제를 모발에 도포한 후 두피 지압과 매니플레이션을 할 수 있다.	①	②	③	④	⑤	①	②	③	④	⑤
	9. 트리트먼트제가 페이스라인, 귀, 두피 등에 남지 않도록 충분하게 헹굴 수 있다.	①	②	③	④	⑤	①	②	③	④	⑤
	10. 타월로 모발의 물기를 제거한 후 두상을 타월로 감쌀 수 있다.	①	②	③	④	⑤	①	②	③	④	⑤
	11. 샴푸대 및 주변을 깨끗하게 정리한 후 고객을 서비스 공간으로 안내할 수 있다.	①	②	③	④	⑤	①	②	③	④	⑤
기초 드라이	1. 모발 상태와 헤어디자인에 따라 블로우 드라이어, 헤어 아이론, 헤어브러시 등의 기기 및 도구를 선정할 수 있다.	①	②	③	④	⑤	①	②	③	④	⑤
	2. 블로우 드라이어를 사용하여 모발을 인컬로 연출할 수 있다.	①	②	③	④	⑤	①	②	③	④	⑤

진단 영역	진 단 문 항	학생 평가					교수평가				
		매우 미흡	미흡	보통	우수	매우 우수	매우 미흡	미흡	보통	우수	매우 우수
기초 드라이	3. 모발 상태와 헤어디자인에 따라 기기의 온도, 각도와 방향, 텐션 등을 조절할 수 있다.	①	②	③	④	⑤	①	②	③	④	⑤
	4. 콤아웃 기법과 헤어스타일 연출 제품 등을 사용하여 헤어스타일을 완성할 수 있다.	①	②	③	④	⑤	①	②	③	④	⑤

[진단결과]

진단영역	문항 수	점수	점수 ÷ 문항 수	문항 수	점수	점수 ÷ 문항 수
고객응대 서비스	11			11		
헤어스타일 상담	8			8		
헤어 샴푸	11			11		
기초 드라이	4			4		
합계	34			34		

※ 자신의 점수를 문항 수로 나눈 값이 '3점' 이하에 해당하는 영역은 업무를 성공적으로 수행하는 능력이 부족한 것으로 교육훈련이나 개인학습을 통한 개발이 필요함.

[교수자 피드백]

아이론 C컬(인컬)

6rd week

아이론 C컬(인컬) 드라이

학습내용(단원명)	수업 목표
아이론 C컬(인컬) 드라이	• 헤어 아이론을 사용하여 모발을 인컬로 연출할 수 있다. • 모발 상태와 헤어디자인에 따라 기기의 온도, 각도와 방향, 텐션 등을 조절할 수 있다. • 콤아웃 기법과 헤어스타일 연출 제품 등을 사용하여 헤어스타일을 완성할 수 있다.

1. 아이론 인컬 드라이 준비하기

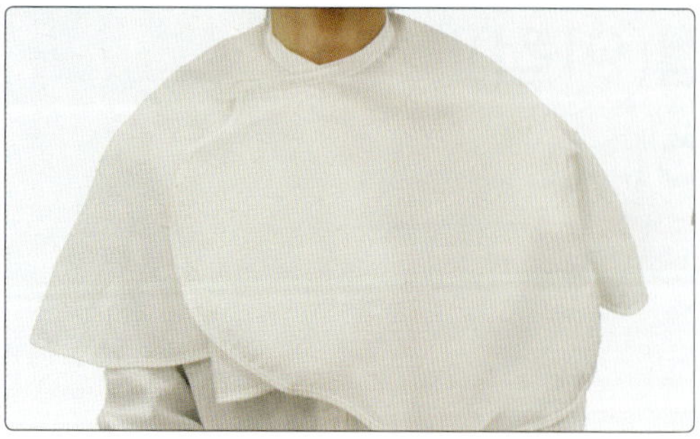

드라이보 착용하기

드라이 시술 전 고객의 피부와 옷을 보호하기 위해 드라이보를 준비한다.

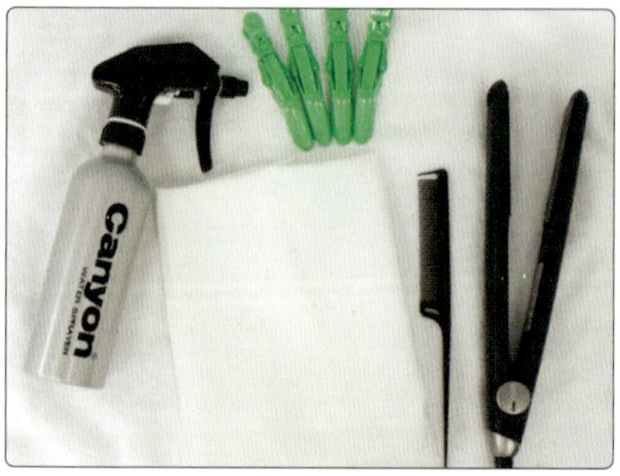

시술도구 준비하기

아이론 드라이 시술을 위해 드라이보, 헤어 아이론, 분무기, 꼬리빗, 핀셋을 준비한다.

2. 아이론 인컬 드라이 블로킹

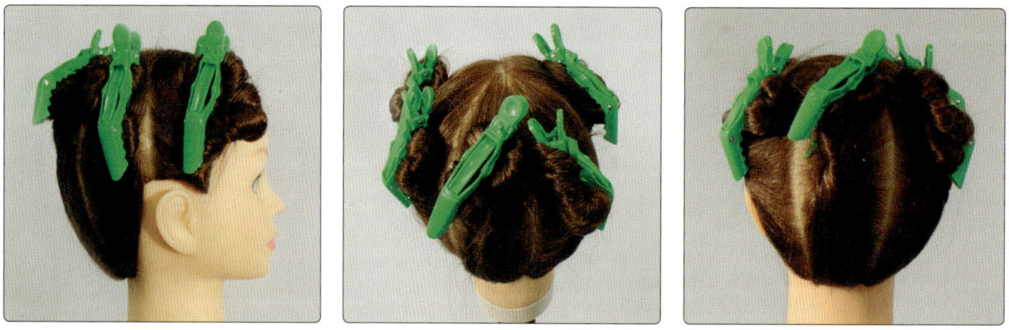

5등분 블로킹

3. 아이론 인컬 드라이 시술 전

앞(front)

뒤(back)

우측(right side)

좌측(left side)

4. 아이론 인컬 드라이 시술하기

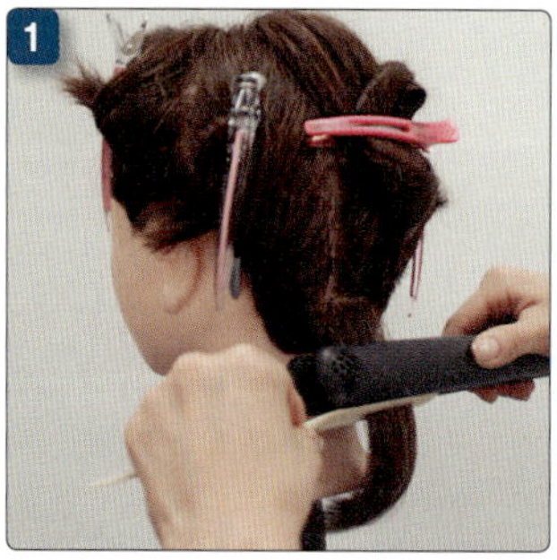
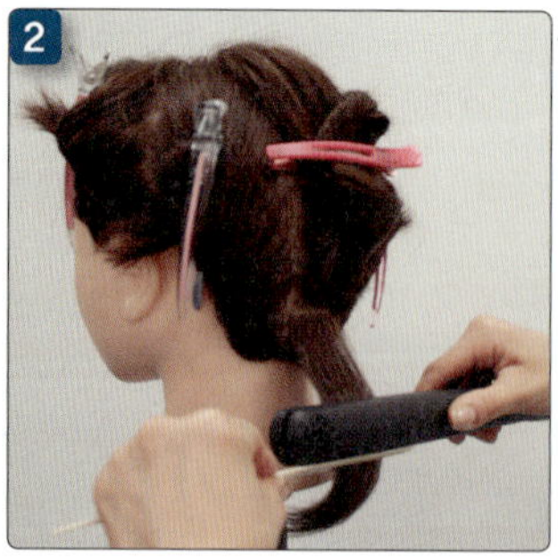

1 네이프(Nape) 센터부터 약 2cm정도 섹션을 나눈 후 모발의 하단부를 꼬리빗으로 받친다.

2 아이론으로 반원을 그리며 인컬의 릿지를 잡는다.

3 릿지를 형성할 부분에 꼬리빗을 놓고 아이론은 반원으로 굴려 15° 각도를 유지하며 드라이한다.

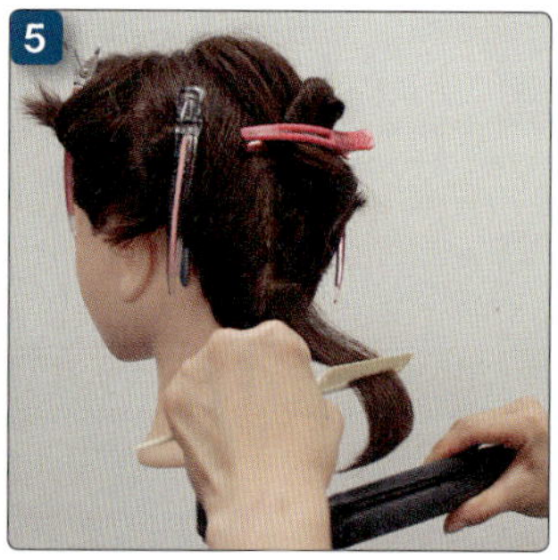

4 꼬리빗으로 판넬을 받쳐주며 모발 끝까지 같은 뜸으로 진행한다.

5 모발이 꺾여 자국이 나지 않도록 주의하며 시술한다.

6 네이프(Nape) 센터의 인컬이 형성된 모습이다.

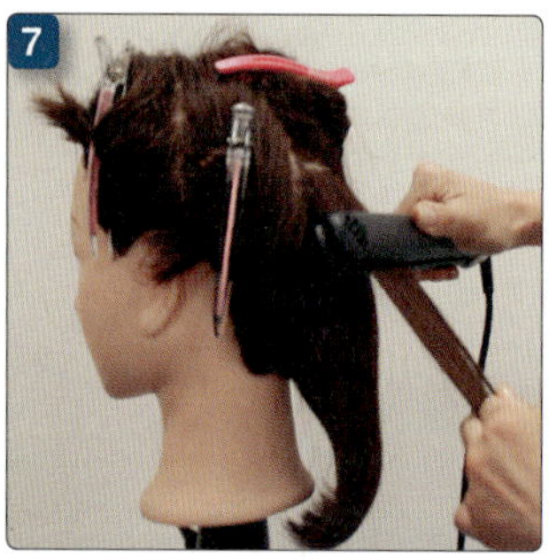
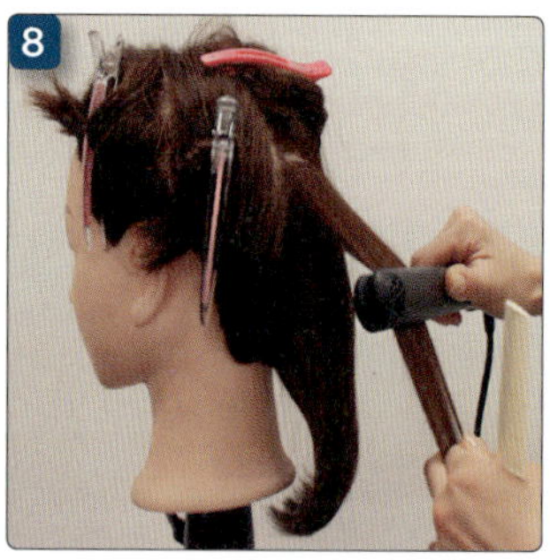

7 왼손으로 판넬을 잡아 텐션을 주고 아이론과 판넬은 평행하게 스트레이트로 시술한다.

8 아이론은 15° 각도로 천천히 뜸을 주며 진행한다.

9 뿌리 부분의 스트레이트가 완성되면 모발의 하단부를 꼬리빗으로 받친다.

10 일정한 뜸을 주어 진행하되 아이론과 빗이 떨어지지 않도록 주의하며 시술한다.

11 아이론으로 반원을 그리듯 인컬의 릿지를 잡는다.

12 릿지를 형성할 부분에 꼬리빗을 놓고 아이론을 반원으로 굴려 15° 각도를 유지하며 드라이한다.

13 꼬리빗으로 판넬을 들어주고 아이론은 모발 끝까지 같은 뜸으로 진행한다.

14 모발이 꺾여 자국이 나지 않도록 주의하며 시술한다.

15 B.P에 인컬이 형성된 모습이다.

16 왼손으로 판넬을 잡아 텐션을 주고 아이론은 뿌리 부분에 위치한다.

17 탑(Top)은 볼륨 생성을 위해 각도를 유지하며 포물선을 그린다.

18 모발이 엉키지 않도록 하단부에 꼬리빗으로 받친다.

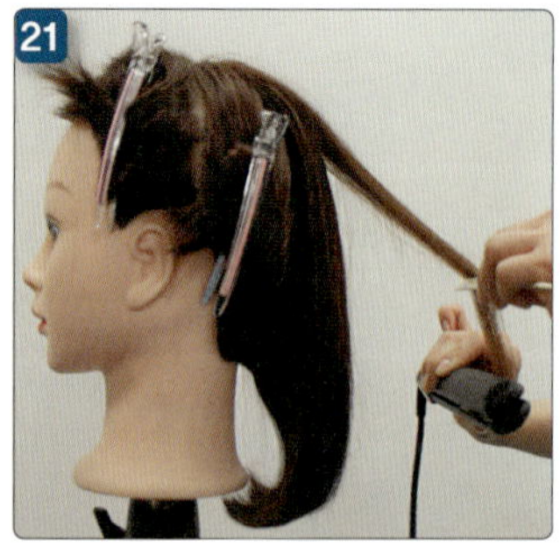

19 일정한 뜸을 주며 진행한다.

20 꼬리빗으로 모발 끝까지 빗어 모발의 엉킴을 방지한다.

21 릿지를 형성할 부분에 꼬리빗으로 모발을 받친 후 아이론은 반원을 그리듯 인컬을 만든다.

22 끝까지 일정한 뜸으로 아이론을 아웃한다.

23 백부분의 인컬 드라이가 완성된 모습이다.

24 우측 백사이드(Back Side)도 동일하게 시술한다.

25 천천히 뜸을 들이며 아이론은 15° 각도로 진행한다.

26 릿지를 형성할 부분에 꼬리빗을 놓고 아이론은 반원으로 굴려주며 15° 각도를 유지하며 드라이한다.

27 꼬리빗으로 판넬을 받쳐주며 아이론은 모발 끝까지 같은 뜸으로 진행한다.

28 우측 백사이드(Back Side) 인컬이 형성된 모습이다. 계속해서 동일한 방법으로 진행한다.

29 왼손으로 판넬을 잡아 텐션을 주고 아이론과 판넬은 평행을 유지하며 스트레이트로 시술한다.

30 뿌리 부분의 스트레이트가 완성되면 모발의 하단부를 꼬리빗으로 받친다.

31 아이론은 15° 각도로 천천히 뜸을 주며 진행한다.

32 꼬리빗으로 모발 끝까지 빗어 모발의 엉킴을 방지한다.

33 릿지를 형성할 부분에 꼬리빗으로 모발을 받친 후 아이론은 반원을 그리듯 인컬을 만든다.

34 끝까지 같은 뜸으로 아이론을 아웃한다.

35 우측 백사이드(Back Side)의 인컬 드라이가 완성된 모습이다.

36 다음 파팅도 동일한 방법으로 시술한다.

37 좌측 사이드(Side)도 동일한 방법으로 시술한다.

38 왼손으로 판넬을 잡아 텐션을 주고 아이론과 판넬은 평행을 유지하며 스트레이트로 시술한다.

39 뿌리 부분의 스트레이트가 완성되면 모발의 하단부를 꼬리빗으로 받친다.

40 아이론은 15° 각도로 천천히 뜸을 주며 진행한다.

41 꼬리빗으로 모발 끝까지 빗어 모발의 엉킴을 방지한다.

42 릿지를 형성할 부분에 꼬리빗으로 모발을 받친 후 아이론은 반원을 그리듯 인컬을 만든다.

43 끝까지 같은 뜸으로 아이론을 아웃한다.

44 좌측 사이드(Side)의 인컬이 형성된 모습이다.

45 프론트(Front)는 볼륨 생성을 위해 90° 각도로 하여 아이론과 모발을 평행으로 시술한다.

46 아이론의 각도의 변화를 주어 포물선을 그리며 진행하여 볼륨을 연결한다.
47 반원을 그리듯 진행하여 자연스러운 볼륨을 생성한다.
48 뿌리 부분의 스트레이트가 완성되면 모발의 하단부를 꼬리빗으로 받친다.

49 아이론은 15° 각도로 천천히 뜸을 주며 진행한다.
50 릿지를 형성할 부분에 꼬리빗으로 모발을 받친 후 아이론은 반원을 그리듯 인컬을 만든다.
51 끝까지 같은 뜸으로 아이론을 아웃한다.

52 우측 사이드(Side) 인컬 드라이가 완성된 모습이다.
53 좌측 사이드(Side)도 동일한 방법으로 시술하여 인컬 드라이를 완성한다.

5. 아이론 인컬 드라이 시술 후

앞(front)

뒤(back)

우측(right side)

좌측(left side)

실습과정 사진		
사진		설명

실습 사진	
앞(front)	뒤(back)
우측(right side)	좌측(left side)

Review 〈단원평가〉

아이론 C컬(인컬) 드라이 실습에 대한 장점과 단점, 그리고 느낀 점을 적으시오.

장점

단점

느낀 점

학생 자가 진단 및 교수평가

능력단위명 〈코드〉	고객응대 서비스 〈1201010116_19v5〉, 헤어스타일 상담 〈1201010130_17v4〉, 헤어 샴푸 〈1201010156_19v5〉, 기초 드라이 〈1201010123_17v4〉

진단 영역	진 단 문 항	학생 평가					교수평가				
		매우 미흡	미흡	보통	우수	매우 우수	매우 미흡	미흡	보통	우수	매우 우수
고객응대 서비스	1. 고객의 방문사유를 확인한 후 대기 또는 서비스공간으로 안내할 수 있다.	①	②	③	④	⑤	①	②	③	④	⑤
	2. 나는 고객의 소지품과 의복 등을 보관할 수 있다.	①	②	③	④	⑤	①	②	③	④	⑤
	3. 나는 고객에게 전화응대 서비스를 할 수 있다.	①	②	③	④	⑤	①	②	③	④	⑤
	4. 나는 고객에게 대기시간을 전달하고 서비스공간으로 안내할 수 있다.	①	②	③	④	⑤	①	②	③	④	⑤
	5. 나는 고객에게 준비된 다과 및 음료 등을 제공할 수 있다.	①	②	③	④	⑤	①	②	③	④	⑤
	6. 나는 고객에게 신문, 잡지, 컴퓨터 등을 제공할 수 있다.	①	②	③	④	⑤	①	②	③	④	⑤
	7. 나는 보관한 고객의 소지품과 의복 등을 고객에게 전달할 수 있다.	①	②	③	④	⑤	①	②	③	④	⑤
	8. 나는 서비스가 종료된 고객에게 서비스 내역과 요금을 확인 후 결제할 수 있다.	①	②	③	④	⑤	①	②	③	④	⑤
	9. 나는 제휴카드 포인트 적립 등의 부가서비스를 안내할 수 있다.	①	②	③	④	⑤	①	②	③	④	⑤
	10. 나는 고객에게 재 방문시기를 안내할 수 있다.	①	②	③	④	⑤	①	②	③	④	⑤
	11. 나는 고객을 배웅할 수 있다.	①	②	③	④	⑤	①	②	③	④	⑤
헤어스타일 상담	1. 고객의 미용서비스 이력을 수집할 수 있다.	①	②	③	④	⑤	①	②	③	④	⑤
	2. 고객의 건강상태 및 알레르기 등의 특이사항에 대한 정보를 수집할 수 있다.	①	②	③	④	⑤	①	②	③	④	⑤
	3. 고객의 취향 및 라이프스타일 등에 대한 정보를 수집할 수 있다.	①	②	③	④	⑤	①	②	③	④	⑤
	4. 패션, 메이크업, 헤어스타일 등 최신 트렌드정보를 수집 · 분석할 수 있다.	①	②	③	④	⑤	①	②	③	④	⑤
	5. 시각자료를 이용하여 고객이 요구하는 헤어디자인을 파악할 수 있다.	①	②	③	④	⑤	①	②	③	④	⑤

진단 영역	진 단 문 항	학생 평가					교수평가				
		매우 미흡	미흡	보통	우수	매우 우수	매우 미흡	미흡	보통	우수	매우 우수
헤어스타일 상담	6. 고객의 취향 및 라이프스타일 등을 고려하여 고객에게 어울리는 스타일을 제안할 수 있다.	①	②	③	④	⑤	①	②	③	④	⑤
	7. 미용서비스 전 고객에게 지불할 요금을 안내하여 동의를 구할 수 있다.	①	②	③	④	⑤	①	②	③	④	⑤
	8. 미용서비스 중간에 요금이 변경된 경우 고객에게 재 안내 할 수 있다.	①	②	③	④	⑤	①	②	③	④	⑤
헤어 샴푸	1. 고객의 편의를 위해 가운 및 무릎덮개, 어깨타월을 착용해 주고 좌식 또는 와식 샴푸를 준비할 수 있다.	①	②	③	④	⑤	①	②	③	④	⑤
	2. 엉킨 모발의 정돈과 이물질 제거를 위해 사전 브러시를 할 수 있다.	①	②	③	④	⑤	①	②	③	④	⑤
	3. 고객이 불편하지 않도록 샴푸대의 높이 조절하고 수온을 조절할 수 있다.	①	②	③	④	⑤	①	②	③	④	⑤
	4. 얼굴에 물이 튀지 않도록 모발에 물길을 만들어 모발을 충분하게 적실 수 있다.	①	②	③	④	⑤	①	②	③	④	⑤
	5. 모발 길이 및 모량에 따라 적당량의 샴푸제를 사용하여 두피 매니플레이션을 할 수 있다.	①	②	③	④	⑤	①	②	③	④	⑤
	6. 샴푸성분이 남지 않도록 페이스라인, 귀, 모발, 두피 등을 충분하게 헹굴 수 있다.	①	②	③	④	⑤	①	②	③	④	⑤
	7. 샴푸 후 두피 · 모발 상태를 파악하여 모발에 트리트먼트를 할 수 있다.	①	②	③	④	⑤	①	②	③	④	⑤
	8. 트리트먼트제를 모발에 도포한 후 두피 지압과 매니플레이션을 할 수 있다.	①	②	③	④	⑤	①	②	③	④	⑤
	9. 트리트먼트제가 페이스라인, 귀, 두피 등에 남지 않도록 충분하게 헹굴 수 있다.	①	②	③	④	⑤	①	②	③	④	⑤
	10. 타월로 모발의 물기를 제거한 후 두상을 타월로 감쌀 수 있다.	①	②	③	④	⑤	①	②	③	④	⑤
	11. 샴푸대 및 주변을 깨끗하게 정리한 후 고객을 서비스 공간으로 안내할 수 있다.	①	②	③	④	⑤	①	②	③	④	⑤
기초 드라이	1. 모발 상태와 헤어디자인에 따라 블로우 드라이어, 헤어 아이론, 헤어브러시 등의 기기 및 도구를 선정할 수 있다.	①	②	③	④	⑤	①	②	③	④	⑤
	2. 헤어 아이론을 사용하여 모발을 인컬로 연출할 수 있다.	①	②	③	④	⑤	①	②	③	④	⑤

진단 영역	진 단 문 항	학생 평가					교수평가				
		매우 미흡	미흡	보통	우수	매우 우수	매우 미흡	미흡	보통	우수	매우 우수
기초 드라이	3. 모발 상태와 헤어디자인에 따라 기기의 온도, 각도와 방향, 텐션 등을 조절할 수 있다.	①	②	③	④	⑤	①	②	③	④	⑤
	4. 콤아웃 기법과 헤어스타일 연출 제품 등을 사용하여 헤어스타일을 완성할 수 있다.	①	②	③	④	⑤	①	②	③	④	⑤

[진단결과]

진단영역	문항 수	점수	점수 ÷ 문항 수	문항 수	점수	점수 ÷ 문항 수
고객응대 서비스	11			11		
헤어스타일 상담	8			8		
헤어 샴푸	11			11		
기초 드라이	4			4		
합계	34			34		

※ 자신의 점수를 문항 수로 나눈 값이 '3점' 이하에 해당하는 영역은 업무를 성공적으로 수행하는 능력이 부족한 것으로 교육훈련이나 개인학습을 통한 개발이 필요함.

[교수자 피드백]

블로우 C컬(아웃컬)

Chapter 3 샴푸 및 헤어스타일링 실기

7 rd week

블로우 C컬(아웃컬) 드라이

학습내용(단원명)	수업 목표
블로우 C컬(아웃컬) 드라이	• 블로우 드라이어를 사용하여 모발을 아웃컬로 연출할 수 있다. • 모발 상태와 헤어디자인에 따라 기기의 온도, 각도와 방향, 텐션 등을 조절할 수 있다. • 콤아웃 기법과 헤어스타일 연출 제품 등을 사용하여 헤어스타일을 완성할 수 있다.

1. 블로우 아웃컬 드라이 준비하기

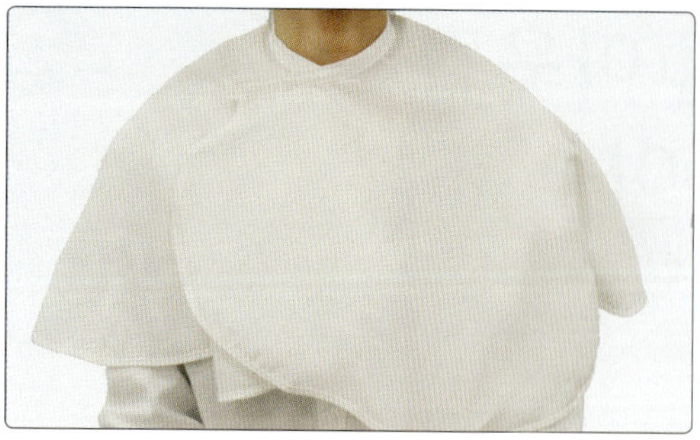

드라이보 착용하기

드라이 시술 전 고객의 피부와 옷을 보호하기 위해 드라이보를 준비한다.

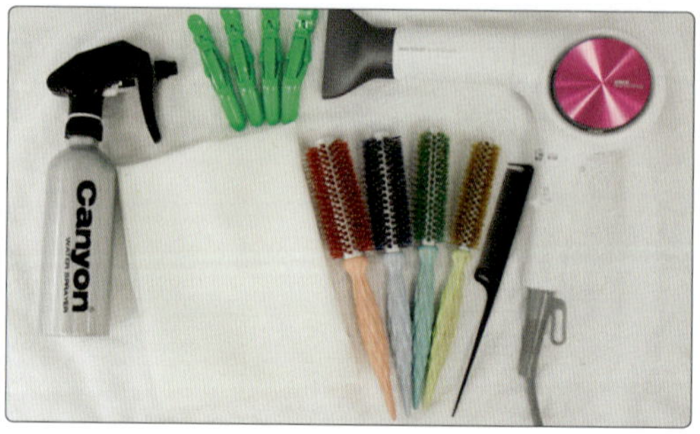

시술도구 준비하기

블로우 드라이 시술을 위해 드라이보, 블로우 드라이어, 분무기, 롤 브러시, 꼬리빗, 핀셋을 준비한다.

2. 블로우 아웃컬 드라이 블로킹

5등분 블로킹

3. 블로우 아웃컬 드라이 시술 전

앞(front)

뒤(back)

우측(right side)

좌측(left side)

4. 블로우 아웃컬 드라이 시술하기

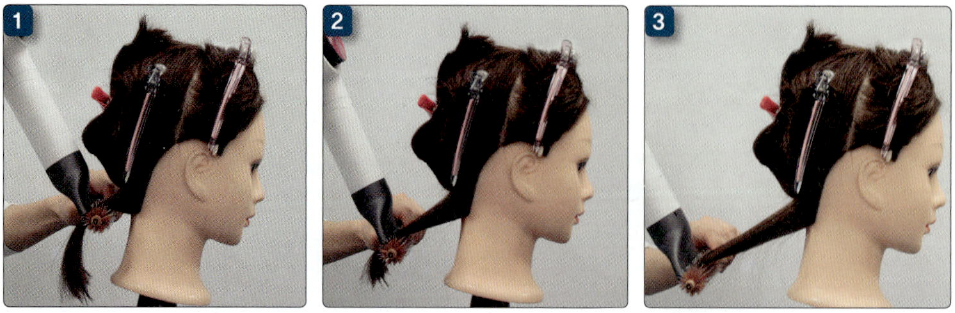

1. 네이프(Nape) 센터부터 롤의 너비만큼 섹션을 나눈 후 시술을 진행한다.
2. 롤의 상단에 드라이어 입구가 직각에 가깝게 뜸을 주며 드라이한다.
3. 모발 끝이 빠지지 않도록 손목과 손가락의 회전을 이용하여 텐션을 주어 시술한다.

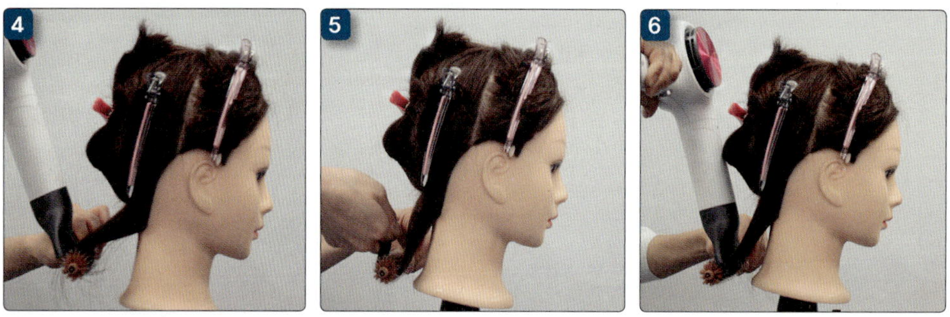

4. 롤에 모발을 한 바퀴 감은 후 뜸을 들인다.
5. 모발의 열이 식기 전에 판넬 각도를 0°로 모발 끝이 위를 향하도록 바깥으로 감는다.
6. 모발 끝에 열을 주어 모발이 롤에 감길 수 있도록 한다.

7. 위로 반 바퀴 감아올려 열을 준다.
8. 롤의 하단부에 열을 준다.
9. 네이프(Nape) 센터의 아웃컬이 형성된 모습이다.

10 동일한 방법으로 다음 섹션을 진행한다.
11 B.P는 볼륨 생성을 위해 120° 각도 이상으로 온 더 베이스로 안착시켜 드라이한다.
12 천천히 뜸을 들여 포물선을 그리며 진행한다.

13 릿지를 형성할 부분에서 롤을 감는다.
14 모발 끝에서 롤을 한 바퀴 감아 열을 준다.
15 모발의 열이 식기 전에 판넬 각도를 0°로 모발 끝이 위를 향하도록 바깥으로 감는다.

16 모발 끝에 열을 주어 모발이 롤에 감길 수 있도록 한다.
17 위로 반 바퀴 감아올려 열을 준다.
18 롤의 하단부에 열을 준다.

19 백의 아웃컬이 형성된 모습이다.
20 탑(Top)은 볼륨 생성을 위해 120° 각도 이상으로 온 더 베이스로 안착시켜 드라이한다.
21 천천히 뜸을 들여 포물선을 그리며 진행한다.

22 모발 끝이 빠지지 않도록 손목과 손가락의 회전을 이용하여 텐션을 주어 시술한다.
23 롤에 모발을 한 바퀴 감아 뜸을 들인다.
24 모발의 열이 식기 전에 판넬 각도를 0°로 모발 끝이 위를 향하도록 바깥으로 감는다.

25 모발 끝에 열을 주어 모발이 롤에 감길 수 있도록 한다.
26 롤의 하단부에 열을 준다.
27 롤이 흐트러지지 않도록 주의하며 롤을 바깥 방향으로 롤링하여 정돈한다.

28 백의 아웃컬 드라이가 완성된 모습이다.
29 우측 백사이드(Back Side)도 동일한 방법으로 시술한다.
30 롤의 너비만큼 섹션을 나눈 후 드라이어 입구와 롤의 위치를 직각에 가깝게 뜸을 들인다.

31 모발 끝에 열을 주어 모발이 롤에 감길 수 있도록 한다.
32 롤에 모발을 한 바퀴 말아주어 뜸을 들인다.
33 모발의 열이 식기 전에 판넬 각도를 0도로 모발 끝이 위를 향하도록 바깥으로 감는다.

34 모발이 바깥방향으로 감길 수 있도록 잡는다.
35 모발 끝에 열을 주어 모발이 롤에 감길 수 있도록 한다.
36 롤의 하단부에 열을 준다.

37 우측 백사이드(Back Side)의 아웃컬이 형성된 모습이다.
38 동일한 방법으로 다음 파팅을 시술한다.
39 미들 섹션은 볼륨 생성을 위해 120° 각도 이상으로 온 더 베이스로 안착시켜 드라이한다.

40 롤에 모발을 한 바퀴 말아주어 뜸을 들인다.
41 모발의 열이 식기 전에 판넬 각도를 0°로 모발 끝이 위를 향하도록 바깥으로 감는다.
42 롤의 하단부에 열을 준다.

43 우측 백사이드(Back Side)의 블로우 아웃컬이 형성된 모습이다.
44 탑(Top)은 볼륨 생성을 위해 120° 각도 이상으로 온 더 베이스로 안착시켜 드라이한다.
45 천천히 뜸을 들여 포물선을 그리며 진행한다.

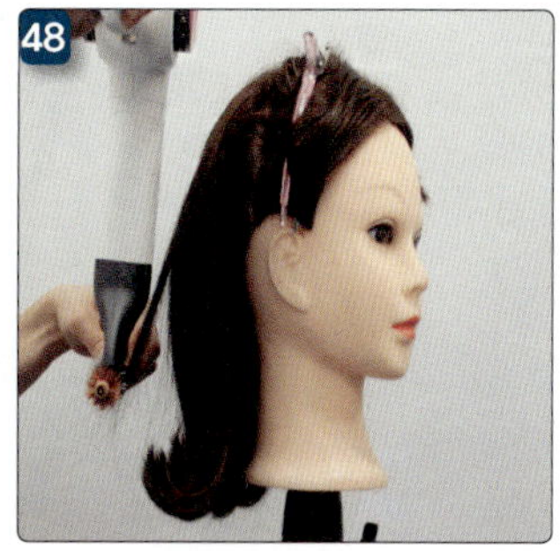

46 모발 끝이 빠지지 않도록 손목과 손가락의 회전을 이용하여 텐션을 주어 시술한다.
47 모발의 열이 식기 전에 판넬 각도를 0°로 모발 끝이 위를 향하도록 바깥으로 감는다.
48 모발 끝에 열을 주어 모발이 롤에 감길 수 있도록 한다.

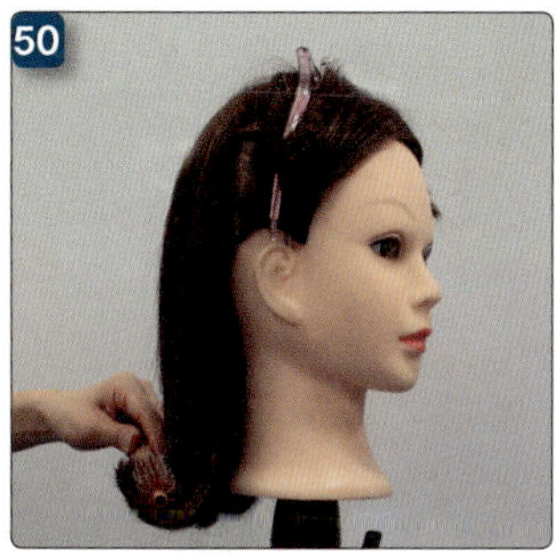

49 롤의 하단부에 열을 준다.
50 롤이 흐트러지지 않도록 주의하며 롤을 바깥 방향으로 롤링하여 정돈한다.
51 우측 백사이드(Back Side)의 아웃컬 드라이가 완성된 모습이다.

52 좌측 백사이드(Back Side)도 동일한 방법으로 시술한다.
53 사이드(Side)도 동일한 방법으로 시술한다.
54 모발에 텐션을 주어 드라이하여 윤기감이 극대화되도록 한다.

55 모발 끝이 빠지지 않도록 손목과 손가락의 회전을 이용하여 텐션을 주어 시술한다.
56 롤에 모발을 한 바퀴 말아주어 뜸을 들인다.
57 모발의 열이 식기 전에 판넬 각도를 0°로 모발 끝이 위를 향하도록 바깥으로 감는다.

58 모발 끝에 열을 주어 모발이 롤에 감길 수 있도록 한다.
59 롤의 하단부에 열을 준다.
60 사이드(Side)의 아웃컬이 형성된 모습이다.

61 프론트(Front)는 볼륨 생성을 위해 120° 각도의 온 더 베이스로 안착시킨 후 드라이한다.
62 천천히 뜸을 들여 같은 각도로 포물선을 그리며 진행한다.
63 모발 끝이 빠지지 않도록 손목과 손가락의 회전을 이용하여 텐션을 주어 시술한다.

64 롤 모발을 한 바퀴 말아주어 뜸을 들인다.

65 모발의 열이 식기 전에 판넬 각도를 0°로 모발 끝이 위를 향하도록 바깥으로 감는다.

66 모발 끝에 열을 주어 모발이 롤에 감길 수 있도록 한다.

67 롤을 판넬 위에 안착시켜 모발을 위로 감아올린 후 롤의 하단부에 열을 준다.

68 사이드(Side)의 아웃컬 드라이가 완성된 모습이다.

69 반대편 사이드(Side)도 동일하게 시술하여 아웃컬 드라이를 완성한다.

5. 블로우 아웃컬 드라이 시술 후

앞(front)

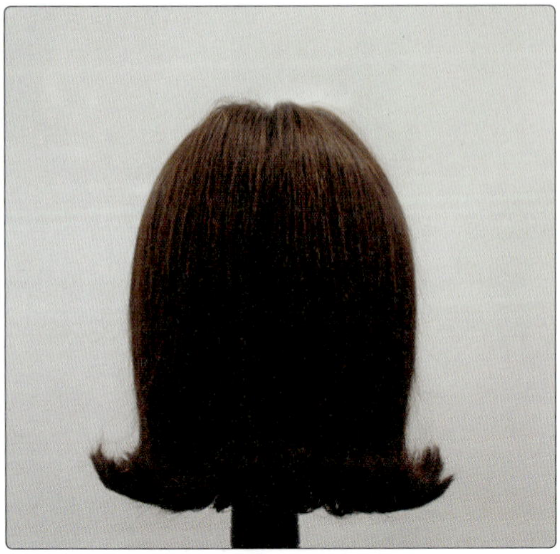

뒤(back)

우측(right side)

좌측(left side)

<table>
<tr><th colspan="3">실습과정 사진</th></tr>
<tr><th colspan="2">사진</th><th>설명</th></tr>
<tr><td></td><td></td><td></td></tr>
<tr><td></td><td></td><td></td></tr>
<tr><td></td><td></td><td></td></tr>
<tr><td></td><td></td><td></td></tr>
<tr><td></td><td></td><td></td></tr>
</table>

실습 사진	
앞(front)	뒤(back)
우측(right side)	좌측(left side)

Review 〈단원평가〉

블로우 C컬(아웃컬) 드라이 실습에 대한 장점과 단점, 그리고 느낀 점을 적으시오.

장점

단점

느낀 점

학생 자가 진단 및 교수평가

능력단위명 〈코드〉	고객응대 서비스 〈1201010116_19v5〉, 헤어스타일 상담 〈1201010130_17v4〉, 헤어 샴푸 〈1201010156_19v5〉, 기초 드라이 〈1201010123_17v4〉

진단 영역	진 단 문 항	학생 평가					교수평가				
		매우 미흡	미흡	보통	우수	매우 우수	매우 미흡	미흡	보통	우수	매우 우수
고객응대 서비스	1. 고객의 방문사유를 확인한 후 대기 또는 서비스공간으로 안내할 수 있다.	①	②	③	④	⑤	①	②	③	④	⑤
	2. 나는 고객의 소지품과 의복 등을 보관할 수 있다.	①	②	③	④	⑤	①	②	③	④	⑤
	3. 나는 고객에게 전화응대 서비스를 할 수 있다.	①	②	③	④	⑤	①	②	③	④	⑤
	4. 나는 고객에게 대기시간을 전달하고 서비스공간으로 안내할 수 있다.	①	②	③	④	⑤	①	②	③	④	⑤
	5. 나는 고객에게 준비된 다과 및 음료 등을 제공할 수 있다.	①	②	③	④	⑤	①	②	③	④	⑤
	6. 나는 고객에게 신문, 잡지, 컴퓨터 등을 제공할 수 있다.	①	②	③	④	⑤	①	②	③	④	⑤
	7. 나는 보관한 고객의 소지품과 의복 등을 고객에게 전달할 수 있다.	①	②	③	④	⑤	①	②	③	④	⑤
	8. 나는 서비스가 종료된 고객에게 서비스 내역과 요금을 확인 후 결제할 수 있다.	①	②	③	④	⑤	①	②	③	④	⑤
	9. 나는 제휴카드 포인트 적립 등의 부가서비스를 안내할 수 있다.	①	②	③	④	⑤	①	②	③	④	⑤
	10. 나는 고객에게 재 방문시기를 안내할 수 있다.	①	②	③	④	⑤	①	②	③	④	⑤
	11. 나는 고객을 배웅할 수 있다.	①	②	③	④	⑤	①	②	③	④	⑤
헤어스타일 상담	1. 고객의 미용서비스 이력을 수집할 수 있다.	①	②	③	④	⑤	①	②	③	④	⑤
	2. 고객의 건강상태 및 알레르기 등의 특이사항에 대한 정보를 수집할 수 있다.	①	②	③	④	⑤	①	②	③	④	⑤
	3. 고객의 취향 및 라이프스타일 등에 대한 정보를 수집할 수 있다.	①	②	③	④	⑤	①	②	③	④	⑤
	4. 패션, 메이크업, 헤어스타일 등 최신 트렌드정보를 수집 · 분석할 수 있다.	①	②	③	④	⑤	①	②	③	④	⑤
	5. 시각자료를 이용하여 고객이 요구하는 헤어디자인을 파악할 수 있다.	①	②	③	④	⑤	①	②	③	④	⑤

진단 영역	진 단 문 항	학생 평가					교수평가				
		매우 미흡	미흡	보통	우수	매우 우수	매우 미흡	미흡	보통	우수	매우 우수
헤어스타일 상담	6. 고객의 취향 및 라이프스타일 등을 고려하여 고객에게 어울리는 스타일을 제안할 수 있다.	①	②	③	④	⑤	①	②	③	④	⑤
	7. 미용서비스 전 고객에게 지불할 요금을 안내하여 동의를 구할 수 있다.	①	②	③	④	⑤	①	②	③	④	⑤
	8. 미용서비스 중간에 요금이 변경된 경우 고객에게 재 안내 할 수 있다.	①	②	③	④	⑤	①	②	③	④	⑤
헤어 샴푸	1. 고객의 편의를 위해 가운 및 무릎덮개, 어깨타월을 착용해 주고 좌식 또는 와식 샴푸를 준비할 수 있다.	①	②	③	④	⑤	①	②	③	④	⑤
	2. 엉킨 모발의 정돈과 이물질 제거를 위해 사전 브러시를 할 수 있다.	①	②	③	④	⑤	①	②	③	④	⑤
	3. 고객이 불편하지 않도록 샴푸대의 높이 조절하고 수온을 조절할 수 있다.	①	②	③	④	⑤	①	②	③	④	⑤
	4. 얼굴에 물이 튀지 않도록 모발에 물길을 만들어 모발을 충분하게 적실 수 있다.	①	②	③	④	⑤	①	②	③	④	⑤
	5. 모발 길이 및 모량에 따라 적당량의 샴푸제를 사용하여 두피 매니플레이션을 할 수 있다.	①	②	③	④	⑤	①	②	③	④	⑤
	6. 샴푸성분이 남지 않도록 페이스라인, 귀, 모발, 두피 등을 충분하게 헹굴 수 있다.	①	②	③	④	⑤	①	②	③	④	⑤
	7. 샴푸 후 두피 · 모발 상태를 파악하여 모발에 트리트먼트를 할 수 있다.	①	②	③	④	⑤	①	②	③	④	⑤
	8. 트리트먼트제를 모발에 도포한 후 두피 지압과 매니플레이션을 할 수 있다.	①	②	③	④	⑤	①	②	③	④	⑤
	9. 트리트먼트제가 페이스라인, 귀, 두피 등에 남지 않도록 충분하게 헹굴 수 있다.	①	②	③	④	⑤	①	②	③	④	⑤
	10. 타월로 모발의 물기를 제거한 후 두상을 타월로 감쌀 수 있다.	①	②	③	④	⑤	①	②	③	④	⑤
	11. 샴푸대 및 주변을 깨끗하게 정리한 후 고객을 서비스 공간으로 안내할 수 있다.	①	②	③	④	⑤	①	②	③	④	⑤
기초 드라이	1. 모발 상태와 헤어디자인에 따라 블로우 드라이어, 헤어 매직기, 헤어브러시 등의 기기 및 도구를 선정할 수 있다.	①	②	③	④	⑤	①	②	③	④	⑤
	2. 블로우 드라이어를 사용하여 모발을 아웃컬로 연출할 수 있다.	①	②	③	④	⑤	①	②	③	④	⑤

진단 영역	진 단 문 항	학생 평가 매우 미흡	미흡	보통	우수	매우 우수	교수평가 매우 미흡	미흡	보통	우수	매우 우수
기초 드라이	3. 모발 상태와 헤어디자인에 따라 기기의 온도, 각도와 방향, 텐션 등을 조절할 수 있다.	①	②	③	④	⑤	①	②	③	④	⑤
	4. 콤아웃 기법과 헤어스타일 연출 제품 등을 사용하여 헤어스타일을 완성할 수 있다.	①	②	③	④	⑤	①	②	③	④	⑤

[진단결과]

진단영역	문항 수	점수	점수 ÷ 문항 수	문항 수	점수	점수 ÷ 문항 수
고객응대 서비스	11			11		
헤어스타일 상담	8			8		
헤어 샴푸	11			11		
기초 드라이	4			4		
합계	34			34		

※ 자신의 점수를 문항 수로 나눈 값이 '3점' 이하에 해당하는 영역은 업무를 성공적으로 수행하는 능력이 부족한 것으로 교육훈련이나 개인학습을 통한 개발이 필요함.

[교수자 피드백]

아이론 C컬(아웃컬)

Chapter 3 샴푸 및 헤어스타일링 실기

8 rd week

아이론 C컬(아웃컬) 드라이

학습내용(단원명)	수업 목표
아이론 C컬(아웃컬) 드라이	• 헤어 아이론을 사용하여 모발을 아웃컬로 연출할 수 있다. • 모발 상태와 헤어디자인에 따라 기기의 온도, 각도와 방향, 텐션 등을 조절할 수 있다. • 콤아웃 기법과 헤어스타일 연출 제품 등을 사용하여 헤어스타일을 완성할 수 있다.

1. 아이론 아웃컬 드라이 준비하기

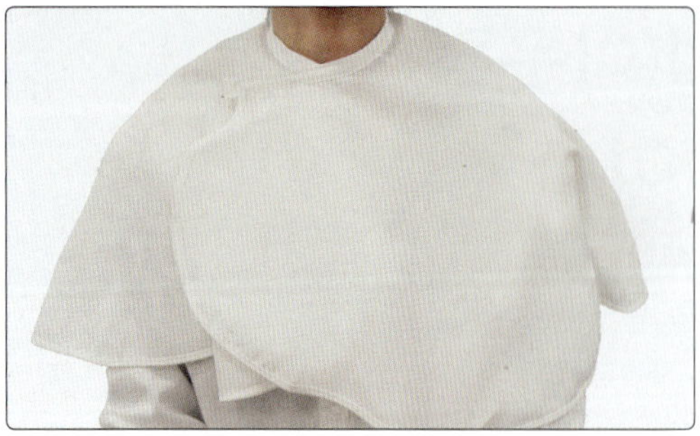

드라이보 착용하기

드라이 시술 전 고객의 피부와 옷을 보호하기 위해 드라이보를 준비한다.

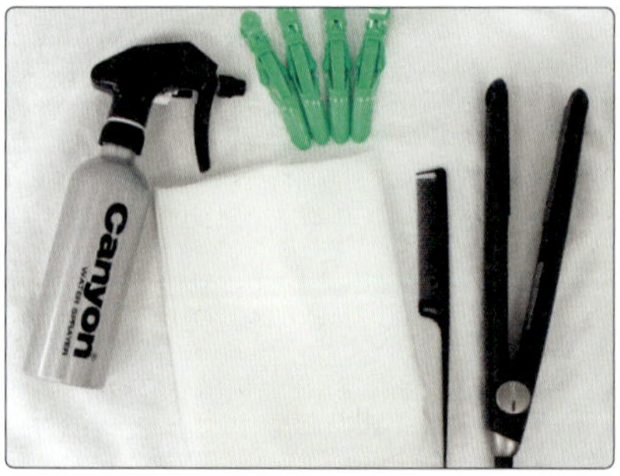

시술도구 준비하기

아이론 드라이 시술을 위해 드라이보, 헤어 아이론, 분무기, 꼬리빗, 핀셋을 준비한다.

2. 아이론 아웃컬 드라이 블로킹

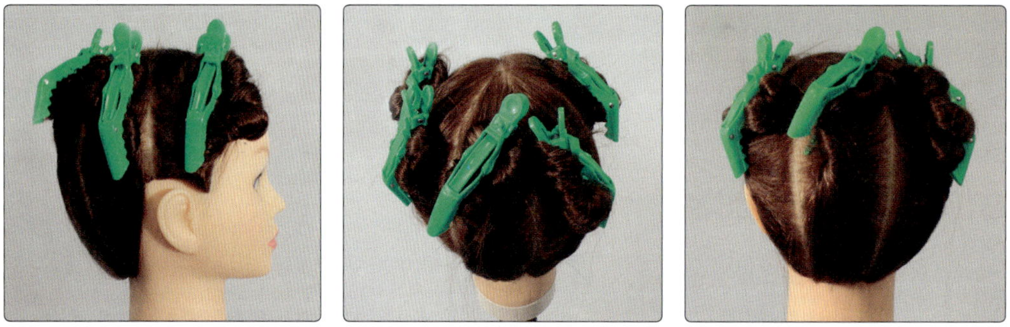

5등분 블로킹

3. 아이론 아웃컬 드라이 시술 전

앞(front)

뒤(back)

우측(right side)

좌측(left side)

4. 아이론 아웃컬 드라이 시술하기

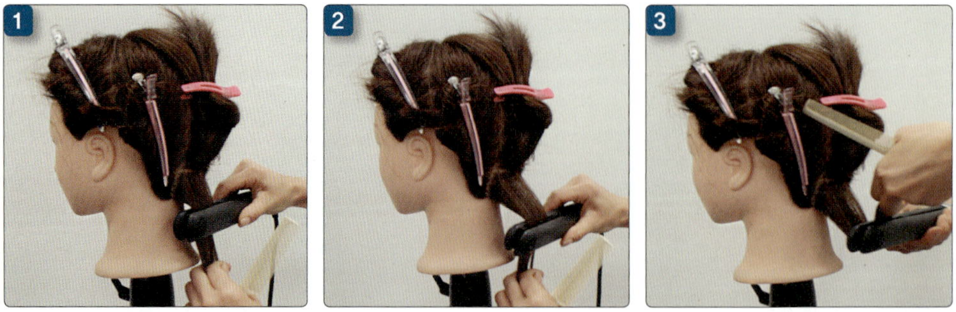

1 네이프(Nape) 센터부터 약 2cm정도의 섹션을 떠서 왼손으로 판넬을 잡아 텐션을 유지하며 아이론과 판넬이 수평이 되도록 한다.

2 볼륨을 생성하기 위해 C커브를 그리며 아웃컬의 릿지를 형성할 부분까지 이동한다.

3 아웃컬의 시작점에서 왼손으로 모발 끝을 잡아 바깥 방향으로 아웃컬의 릿지를 형성한다.

4 모발 끝이 휘어지지 않도록 주의하며 시술한다.

5 같은 뜸으로 모발 끝까지 천천히 시술한다.

6 네이프(Nape) 센터의 아웃컬이 형성된 모습이다.

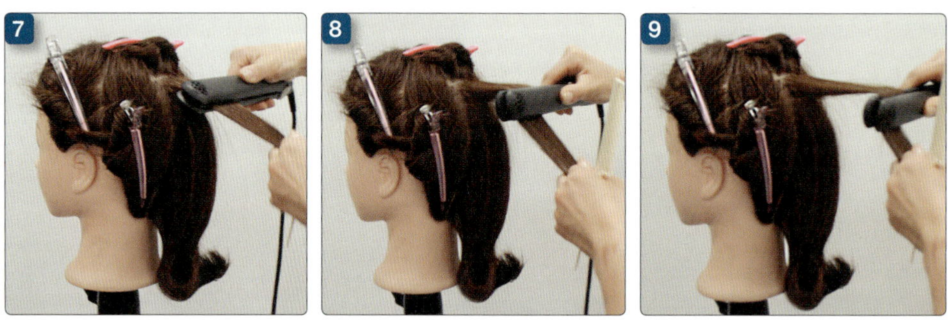

7 판넬의 각도는 지면의 45°로 하여 왼손이 판넬을 잡아 텐션을 유지하며 진행한다.

8 볼륨을 얻기 위해 C커브를 그리며 진행한다.

9 아웃컬의 릿지를 형성할 부분까지 이동한다.

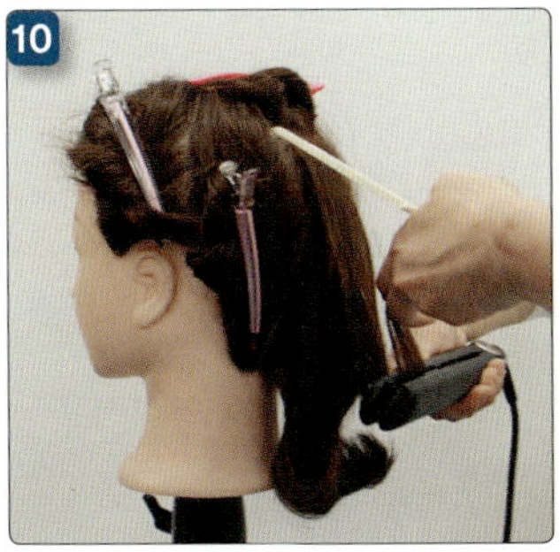

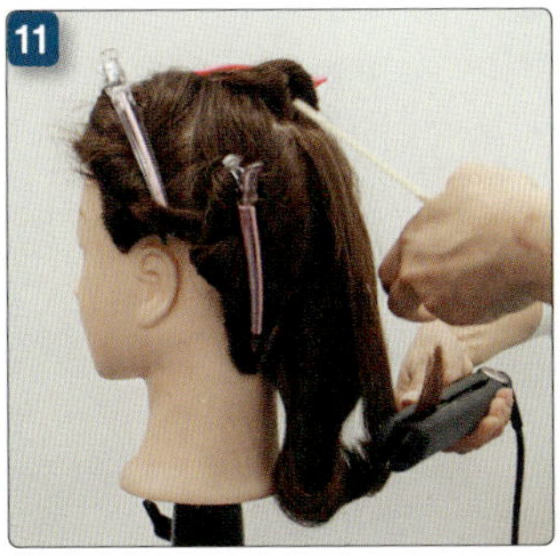

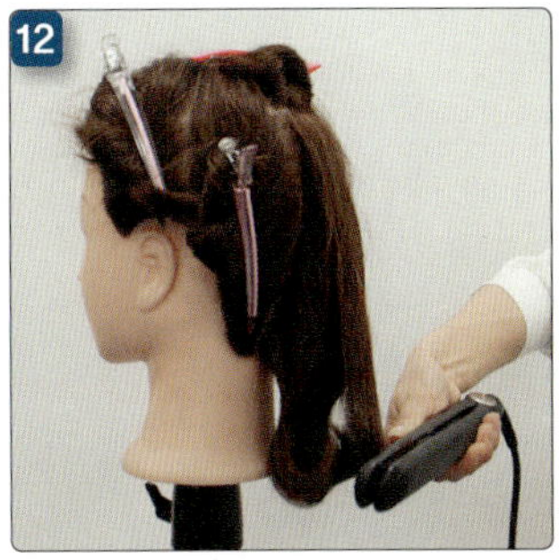

10 아웃컬의 시작점에서 왼손으로 모발 끝을 잡아 바깥 방향으로 아웃컬의 릿지를 형성한다.

11 모발 끝이 휘어지지 않도록 주의하며 시술한다.

12 같은 뜸으로 모발 끝까지 천천히 시술한다.

13 백(Back)의 아이론 아웃컬이 형성된 모습이다.

14 우측 백사이드(Back Side)도 동일한 방법으로 시술한다.

15 볼륨 생성을 위해 C커브를 그리며 아웃컬의 릿지를 형성할 부분까지 이동한다.

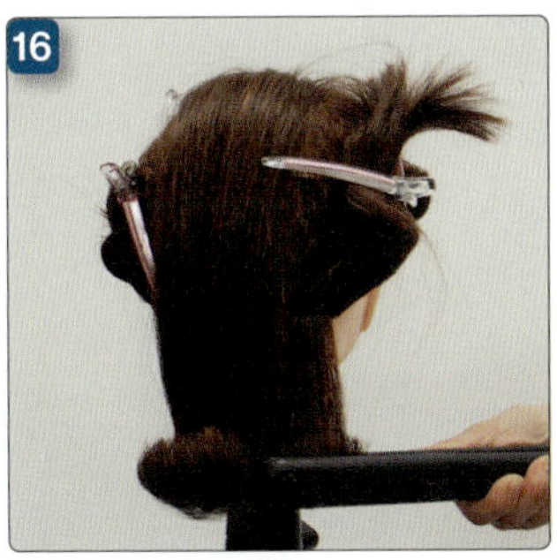

16 모발 끝이 휘어지지 않도록 주의하며 시술한다.

17 같은 뜸으로 모발 끝까지 천천히 시술한다.

18 우측 백사이드(Back Side) 아이론 아웃컬이 형성된 모습이다.

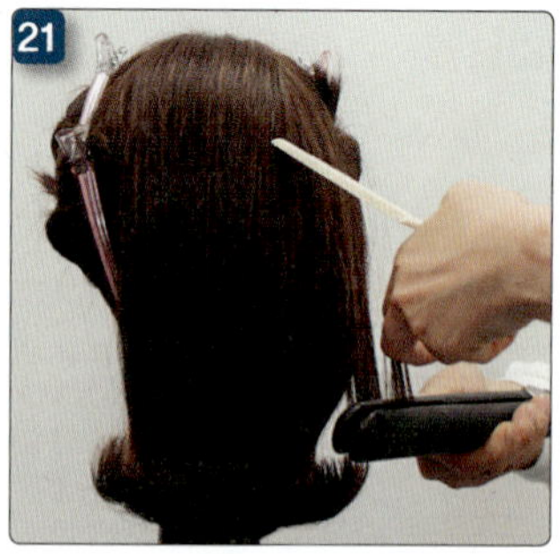

19 판넬의 각도는 지면의 45° 각도로 왼손은 판넬을 잡고 텐션을 유지하며 진행한다.

20 볼륨 생성을 위해 C커브를 그리며 아웃컬의 릿지를 형성할 부분까지 이동한다.

21 아웃컬의 시작점에서 왼손으로 모발 끝을 잡아 바깥 방향으로 아웃컬의 릿지를 형성한다.

22 우측 백사이드(Back Side) 아이론 아웃컬이 완성된 모습이다.

23 좌측 백사이드(Back Side)도 동일한 방법으로 시술한다.

24 판넬의 각도는 지면의 45° 각도로 왼손은 판넬을 잡고 텐션을 유지하며 진행한다.

25 볼륨 생성을 위해 C커브를 그리며 아웃컬의 릿지를 형성할 부분까지 이동한다.

26 아웃컬의 시작점에서 왼손으로 모발 끝을 잡아 바깥 방향으로 아웃컬의 릿지를 형성한다.

27 같은 뜸으로 모발 끝까지 천천히 시술한다.

28 좌측 백사이드(Back Side) 아이론 아웃컬이 형성된 모습이다.
29 판넬의 각도는 지면의 45° 각도로 왼손은 판넬을 잡고 텐션을 유지하며 진행한다.
30 볼륨 생성을 위해 C커브를 그리며 아웃컬의 릿지를 형성할 부분까지 이동한다.

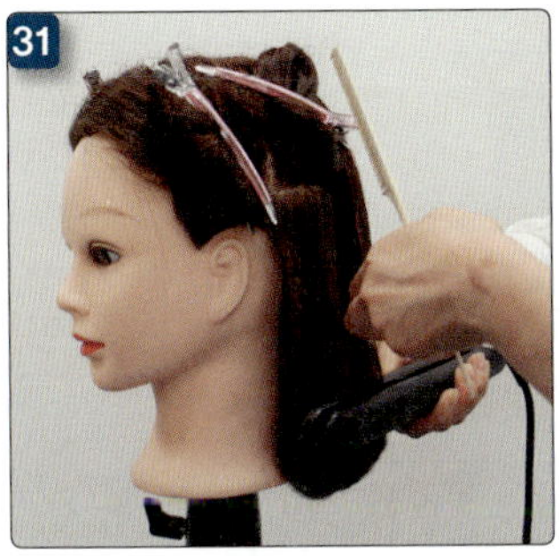

31 아웃컬의 시작점에서 왼손으로 모발 끝을 잡아 바깥방향으로 아웃컬의 릿지를 형성한다.
32 같은 뜸으로 모발 끝까지 천천히 시술한다.
33 좌측 백사이드(Back Side) 아이론 아웃컬이 형성된 모습이다.

34 좌측 백사이드(Back Side) 아이론 아웃컬이 완성된 모습이다.
35 백(Back)의 아이론 아웃컬이 완성된 모습이다.
36 우측 사이드(Side)도 동일한 방법으로 진행한다.

37 판넬의 각도는 지면의 45° 각도로 왼손은 판넬을 잡고 텐션을 유지하며 진행한다.

38 볼륨 생성을 위해 C커브를 그리며 아웃컬의 릿지를 형성할 부분까지 이동한다.

39 아웃컬의 시작점에서 왼손으로 모발 끝을 잡아 바깥 방향으로 아웃컬의 릿지를 형성한다.

40 같은 뜸으로 모발 끝까지 천천히 시술한다.

41 좌측 사이드(Side) 아이론 아웃컬이 형성된 모습이다.

42 Front는 볼륨 생성을 위해 45° 각도로 왼손으로 텐션을 주고 아이론과 판넬은 90° 각도로 진행한다.

43 일정한 뜸을 주며 계속해서 같은 각도로 포물선을 그리며 진행하여 볼륨을 만든다.

44 볼륨이 생성되면 각도를 내려 시술한다.

45 판넬의 각도는 지면의 45° 각도로 왼손은 판넬을 잡고 텐션을 유지하며 진행한다.

46 볼륨 생성을 위해 C커브를 그리며 아웃컬의 릿지를 형성할 부분까지 이동한다.

47 아웃컬의 시작점에서 왼손으로 모발 끝을 잡아 바깥 방향으로 아웃컬의 릿지를 형성한다.

48 좌측 사이드(Side)의 아이론 아웃컬이 완성된 모습이다.

49 우측 사이드도 동일한 방법으로 시술하여 아웃컬 드라이를 완성한다.

5. 아이론 아웃컬 드라이 시술 후

앞(front)

뒤(back)

우측(right side)

좌측(left side)

<table>
<tr><th colspan="3">실습과정 사진</th></tr>
<tr><th colspan="2">사진</th><th>설명</th></tr>
<tr><td></td><td></td><td></td></tr>
<tr><td></td><td></td><td></td></tr>
<tr><td></td><td></td><td></td></tr>
<tr><td></td><td></td><td></td></tr>
<tr><td></td><td></td><td></td></tr>
</table>

실습완료 사진	
앞(front)	뒤(back)
우측(right side)	좌측(left side)

Review 〈단원평가〉

아이론 C컬(아웃컬) 드라이 실습에 대한 장점과 단점, 그리고 느낀 점을 적으시오.

장점

단점

느낀 점

학생 자가 진단 및 교수평가

능력단위명 〈코드〉	고객응대 서비스 〈1201010116_19v5〉, 헤어스타일 상담 〈1201010130_17v4〉, 헤어 샴푸 〈1201010156_19v5〉, 기초 드라이 〈1201010123_17v4〉

		학생 평가					교수평가				
진단 영역	진 단 문 항	매우 미흡	미흡	보통	우수	매우 우수	매우 미흡	미흡	보통	우수	매우 우수
고객응대 서비스	1. 고객의 방문사유를 확인한 후 대기 또는 서비스공간으로 안내할 수 있다.	①	②	③	④	⑤	①	②	③	④	⑤
	2. 나는 고객의 소지품과 의복 등을 보관할 수 있다.	①	②	③	④	⑤	①	②	③	④	⑤
	3. 나는 고객에게 전화응대 서비스를 할 수 있다.	①	②	③	④	⑤	①	②	③	④	⑤
	4. 나는 고객에게 대기시간을 전달하고 서비스공간으로 안내할 수 있다.	①	②	③	④	⑤	①	②	③	④	⑤
	5. 나는 고객에게 준비된 다과 및 음료 등을 제공할 수 있다.	①	②	③	④	⑤	①	②	③	④	⑤
	6. 나는 고객에게 신문, 잡지, 컴퓨터 등을 제공할 수 있다.	①	②	③	④	⑤	①	②	③	④	⑤
	7. 나는 보관한 고객의 소지품과 의복 등을 고객에게 전달할 수 있다.	①	②	③	④	⑤	①	②	③	④	⑤
	8. 나는 서비스가 종료된 고객에게 서비스 내역과 요금을 확인 후 결제할 수 있다.	①	②	③	④	⑤	①	②	③	④	⑤
	9. 나는 제휴카드 포인트 적립 등의 부가서비스를 안내할 수 있다.	①	②	③	④	⑤	①	②	③	④	⑤
	10. 나는 고객에게 재 방문시기를 안내할 수 있다.	①	②	③	④	⑤	①	②	③	④	⑤
	11. 나는 고객을 배웅할 수 있다.	①	②	③	④	⑤	①	②	③	④	⑤
헤어스타일 상담	1. 고객의 미용서비스 이력을 수집할 수 있다.	①	②	③	④	⑤	①	②	③	④	⑤
	2. 고객의 건강상태 및 알레르기 등의 특이사항에 대한 정보를 수집할 수 있다.	①	②	③	④	⑤	①	②	③	④	⑤
	3. 고객의 취향 및 라이프스타일 등에 대한 정보를 수집할 수 있다.	①	②	③	④	⑤	①	②	③	④	⑤
	4. 패션, 메이크업, 헤어스타일 등 최신 트렌드정보를 수집 · 분석할 수 있다.	①	②	③	④	⑤	①	②	③	④	⑤
	5. 시각자료를 이용하여 고객이 요구하는 헤어디자인을 파악할 수 있다.	①	②	③	④	⑤	①	②	③	④	⑤

진단 영역	진 단 문 항	학생 평가 매우 미흡	미흡	보통	우수	매우 우수	교수평가 매우 미흡	미흡	보통	우수	매우 우수
헤어스타일 상담	6. 고객의 취향 및 라이프스타일 등을 고려하여 고객에게 어울리는 스타일을 제안할 수 있다.	①	②	③	④	⑤	①	②	③	④	⑤
	7. 미용서비스 전 고객에게 지불할 요금을 안내하여 동의를 구할 수 있다.	①	②	③	④	⑤	①	②	③	④	⑤
	8. 미용서비스 중간에 요금이 변경된 경우 고객에게 재 안내 할 수 있다.	①	②	③	④	⑤	①	②	③	④	⑤
헤어 샴푸	1. 고객의 편의를 위해 가운 및 무릎덮개, 어깨타월을 착용해 주고 좌식 또는 와식 샴푸를 준비할 수 있다.	①	②	③	④	⑤	①	②	③	④	⑤
	2. 엉킨 모발의 정돈과 이물질 제거를 위해 사전 브러시를 할 수 있다.	①	②	③	④	⑤	①	②	③	④	⑤
	3. 고객이 불편하지 않도록 샴푸대의 높이 조절하고 수온을 조절할 수 있다.	①	②	③	④	⑤	①	②	③	④	⑤
	4. 얼굴에 물이 튀지 않도록 모발에 물길을 만들어 모발을 충분하게 적실 수 있다.	①	②	③	④	⑤	①	②	③	④	⑤
	5. 모발 길이 및 모량에 따라 적당량의 샴푸제를 사용하여 두피 매니플레이션을 할 수 있다.	①	②	③	④	⑤	①	②	③	④	⑤
	6. 샴푸성분이 남지 않도록 페이스라인, 귀, 모발, 두피 등을 충분하게 헹굴 수 있다.	①	②	③	④	⑤	①	②	③	④	⑤
	7. 샴푸 후 두피 · 모발 상태를 파악하여 모발에 트리트먼트를 할 수 있다.	①	②	③	④	⑤	①	②	③	④	⑤
	8. 트리트먼트제를 모발에 도포한 후 두피 지압과 매니플레이션을 할 수 있다.	①	②	③	④	⑤	①	②	③	④	⑤
	9. 트리트먼트제가 페이스라인, 귀, 두피 등에 남지 않도록 충분하게 헹굴 수 있다.	①	②	③	④	⑤	①	②	③	④	⑤
	10. 타월로 모발의 물기를 제거한 후 두상을 타월로 감쌀 수 있다.	①	②	③	④	⑤	①	②	③	④	⑤
	11. 샴푸대 및 주변을 깨끗하게 정리한 후 고객을 서비스 공간으로 안내할 수 있다.	①	②	③	④	⑤	①	②	③	④	⑤
기초 드라이	1. 모발 상태와 헤어디자인에 따라 블로우 드라이어, 헤어 아이론, 헤어브러시 등의 기기 및 도구를 선정할 수 있다.	①	②	③	④	⑤	①	②	③	④	⑤
	2. 헤어 아이론을 사용하여 모발을 아웃컬로 연출할 수 있다.	①	②	③	④	⑤	①	②	③	④	⑤

진단 영역	진 단 문 항	학생 평가					교수평가				
		매우 미흡	미흡	보통	우수	매우 우수	매우 미흡	미흡	보통	우수	매우 우수
기초 드라이	3. 모발 상태와 헤어디자인에 따라 기기의 온도, 각도와 방향, 텐션 등을 조절할 수 있다.	①	②	③	④	⑤	①	②	③	④	⑤
	4. 콤아웃 기법과 헤어스타일 연출 제품 등을 사용하여 헤어스타일을 완성할 수 있다.	①	②	③	④	⑤	①	②	③	④	⑤

[진단결과]

진단영역	문항 수	점수	점수 ÷ 문항 수	문항 수	점수	점수 ÷ 문항 수
고객응대 서비스	11			11		
헤어스타일 상담	8			8		
헤어 샴푸	11			11		
기초 드라이	4			4		
합계	34			34		

※ 자신의 점수를 문항 수로 나눈 값이 '3점' 이하에 해당하는 영역은 업무를 성공적으로 수행하는 능력이 부족한 것으로 교육훈련이나 개인학습을 통한 개발이 필요함.

[교수자 피드백]

블로우 S컬(리버스)

Chapter 3 샴푸 및 헤어스타일링 실기

9 rd week

블로우 S컬(리버스) 드라이

학습내용(단원명)	수업 목표
블로우 S컬(리버스) 드라이	• 블로우 드라이어를 사용하여 모발에 S컬 웨이브를 연출할 수 있다. • 콤아웃 기법과 헤어스타일 연출 제품 등을 사용하여 헤어스타일을 완성할 수 있다.

1. 블로우 리버스컬 드라이 준비하기

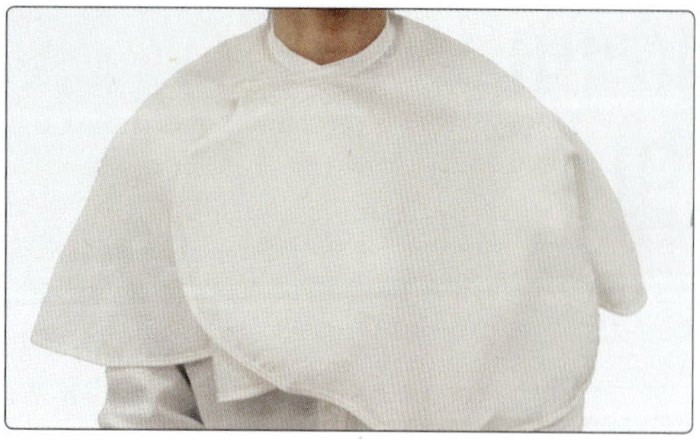

드라이보 착용하기

드라이 시술 전 고객의 피부와 옷을 보호하기 위해 드라이보를 준비한다.

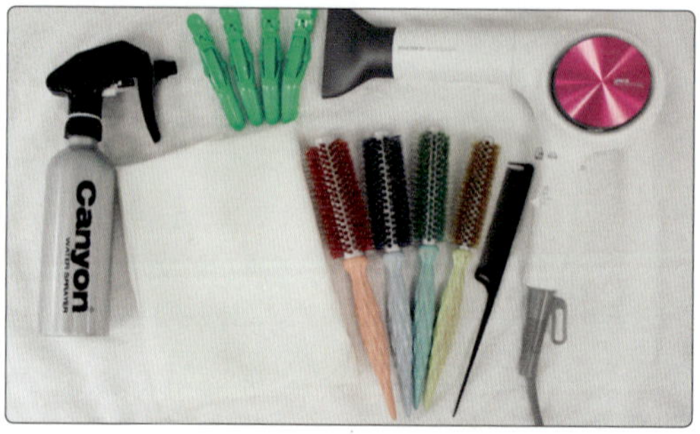

시술도구 준비하기

블로우 드라이 시술을 위해 드라이보, 블로우 드라이어, 분무기, 롤 브러시, 꼬리빗, 핀셋을 준비한다.

2. 블로우 리버스컬 드라이 블로킹

4등분 블로킹

3. 블로우 리버스컬 드라이 시술 전

앞(front)

뒤(back)

우측(right side)

좌측(left side)

4. 블로우 리버스컬 드라이 시술하기

1. 우측 네이프(Nape)부터 시작한다. 전대각 섹션으로 롤의 위치는 섹션과 평행, 드라이어 입구는 롤에 수직으로 시술한다.
2. 스파이럴 와인딩으로 진행하고 리버스의 방향성을 고려해 모선의 꼬리 부분이 롤의 오른쪽 방향으로 떨어지도록 한다.
3. 드라이어 입구는 모발이 꺾이지 않을 정도의 거리를 두고 롤에 밀착시켜 열을 준다.

4. 원하는 위치까지 와인딩이 끝나면 두피가 뜨겁지 않도록 주의하며 열을 가한 후 뜸을 들인다.
5. 열을 약 3초간 식힌 후 모발이 엉키지 않도록 롤을 반 바퀴 뒤로 풀어주고 시계 반대 방향으로 풀어준다.
6. 계속해서 시계 반대 방향으로 반회전하여 S컬을 형성한다.

7 롤의 위치를 다시 정위치로 고정시켜 열을 준다.

8 우측 네이프(Nape)의 리버스컬이 형성된 모습이다.

9 탑(Top)은 볼륨 생성을 위해 120° 각도 이상으로 롤을 회전하며 텐션을 주고 릿지를 형성할 부분으로 이동한다.

10 스파이럴 와인딩으로 진행하고 리버스의 방향성을 고려해 모선의 꼬리 부분이 롤의 오른쪽 방향으로 떨어지도록 한다.

11 드라이어 입구는 모발이 꺾이지 않을 정도의 거리를 두고 롤에 밀착시켜 열을 준다.

12 손목 회전으로 텐션을 유지하고 천천히 뜸을 주며 아래로 이동한다.

13 롤의 상단에 열을 주며 모발을 롤에 사선으로 와인딩한다.

14 열을 약 3초간 식힌 후 모발이 엉키지 않도록 롤을 반 바퀴 뒤로 풀어주고 시계 반대 방향으로 풀어준다.

15 롤의 위치를 다시 정위치로 고정한 후 열을 준다.

16 계속해서 시계 반대 방향으로 반회전하여 S컬을 형성한다.

17 롤의 위치를 다시 정위치로 고정한 후 열을 준다.

18 우측 백사이드(Back Side)의 리버스컬이 완성된 모습이다.

19 우측 사이드(Side)도 동일한 방법으로 진행한다.

20 스파이럴 와인딩으로 진행하고 리버스의 방향성을 고려해 모선의 꼬리 부분이 롤의 오른쪽 방향으로 떨어지도록 한다.

21 손목 회전으로 텐션을 유지하고 천천히 뜸을 주며 아래로 이동한다.

22 원하는 위치까지 와인딩이 끝나면 두피가 뜨겁지 않도록 주의하며 열을 가한 후 뜸을 들인다.

23 열을 약 3초간 식힌 후 모발이 엉키지 않도록 롤을 반 바퀴 뒤로 풀어주고 시계 반대 방향으로 풀어준다.

24 우측 사이드(Side)의 리버스컬이 형성된 모습이다.

25 계속해서 동일한 방법으로 진행하여 우측 사이드(Side)의 리버스 드라이를 완성한다.

26 좌측 시술은 우측 시술과 반대 방향으로 진행한다.

27 검지를 이용해 진행하고 리버스의 방향성을 고려해 모선의 꼬리 부분이 롤의 왼쪽 방향으로 떨어지도록 한다.

28 손목 회전으로 텐션을 유지하고 천천히 뜸을 주며 아래로 이동한다.

29 원하는 위치까지 와인딩이 끝나면 두피가 뜨겁지 않도록 주의하며 열을 가한 후 뜸을 들인다.

30 열을 약 3초간 식힌 후 모발이 엉키지 않도록 롤을 반 바퀴 뒤로 풀어주고 시계 방향으로 풀어준다.

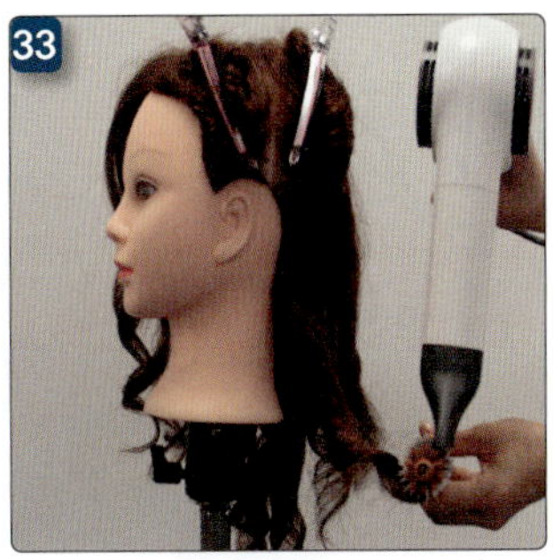

31 계속해서 시계 반대 방향으로 반회전하여 S컬을 형성한다.

32 롤의 위치를 다시 정위치로 고정한 후 열을 준다.

33 동일한 방법으로 시계방향으로 반회전하고 열을 주어 릿지를 형성한다.

34 좌측 네이프(Nape)의 리버스컬이 형성된 모습이다.

35 전대각 섹션으로 나눈 후 동일한 방법으로 진행한다.

36 탑(Top)은 볼륨 생성을 위해 120° 각도 이상으로 롤을 회전하며 텐션을 주고 릿지를 형성할 부분으로 이동한다.

37 검지를 이용해 진행하고 리버스의 방향성을 고려해 모선의 꼬리 부분이 롤의 왼쪽 방향으로 떨어지도록 한다.

38 원하는 위치까지 와인딩이 끝나면 두피가 뜨겁지 않도록 주의하며 열을 가한 후 뜸을 들인다.

39 열을 약 3초간 식힌 후 모발이 엉키지 않도록 롤을 반 바퀴 뒤로 풀어주고 시계 방향으로 풀어준다.

40 릿지 형성을 위해 충분히 뜸을 들인다.

41 계속해서 시계 방향으로 반회전하여 S컬을 형성한다.

42 동일한 방법으로 시계방향으로 반회전하고 열을 주어 릿지를 형성한다.

43 좌측 백사이드(Back Side)의 리버스컬이 형성된 모습이다.

44 계속해서 전대각 섹션으로 나눈 후 동일한 방법으로 진행한다.

45 검지를 이용해 진행하고 리버스의 방향성을 고려해 모선의 꼬리 부분이 롤의 왼쪽 방향으로 떨어지도록 한다.

46 열을 약 3초간 식힌 후 모발이 엉키지 않도록 롤을 반 바퀴 뒤로 풀어주고 시계 방향으로 풀어준다.

47 롤의 위치를 다시 정위치로 고정한 후 열을 준다.

48 계속해서 시계 방향으로 반회전하여 S컬을 형성한다.

49 좌측 사이드(Side)의 리버스컬이 형성된 모습이다.

50 계속해서 동일한 방법으로 진행하여 리버스 드라이를 완성한다.

5. 블로우 리버스컬 드라이 시술 후

앞(front)

뒤(back)

우측(right side)

좌측(left side)

실습과정 사진		
사진		설명

실습 사진	
앞(front)	뒤(back)
우측(right side)	좌측(left side)

Review 〈단원평가〉

블로우 S컬(리버스) 드라이 실습에 대한 장점과 단점, 그리고 느낀 점을 적으시오.

장점

단점

느낀 점

학생 자가 진단 및 교수평가

능력단위명 〈코드〉	고객응대 서비스 〈1201010116_19v5〉, 헤어스타일 상담 〈1201010130_17v4〉, 헤어 샴푸 〈1201010156_19v5〉, 응용 드라이 〈1201010139_17v4〉

진단 영역	진 단 문 항	학생 평가					교수평가				
		매우 미흡	미흡	보통	우수	매우 우수	매우 미흡	미흡	보통	우수	매우 우수
고객응대 서비스	1. 고객의 방문사유를 확인한 후 대기 또는 서비스공간으로 안내할 수 있다.	①	②	③	④	⑤	①	②	③	④	⑤
	2. 나는 고객의 소지품과 의복 등을 보관할 수 있다.	①	②	③	④	⑤	①	②	③	④	⑤
	3. 나는 고객에게 전화응대 서비스를 할 수 있다.	①	②	③	④	⑤	①	②	③	④	⑤
	4. 나는 고객에게 대기시간을 전달하고 서비스공간으로 안내할 수 있다.	①	②	③	④	⑤	①	②	③	④	⑤
	5. 나는 고객에게 준비된 다과 및 음료 등을 제공할 수 있다.	①	②	③	④	⑤	①	②	③	④	⑤
	6. 나는 고객에게 신문, 잡지, 컴퓨터 등을 제공할 수 있다.	①	②	③	④	⑤	①	②	③	④	⑤
	7. 나는 보관한 고객의 소지품과 의복 등을 고객에게 전달할 수 있다.	①	②	③	④	⑤	①	②	③	④	⑤
	8. 나는 서비스가 종료된 고객에게 서비스 내역과 요금을 확인 후 결제할 수 있다.	①	②	③	④	⑤	①	②	③	④	⑤
	9. 나는 제휴카드 포인트 적립 등의 부가서비스를 안내할 수 있다.	①	②	③	④	⑤	①	②	③	④	⑤
	10. 나는 고객에게 재 방문시기를 안내할 수 있다.	①	②	③	④	⑤	①	②	③	④	⑤
	11. 나는 고객을 배웅할 수 있다.	①	②	③	④	⑤	①	②	③	④	⑤
헤어스타일 상담	1. 고객의 미용서비스 이력을 수집할 수 있다.	①	②	③	④	⑤	①	②	③	④	⑤
	2. 고객의 건강상태 및 알레르기 등의 특이사항에 대한 정보를 수집할 수 있다.	①	②	③	④	⑤	①	②	③	④	⑤
	3. 고객의 취향 및 라이프스타일 등에 대한 정보를 수집할 수 있다.	①	②	③	④	⑤	①	②	③	④	⑤
	4. 패션, 메이크업, 헤어스타일 등 최신 트렌드정보를 수집·분석할 수 있다.	①	②	③	④	⑤	①	②	③	④	⑤
	5. 시각자료를 이용하여 고객이 요구하는 헤어디자인을 파악할 수 있다.	①	②	③	④	⑤	①	②	③	④	⑤

진단 영역	진 단 문 항	학생 평가					교수평가				
		매우 미흡	미흡	보통	우수	매우 우수	매우 미흡	미흡	보통	우수	매우 우수
헤어스타일 상담	6. 고객의 취향 및 라이프스타일 등을 고려하여 고객에게 어울리는 스타일을 제안할 수 있다.	①	②	③	④	⑤	①	②	③	④	⑤
	7. 미용서비스 전 고객에게 지불할 요금을 안내하여 동의를 구할 수 있다.	①	②	③	④	⑤	①	②	③	④	⑤
	8. 미용서비스 중간에 요금이 변경된 경우 고객에게 재 안내 할 수 있다.	①	②	③	④	⑤	①	②	③	④	⑤
헤어 샴푸	1. 고객의 편의를 위해 가운 및 무릎덮개, 어깨타월을 착용해 주고 좌식 또는 와식 샴푸를 준비할 수 있다.	①	②	③	④	⑤	①	②	③	④	⑤
	2. 엉킨 모발의 정돈과 이물질 제거를 위해 사전 브러시를 할 수 있다.	①	②	③	④	⑤	①	②	③	④	⑤
	3. 고객이 불편하지 않도록 샴푸대의 높이 조절하고 수온을 조절할 수 있다.	①	②	③	④	⑤	①	②	③	④	⑤
	4. 얼굴에 물이 튀지 않도록 모발에 물길을 만들어 모발을 충분하게 적실 수 있다.	①	②	③	④	⑤	①	②	③	④	⑤
	5. 모발 길이 및 모량에 따라 적당량의 샴푸제를 사용하여 두피 매니플레이션을 할 수 있다.	①	②	③	④	⑤	①	②	③	④	⑤
	6. 샴푸성분이 남지 않도록 페이스라인, 귀, 모발, 두피 등을 충분하게 헹굴 수 있다.	①	②	③	④	⑤	①	②	③	④	⑤
	7. 샴푸 후 두피 · 모발 상태를 파악하여 모발에 트리트먼트를 할 수 있다.	①	②	③	④	⑤	①	②	③	④	⑤
	8. 트리트먼트제를 모발에 도포한 후 두피 지압과 매니플레이션을 할 수 있다.	①	②	③	④	⑤	①	②	③	④	⑤
	9. 트리트먼트제가 페이스라인, 귀, 두피 등에 남지 않도록 충분하게 헹굴 수 있다.	①	②	③	④	⑤	①	②	③	④	⑤
	10. 타월로 모발의 물기를 제거한 후 두상을 타월로 감쌀 수 있다.	①	②	③	④	⑤	①	②	③	④	⑤
	11. 샴푸대 및 주변을 깨끗하게 정리한 후 고객을 서비스 공간으로 안내할 수 있다.	①	②	③	④	⑤	①	②	③	④	⑤
응용 드라이	1. 블로우 드라이어를 사용하여 모발에 S컬 웨이브를 연출할 수 있다.	①	②	③	④	⑤	①	②	③	④	⑤
	2. 콤아웃 기법과 헤어스타일 연출 제품 등을 사용하여 헤어스타일을 완성할 수 있다.	①	②	③	④	⑤	①	②	③	④	⑤

[진단결과]

진단영역	문항 수	점수	점수 ÷ 문항 수	문항 수	점수	점수 ÷ 문항 수
고객응대 서비스	11			11		
헤어스타일 상담	8			8		
헤어 샴푸	11			11		
응용 드라이	2			2		
합계	32			32		

※ 자신의 점수를 문항 수로 나눈 값이 '3점' 이하에 해당하는 영역은 업무를 성공적으로 수행하는 능력이 부족한 것으로 교육훈련이나 개인학습을 통한 개발이 필요함.

[교수자 피드백]

아이론 S컬(리버스)

Chapter 3 샴푸 및 헤어스타일링 실기

10 rd week

아이론 S컬(리버스) 드라이

학습내용(단원명)	수업 목표
아이론 S컬(리버스) 드라이	• 헤어 아이론을 사용하여 모발에 S컬 웨이브를 연출할 수 있다. • 콤아웃 기법과 헤어스타일 연출 제품 등을 사용하여 헤어스타일을 완성할 수 있다.

1. 아이론 리버스컬 드라이 준비하기

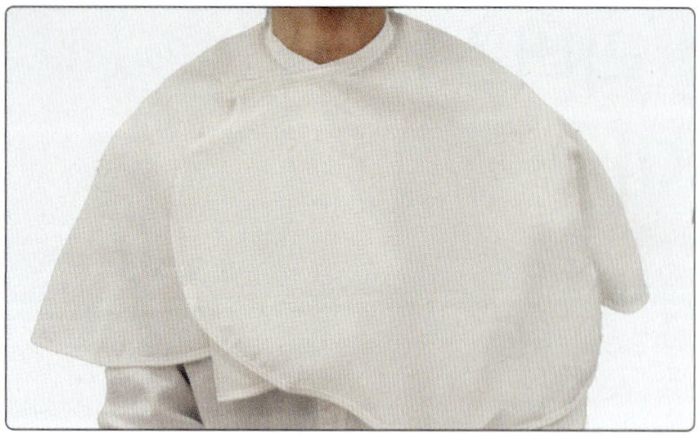

드라이보 착용하기

드라이 시술 전 고객의 피부와 옷을 보호하기 위해 드라이보를 준비한다.

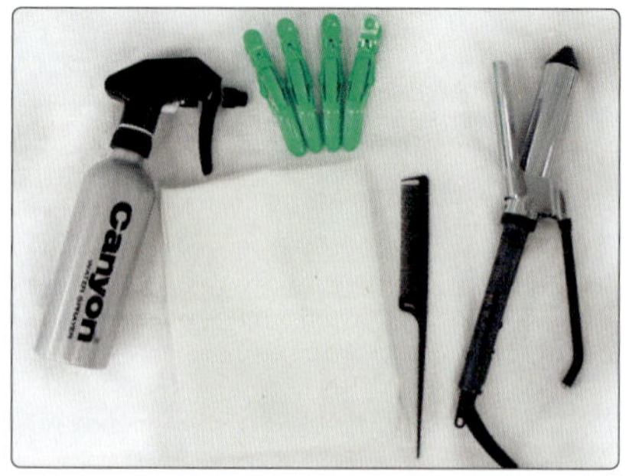

시술도구 준비하기

아이론 드라이 시술을 위해 드라이보, 헤어 아이론, 분무기, 꼬리빗, 핀셋을 준비한다.

2. 아이론 리버스컬 드라이 블로킹

4등분 블로킹

3. 아이론 리버스컬 드라이 시술 전

앞(front)

뒤(back)

우측(right side)

좌측(left side)

4. 아이론 리버스컬 드라이 시술하기

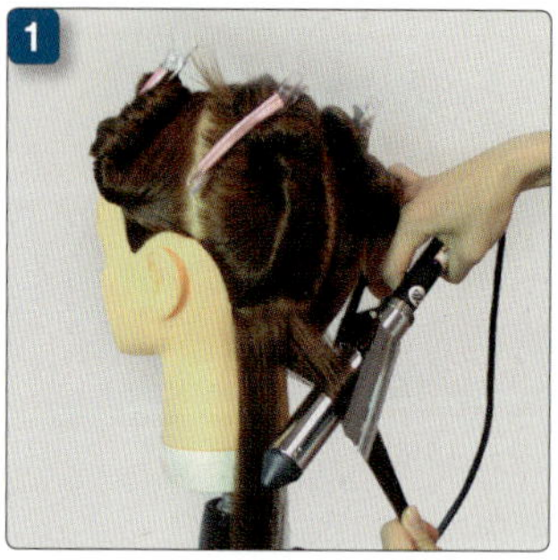

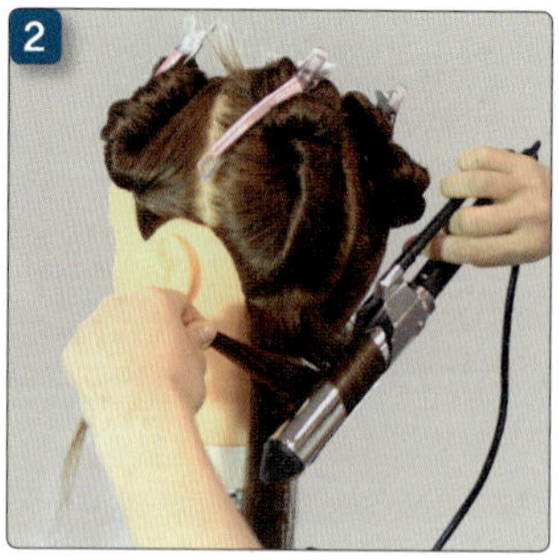

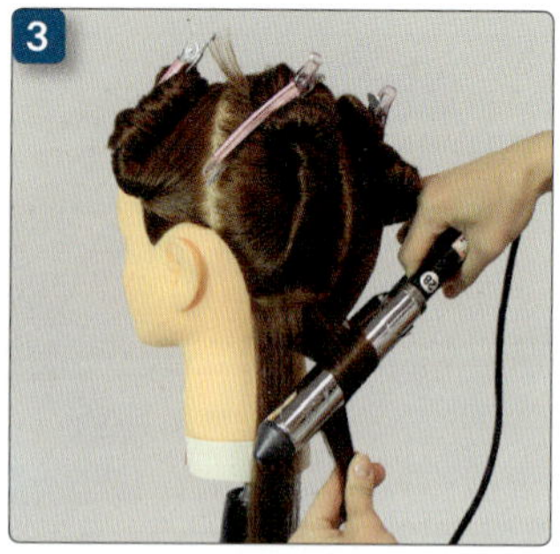

1 좌측 네이프(Nape)부터 시술한다. 모발은 두상의 90°, 아이론은 모발의 45° 각도로 위치하고 핸들은 위 방향으로 잡아 그루브를 열어 프롱에 모발을 감는다.

2 그루브를 닫고 모발에 텐션을 주며 왼손으로 모발이 아래를 향하게 잡는다.

3 모발과 모발이 겹치지 않도록 주의하고 반 바퀴씩 뜸을 들인 후 판넬을 펴가며 면으로 감는다.

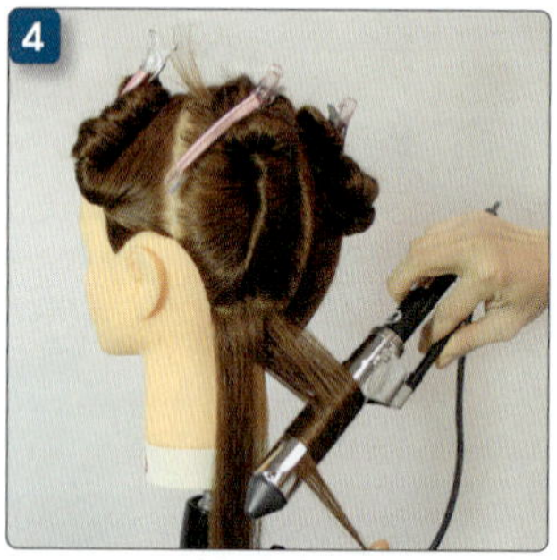

4 계속해서 모발이 꼬이지 않도록 주의하며 위와 같은 방법으로 와인딩한다.

5 모발 끝이 빠지지 않도록 주의하며 살짝 뜸을 들인 후 아이론을 아웃한다.

6 좌측 네이프(Nape)의 아이론 드라이 S컬 리버스 웨이브가 완성된 모습이다.

7 계속해서 모발이 꼬이지 않도록 주의하고 위와 같은 방법으로 와인딩한다.

8 모발 끝이 빠지지 않도록 감고 살짝 뜸을 들인 후 아이론을 아웃한다.

9 좌측 네이프(Nape)의 리버스컬이 형성된 모습이다.

 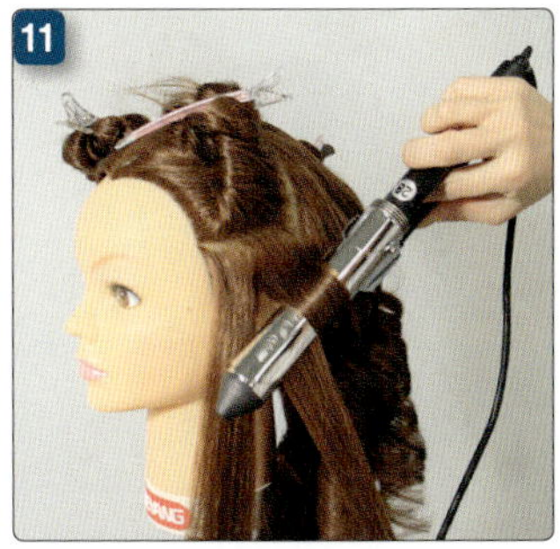 

10 두상 90° 각도로 아래 방향으로 모발을 와인딩한다.
11 아이론을 반 바퀴씩 뜸을 들이며 시술한다.
12 모발이 꼬이지 않도록 주의하며 아이론을 1/2씩 돌려가며 뜸을 주어 진행한다.

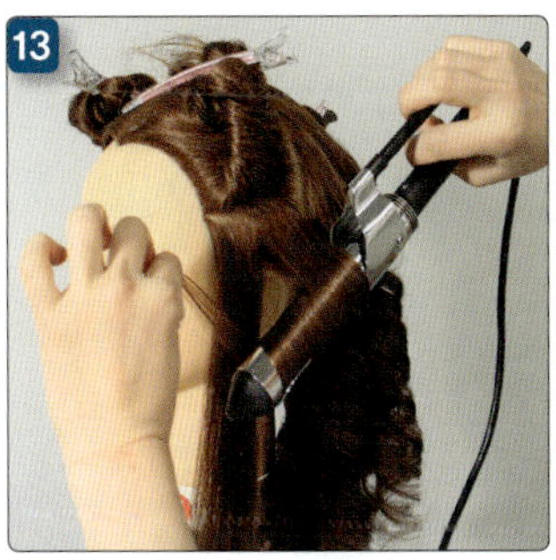  

13 끝까지 텐션을 놓치지 않도록 모발 끝을 잡으며 시술한다.
14 모발 끝까지 와인딩을 한 후 전체적으로 살짝 뜸을 들인다.
15 핸들이 위 방향을 향하도록 아이론을 아웃한다.

16 좌측 사이드(Side)의 리버스컬이 형성된 모습이다.
17 계속해서 동일한 방법으로 진행하여 좌측 리버스 드라이를 완성한다.
18 좌측 드라이가 끝나면 우측 네이프(Nape)를 시술한다.

19 두상 90° 각도로 좌측과는 반대로 핸들은 아래를 향하도록 잡아 그루브를 열어 프롱에 모발을 감는다.

20 모발 끝은 오른쪽을 향하도록 와인딩한다.

21 끝까지 텐션을 놓치지 않도록 모발 끝을 잡으며 시술한다.

22 모발이 꼬이지 않도록 주의하며 아이론을 1/2씩 돌려가며 뜸을 주어 진행한다.

23 아이론이 흔들리지 않게 주의하여 와인딩의 텐션이 무너지지 않도록 한다.

24 아이론을 1/2씩 돌려가며 뜸을 주어 진행한다.

25 핸들이 아래 방향을 향하도록 아이론을 아웃한다.

26 우측 네이프(Nape)의 리버스컬이 형성된 모습이다.

27 계속해서 동일한 방법으로 진행하여 리버스 드라이를 완성한다.

28 우측 사이드(Side)는 세로로 섹션을 두개로 나눈 후 두상 90° 각도로 시술한다.
29 두상 90° 각도로 좌측과는 반대로 핸들은 아래를 향하도록 잡고 왼손과 오른손을 교차시켜 모발이 오른쪽을 향하도록 감는다.
30 아이론을 잡고 있는 오른손의 검지를 이용해 모발을 감는다.

31 모발을 다시 왼손으로 이어 받아 텐션을 유지한다.
32 모발이 꼬이지 않도록 주의하며 아이론을 1/2씩 돌려가며 뜸을 주어 진행한다.
33 와인딩의 텐션이 무너지지 않도록 아이론이 흔들리지 않게 주의하며 모발 끝까지 와인딩을 한 후 전체적으로 살짝 뜸을 들인다.

34 핸들이 아래 방향을 향하도록 아이론을 아웃한다.
35 우측 사이드(Side)의 리버스컬이 형성된 모습이다.
36 동일한 방법으로 진행하여 리버스 웨이브를 완성한다.

5. 아이론 리버스컬 드라이 시술 후

앞(front)

뒤(back)

우측(right side)

좌측(left side)

실습과정 사진		
사진		설명

실습 사진	
앞(front)	뒤(back)
우측(right side)	좌측(left side)

Review 〈단원평가〉

아이론 S컬(리버스) 드라이 실습에 대한 장점과 단점, 그리고 느낀 점을 적으시오.

장점

단점

느낀 점

학생 자가 진단 및 교수평가

능력단위명 〈코드〉	고객응대 서비스 〈1201010116_19v5〉, 헤어스타일 상담 〈1201010130_17v4〉, 헤어 샴푸 〈1201010156_19v5〉, 응용 드라이 〈1201010139_17v4〉

진단 영역	진 단 문 항	학생 평가					교수평가				
		매우 미흡	미흡	보통	우수	매우 우수	매우 미흡	미흡	보통	우수	매우 우수
고객응대 서비스	1. 고객의 방문사유를 확인한 후 대기 또는 서비스공간으로 안내할 수 있다.	①	②	③	④	⑤	①	②	③	④	⑤
	2. 나는 고객의 소지품과 의복 등을 보관할 수 있다.	①	②	③	④	⑤	①	②	③	④	⑤
	3. 나는 고객에게 전화응대 서비스를 할 수 있다.	①	②	③	④	⑤	①	②	③	④	⑤
	4. 나는 고객에게 대기시간을 전달하고 서비스공간으로 안내할 수 있다.	①	②	③	④	⑤	①	②	③	④	⑤
	5. 나는 고객에게 준비된 다과 및 음료 등을 제공할 수 있다.	①	②	③	④	⑤	①	②	③	④	⑤
	6. 나는 고객에게 신문, 잡지, 컴퓨터 등을 제공할 수 있다.	①	②	③	④	⑤	①	②	③	④	⑤
	7. 나는 보관한 고객의 소지품과 의복 등을 고객에게 전달할 수 있다.	①	②	③	④	⑤	①	②	③	④	⑤
	8. 나는 서비스가 종료된 고객에게 서비스 내역과 요금을 확인 후 결제할 수 있다.	①	②	③	④	⑤	①	②	③	④	⑤
	9. 나는 제휴카드 포인트 적립 등의 부가서비스를 안내할 수 있다.	①	②	③	④	⑤	①	②	③	④	⑤
	10. 나는 고객에게 재 방문시기를 안내할 수 있다.	①	②	③	④	⑤	①	②	③	④	⑤
	11. 나는 고객을 배웅할 수 있다.	①	②	③	④	⑤	①	②	③	④	⑤
헤어스타일 상담	1. 고객의 미용서비스 이력을 수집할 수 있다.	①	②	③	④	⑤	①	②	③	④	⑤
	2. 고객의 건강상태 및 알레르기 등의 특이사항에 대한 정보를 수집할 수 있다.	①	②	③	④	⑤	①	②	③	④	⑤
	3. 고객의 취향 및 라이프스타일 등에 대한 정보를 수집할 수 있다.	①	②	③	④	⑤	①	②	③	④	⑤
	4. 패션, 메이크업, 헤어스타일 등 최신 트렌드정보를 수집 · 분석할 수 있다.	①	②	③	④	⑤	①	②	③	④	⑤
	5. 시각자료를 이용하여 고객이 요구하는 헤어디자인을 파악할 수 있다.	①	②	③	④	⑤	①	②	③	④	⑤

진단 영역	진 단 문 항	학생 평가 매우 미흡	학생 평가 미흡	학생 평가 보통	학생 평가 우수	학생 평가 매우 우수	교수평가 매우 미흡	교수평가 미흡	교수평가 보통	교수평가 우수	교수평가 매우 우수
헤어스타일 상담	6. 고객의 취향 및 라이프스타일 등을 고려하여 고객에게 어울리는 스타일을 제안할 수 있다.	①	②	③	④	⑤	①	②	③	④	⑤
	7. 미용서비스 전 고객에게 지불할 요금을 안내하여 동의를 구할 수 있다.	①	②	③	④	⑤	①	②	③	④	⑤
	8. 미용서비스 중간에 요금이 변경된 경우 고객에게 재 안내 할 수 있다.	①	②	③	④	⑤	①	②	③	④	⑤
헤어 샴푸	1. 고객의 편의를 위해 가운 및 무릎덮개, 어깨타월을 착용해 주고 좌식 또는 와식 샴푸를 준비할 수 있다.	①	②	③	④	⑤	①	②	③	④	⑤
	2. 엉킨 모발의 정돈과 이물질 제거를 위해 사전 브러시를 할 수 있다.	①	②	③	④	⑤	①	②	③	④	⑤
	3. 고객이 불편하지 않도록 샴푸대의 높이 조절하고 수온을 조절할 수 있다.	①	②	③	④	⑤	①	②	③	④	⑤
	4. 얼굴에 물이 튀지 않도록 모발에 물길을 만들어 모발을 충분하게 적실 수 있다.	①	②	③	④	⑤	①	②	③	④	⑤
	5. 모발 길이 및 모량에 따라 적당량의 샴푸제를 사용하여 두피 매니플레이션을 할 수 있다.	①	②	③	④	⑤	①	②	③	④	⑤
	6. 샴푸성분이 남지 않도록 페이스라인, 귀, 모발, 두피 등을 충분하게 헹굴 수 있다.	①	②	③	④	⑤	①	②	③	④	⑤
	7. 샴푸 후 두피 · 모발 상태를 파악하여 모발에 트리트먼트를 할 수 있다.	①	②	③	④	⑤	①	②	③	④	⑤
	8. 트리트먼트제를 모발에 도포한 후 두피 지압과 매니플레이션을 할 수 있다.	①	②	③	④	⑤	①	②	③	④	⑤
	9. 트리트먼트제가 페이스라인, 귀, 두피 등에 남지 않도록 충분하게 헹굴 수 있다.	①	②	③	④	⑤	①	②	③	④	⑤
	10. 타월로 모발의 물기를 제거한 후 두상을 타월로 감쌀 수 있다.	①	②	③	④	⑤	①	②	③	④	⑤
	11. 샴푸대 및 주변을 깨끗하게 정리한 후 고객을 서비스 공간으로 안내할 수 있다.	①	②	③	④	⑤	①	②	③	④	⑤
응용 드라이	1. 헤어 아이론을 사용하여 모발에 S컬 웨이브를 연출할 수 있다.	①	②	③	④	⑤	①	②	③	④	⑤
	2. 콤아웃 기법과 헤어스타일 연출 제품 등을 사용하여 헤어스타일을 완성할 수 있다.	①	②	③	④	⑤	①	②	③	④	⑤

[진단결과]

진단영역	문항 수	점수	점수 ÷ 문항 수	문항 수	점수	점수 ÷ 문항 수
고객응대 서비스	11			11		
헤어스타일 상담	8			8		
헤어 샴푸	11			11		
응용 드라이	2			2		
합계	32			32		

※ 자신의 점수를 문항 수로 나눈 값이 '3점' 이하에 해당하는 영역은 업무를 성공적으로 수행하는 능력이 부족한 것으로 교육훈련이나 개인학습을 통한 개발이 필요함.

[교수자 피드백]

블로우 S컬(포워드)

Chapter 3 샴푸 및 헤어스타일링 실기

11 rd week

블로우 S컬(포워드) 드라이

학습내용(단원명)	수업 목표
블로우 S컬(포워드)드라이	• 블로우 드라이어를 사용하여 모발에 S컬 웨이브를 연출할 수 있다. • 콤아웃 기법과 헤어스타일 연출 제품 등을 사용하여 헤어스타일을 완성할 수 있다.

1. 블로우 포워드컬 드라이 준비하기

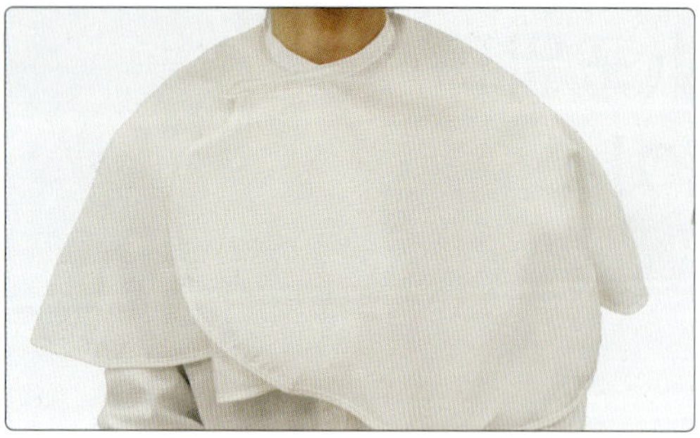

드라이보 착용하기

드라이 시술 전 고객의 피부와 옷을 보호하기 위해 드라이보를 준비한다.

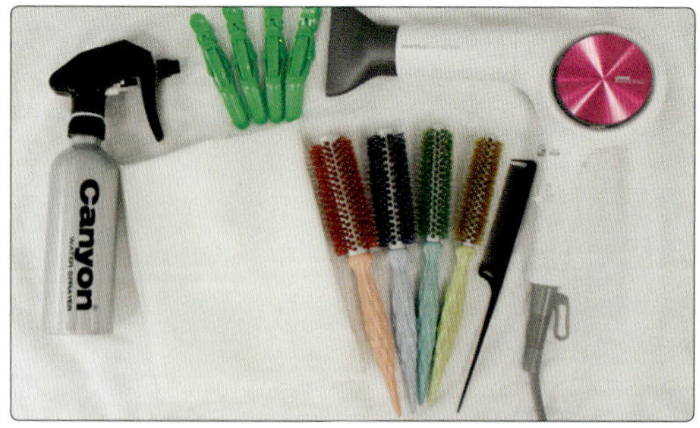

시술도구 준비하기

블로우 드라이 시술을 위해 드라이보, 블로우 드라이어, 분무기, 롤 브러시, 꼬리빗, 핀셋을 준비한다.

2. 블로우 포워드컬 드라이 블로킹

4등분 블로킹

3. 블로우 포워드컬 드라이 시술 전

앞(front)

뒤(back)

우측(right side)

좌측(left side)

4. 블로우 포워드컬 드라이 시술하기

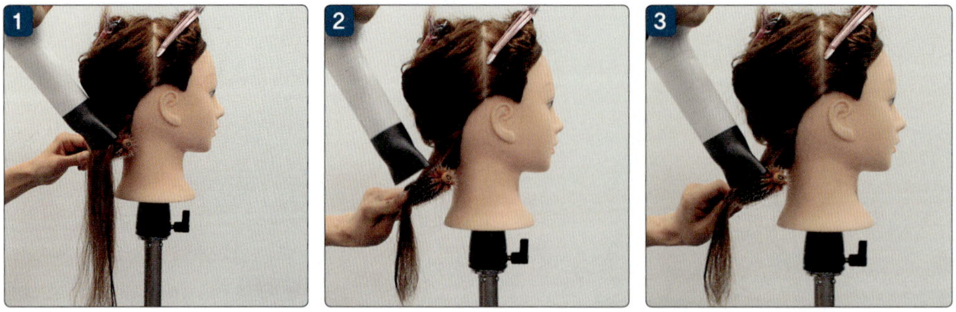

1 우측 네이프(Nape)부터 시작한다. 후대각 섹션으로 롤의 위치는 섹션과 평행, 드라이어 입구는 롤에 수직으로 시술한다.

2 스파이럴 와인딩으로 진행하고 포워드의 방향성을 고려해 모선의 꼬리 부분이 롤의 왼쪽 방향으로 떨어지도록 한다.

3 드라이어 입구는 모발이 꺾이지 않을 정도의 거리를 두고 롤에 밀착시켜 열을 준다.

4 손목 회전으로 텐션을 유지하고 천천히 뜸을 주며 아래로 이동한다.

5 롤의 상단에 열을 주며 모발을 롤에 사선으로 와인딩한다.

6 원하는 위치까지 와인딩이 끝나면 두피가 뜨겁지 않도록 주의하며 열을 가한 후 뜸을 들인다.

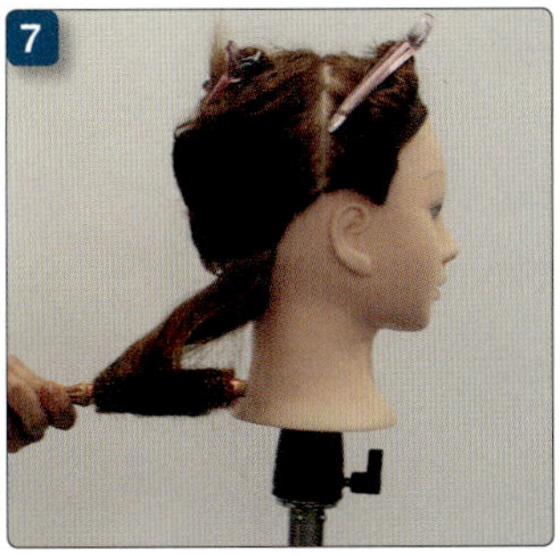

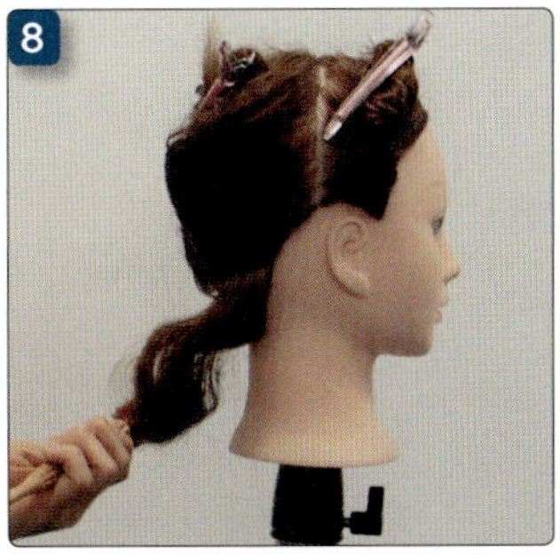

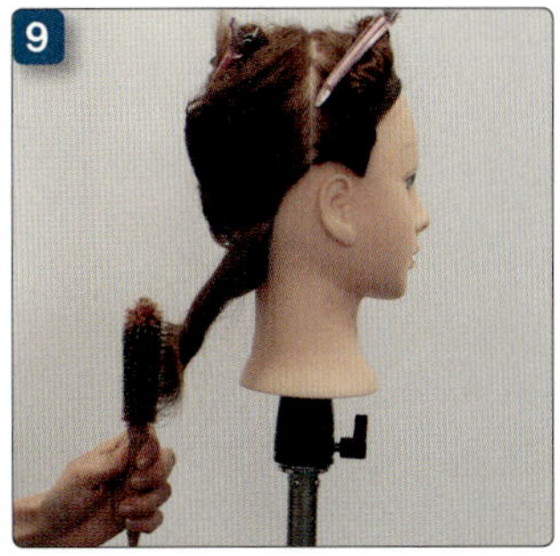

7 열을 약 3초간 식힌 후 모발이 엉키지 않도록 롤을 반 바퀴 뒤로 풀어주고 시계 반대 방향으로 풀어준다.

8 계속해서 시계 방향으로 반회전하여 S컬을 형성한다.

9 롤의 위치를 다시 정위치로 고정한 후 열을 준다.

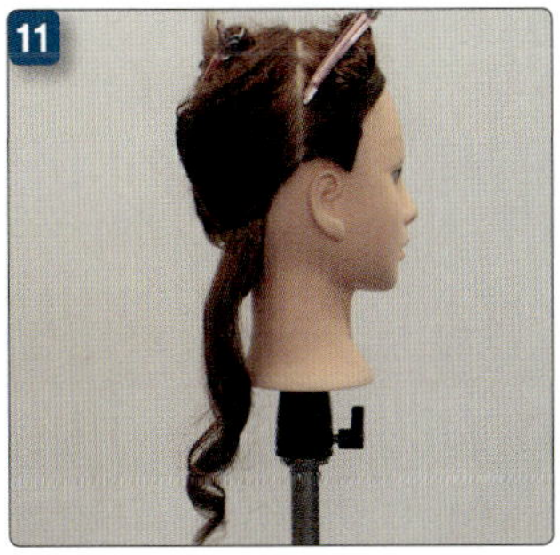

10 계속해서 시계 방향으로 반회전하여 S컬을 형성한다.

11 우측 네이프(Nape)의 포워드컬이 형성된 모습이다.

12 탑(Top)은 볼륨 생성을 위해 120° 각도 이상으로 롤을 회전하며 텐션을 주고 릿지를 형성할 부분으로 이동한다.

13 검지를 이용해 진행하고 포워드의 방향성을 고려해 모선의 꼬리 부분이 롤의 왼쪽 방향으로 떨어지도록 한다.

14 드라이어 입구는 모발이 꺾이지 않을 정도의 거리를 두고 롤에 밀착시켜 열을 준다.

15 열을 약 3초간 식힌 후 모발이 엉키지 않도록 롤을 반 바퀴 뒤로 풀어주고 시계 방향으로 풀어준다.

16 동일한 방법으로 시계 방향으로 반회전하며 열을 주어 릿지를 형성한다.

17 계속해서 시계 방향으로 반회전하여 S컬을 형성한다.

18 우측 백사이드(Back Side)의 포워드컬이 완성된 모습이다.

19 우측 사이드(Side)도 동일한 방법으로 진행한다.

20 검지를 이용해 진행하고 포워드의 방향성을 고려해 모선의 꼬리 부분이 롤의 왼쪽 방향으로 떨어지도록 한다.

21 손목 회전으로 텐션을 유지하고 천천히 뜸을 주며 아래로 이동한다.

22 원하는 위치까지 와인딩이 끝나면 두피가 뜨겁지 않도록 주의하며 열을 가한 후 뜸을 들인다.

23 열을 약 3초간 식힌 후 모발이 엉키지 않도록 롤을 반 바퀴 뒤로 풀어주고 시계 방향으로 풀어준다.

24 동일한 방법으로 시계 방향으로 반회전하며 열을 주어 릿지를 형성한다.

25 계속해서 시계 방향으로 반회전하여 S컬을 형성한다.

26 우측 사이드(Side)의 포워드컬이 형성된 모습이다.

27 계속해서 동일한 방법으로 진행하여 우측 사이드(Side)의 포워드 드라이를 완성한다.

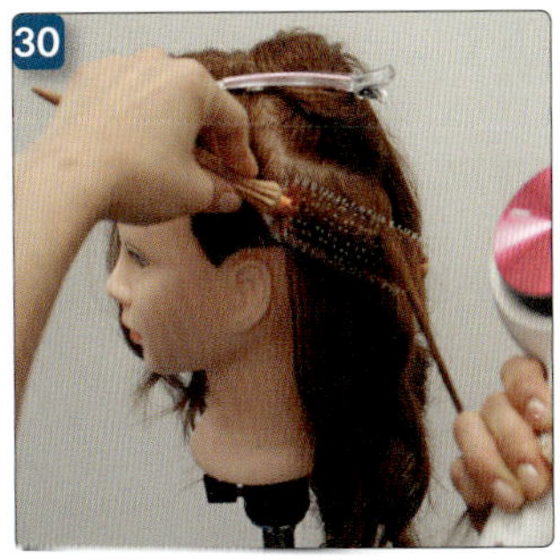

28 우측 시술과 좌측 시술은 반대 방향으로 진행한다.

29 스파이럴 와인딩으로 진행하고 포워드의 방향성을 고려해 모선의 꼬리 부분이 롤의 오른쪽 방향으로 떨어지도록 한다.

30 반대손을 이용해 모선의 꼬리부분을 롤에 감는다.

31 드라이어 입구는 모발이 꺾이지 않을 정도의 거리를 두고 롤에 밀착시켜 열을 준다.

32 손목 회전으로 텐션을 유지하고 천천히 뜸을 주며 아래로 이동한다.

33 롤의 상단에 열을 주며 모발을 롤에 사선으로 와인딩한다.

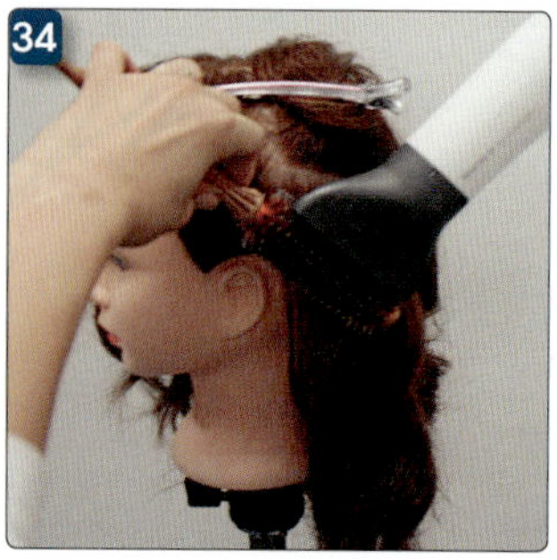  

34 원하는 위치까지 와인딩이 끝나면 두피가 뜨겁지 않도록 주의하며 열을 가한 후 뜸을 들인다.

35 열을 약 3초간 식힌 후 모발이 엉키지 않도록 롤을 반 바퀴 뒤로 풀어주고 시계 반대 방향으로 풀어준다.

36 롤의 위치를 다시 정위치로 고정한 후 열을 준다.

37 계속해서 시계 반대 방향으로 반회전하여 S컬을 형성한다.

38 동일한 방법으로 시계 반대 방향으로 반회전하며 열을 주어 릿지를 형성한다.

39 좌측 백사이드(Back Side)의 포워드컬이 형성된 모습이다.

40 계속해서 동일한 방법으로 진행하여 좌측 백사이드(Back Side) 포워드 드라이를 완성한다.

41 좌측 사이드(Side)도 동일한 방법으로 진행한다.

42 스파이럴 와인딩으로 진행하고 포워드의 방향성을 고려해 모선의 꼬리 부분이 롤의 오른쪽 방향으로 떨어지도록 한다.

43 손목 회전으로 텐션을 유지하고 천천히 뜸을 주며 아래로 이동한다.

44 원하는 위치까지 와인딩이 끝나면 두피가 뜨겁지 않도록 주의하며 열을 가한 후 뜸을 들인다.

45 열을 약 3초간 식힌 후 모발이 엉키지 않도록 롤을 반 바퀴 뒤로 풀어주고 시계 반대 방향으로 풀어준다.

46 좌측 사이드(Side)의 포워드컬이 형성된 모습이다.

47 계속해서 동일한 방법으로 진행하여 포워드 드라이를 완성한다.

5. 블로우 포워드컬 드라이 시술 후

앞(front)

뒤(back)

우측(right side)

좌측(left side)

실습과정 사진		
사진		설명

실습 사진	
앞(front)	뒤(back)
우측(right side)	좌측(left side)

Review 〈단원평가〉

블로우 S컬(포워드) 드라이 실습에 대한 장점과 단점, 그리고 느낀 점을 적으시오.

장점

단점

느낀 점

학생 자가 진단 및 교수평가

능력단위명 〈코드〉	고객응대 서비스 〈1201010116_19v5〉, 헤어스타일 상담 〈1201010130_17v4〉, 헤어 샴푸 〈1201010156_19v5〉, 응용 드라이 〈1201010139_17v4〉

진단 영역	진 단 문 항	학생 평가					교수평가				
		매우 미흡	미흡	보통	우수	매우 우수	매우 미흡	미흡	보통	우수	매우 우수
고객응대 서비스	1. 고객의 방문사유를 확인한 후 대기 또는 서비스공간으로 안내할 수 있다.	①	②	③	④	⑤	①	②	③	④	⑤
	2. 나는 고객의 소지품과 의복 등을 보관할 수 있다.	①	②	③	④	⑤	①	②	③	④	⑤
	3. 나는 고객에게 전화응대 서비스를 할 수 있다.	①	②	③	④	⑤	①	②	③	④	⑤
	4. 나는 고객에게 대기시간을 전달하고 서비스공간으로 안내할 수 있다.	①	②	③	④	⑤	①	②	③	④	⑤
	5. 나는 고객에게 준비된 다과 및 음료 등을 제공할 수 있다.	①	②	③	④	⑤	①	②	③	④	⑤
	6. 나는 고객에게 신문, 잡지, 컴퓨터 등을 제공할 수 있다.	①	②	③	④	⑤	①	②	③	④	⑤
	7. 나는 보관한 고객의 소지품과 의복 등을 고객에게 전달할 수 있다.	①	②	③	④	⑤	①	②	③	④	⑤
	8. 나는 서비스가 종료된 고객에게 서비스 내역과 요금을 확인 후 결제할 수 있다.	①	②	③	④	⑤	①	②	③	④	⑤
	9. 나는 제휴카드 포인트 적립 등의 부가서비스를 안내할 수 있다.	①	②	③	④	⑤	①	②	③	④	⑤
	10. 나는 고객에게 재 방문시기를 안내할 수 있다.	①	②	③	④	⑤	①	②	③	④	⑤
	11. 나는 고객을 배웅할 수 있다.	①	②	③	④	⑤	①	②	③	④	⑤
헤어스타일 상담	1. 고객의 미용서비스 이력을 수집할 수 있다.	①	②	③	④	⑤	①	②	③	④	⑤
	2. 고객의 건강상태 및 알레르기 등의 특이사항에 대한 정보를 수집할 수 있다.	①	②	③	④	⑤	①	②	③	④	⑤
	3. 고객의 취향 및 라이프스타일 등에 대한 정보를 수집할 수 있다.	①	②	③	④	⑤	①	②	③	④	⑤
	4. 패션, 메이크업, 헤어스타일 등 최신 트렌드정보를 수집 · 분석할 수 있다.	①	②	③	④	⑤	①	②	③	④	⑤
	5. 시각자료를 이용하여 고객이 요구하는 헤어디자인을 파악할 수 있다.	①	②	③	④	⑤	①	②	③	④	⑤

진단 영역	진 단 문 항	학생 평가					교수평가				
		매우 미흡	미흡	보통	우수	매우 우수	매우 미흡	미흡	보통	우수	매우 우수
헤어스타일 상담	6. 고객의 취향 및 라이프스타일 등을 고려하여 고객에게 어울리는 스타일을 제안할 수 있다.	①	②	③	④	⑤	①	②	③	④	⑤
	7. 미용서비스 전 고객에게 지불할 요금을 안내하여 동의를 구할 수 있다.	①	②	③	④	⑤	①	②	③	④	⑤
	8. 미용서비스 중간에 요금이 변경된 경우 고객에게 재 안내 할 수 있다.	①	②	③	④	⑤	①	②	③	④	⑤
헤어 샴푸	1. 고객의 편의를 위해 가운 및 무릎덮개, 어깨타월을 착용해 주고 좌식 또는 와식 샴푸를 준비할 수 있다.	①	②	③	④	⑤	①	②	③	④	⑤
	2. 엉킨 모발의 정돈과 이물질 제거를 위해 시건 브러시를 할 수 있다.	①	②	③	④	⑤	①	②	③	④	⑤
	3. 고객이 불편하지 않도록 샴푸대의 높이 조절하고 수온을 조절할 수 있다.	①	②	③	④	⑤	①	②	③	④	⑤
	4. 얼굴에 물이 튀지 않도록 모발에 물길을 만들어 모발을 충분하게 적실 수 있다.	①	②	③	④	⑤	①	②	③	④	⑤
	5. 모발 길이 및 모량에 따라 적당량의 샴푸제를 사용하여 두피 매니플레이션을 할 수 있다.	①	②	③	④	⑤	①	②	③	④	⑤
	6. 샴푸성분이 남지 않도록 페이스라인, 귀, 모발, 두피 등을 충분하게 헹굴 수 있다.	①	②	③	④	⑤	①	②	③	④	⑤
	7. 샴푸 후 두피 · 모발 상태를 파악하여 모발에 트리트먼트를 할 수 있다.	①	②	③	④	⑤	①	②	③	④	⑤
	8. 트리트먼트제를 모발에 도포한 후 두피 지압과 매니플레이션을 할 수 있다.	①	②	③	④	⑤	①	②	③	④	⑤
	9. 트리트먼트제가 페이스라인, 귀, 두피 등에 남지 않도록 충분하게 헹굴 수 있다.	①	②	③	④	⑤	①	②	③	④	⑤
	10. 타월로 모발의 물기를 제거한 후 두상을 타월로 감쌀 수 있다.	①	②	③	④	⑤	①	②	③	④	⑤
	11. 샴푸대 및 주변을 깨끗하게 정리한 후 고객을 서비스 공간으로 안내할 수 있다.	①	②	③	④	⑤	①	②	③	④	⑤
응용 드라이	1. 블로우 드라이어를 사용하여 모발에 S컬 웨이브를 연출할 수 있다.	①	②	③	④	⑤	①	②	③	④	⑤
	2. 콤아웃 기법과 헤어스타일 연출 제품 등을 사용하여 헤어스타일을 완성할 수 있다.	①	②	③	④	⑤	①	②	③	④	⑤

[진단결과]

진단영역	문항 수	점수	점수 ÷ 문항 수	문항 수	점수	점수 ÷ 문항 수
고객응대 서비스	11			11		
헤어스타일 상담	8			8		
헤어 샴푸	11			11		
응용 드라이	2			2		
합계	32			32		

※ 자신의 점수를 문항 수로 나눈 값이 '3점' 이하에 해당하는 영역은 업무를 성공적으로 수행하는 능력이 부족한 것으로 교육훈련이나 개인학습을 통한 개발이 필요함.

[교수자 피드백]

아이론 S컬(포워드)

Chapter 3 샴푸 및 헤어스타일링 실기

12 rd week

아이론 S컬(포워드) 드라이

학습내용(단원명)	수업 목표
아이론 S컬(포워드) 드라이	• 헤어 아이론을 사용하여 모발에 S컬 웨이브를 연출할 수 있다. • 콤아웃 기법과 헤어스타일 연출 제품 등을 사용하여 헤어스타일을 완성할 수 있다.

1. 아이론 포워드컬 드라이 준비하기

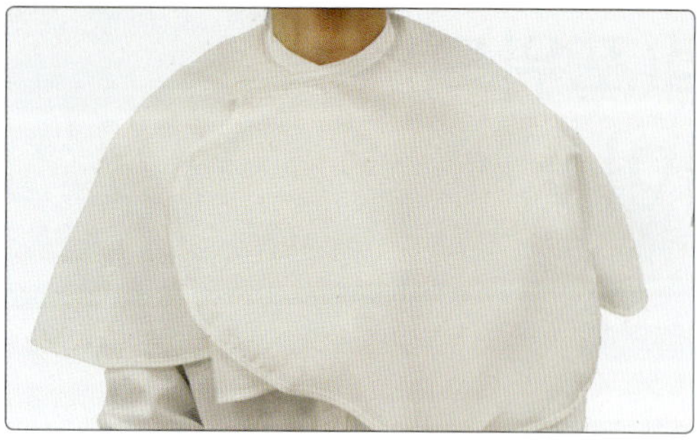

드라이보 착용하기

드라이 시술 전 고객의 피부와 옷을 보호하기 위해 드라이보를 준비한다.

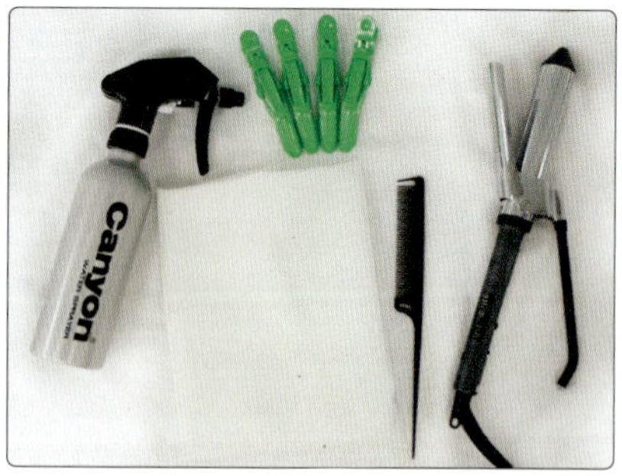

시술도구 준비하기

아이론 드라이 시술을 위해 드라이보, 헤어 아이론, 분무기, 꼬리빗, 핀셋을 준비한다.

2. 아이론 포워드컬 드라이 블로킹

4등분 블로킹

3. 아이론 포워드컬 드라이 시술 전

앞(front)

뒤(back)

우측(right side)

좌측(left side)

4. 아이론 포워드컬 드라이 시술하기

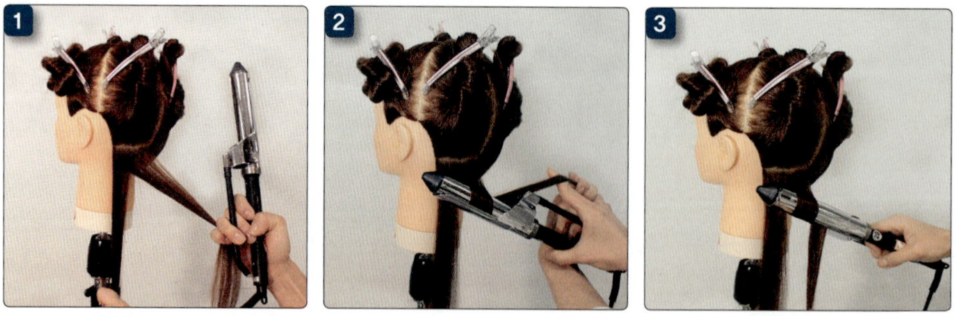

1 좌측 네이프(Nape)부터 시술한다. 모발은 두상의 90°, 아이론은 모발의 45° 각도로 위치하고 핸들은 아래 방향으로 잡아 그루브를 열어 프롱에 모발을 감는다.

2 그루브를 닫고 모발에 텐션을 주며 오른쪽 아래로 감는다.

3 왼손으로 이어 받아 모발이 아래를 향하게 잡는다.

4 모발과 모발이 겹치지 않도록 주의하고 반 바퀴씩 뜸을 들인 후 판넬을 펴가며 면으로 감는다.

5 계속해서 모발이 꼬이지 않도록 주의하고 위와 같은 방법으로 와인딩한다.

6 모발 끝이 빠지지 않도록 감고 살짝 뜸을 들인 후 아이론을 아웃한다.

7 좌측 네이프(Nape)의 포워드컬이 형성된 모습이다.

8 계속해서 좌측의 포워드 드라이를 완성한다.

9 좌측 사이드(Side)는 세로로 섹션을 두개로 나눈 후 두상 90° 각도로 시술한다.

10 두상 90° 각도로 좌측과는 반대로 핸들은 아래를 향하도록 잡고 왼손과 오른손을 교차시켜 모발이 오른쪽을 향하도록 감는다.

11 아이론을 잡고 있는 오른손의 검지를 이용해 모발을 감는다.

12 모발을 다시 왼손으로 이어 받아 텐션을 유지한다.

13 모발이 꼬이지 않도록 주의하며 아이론을 1/2씩 돌려가며 뜸을 주어 진행한다.

14 아이론이 흔들리지 않게 주의하여 와인딩의 텐션이 무너지지 않도록 한다.

15 좌측 사이드(Side)의 포워드컬이 형성된 모습이다.

16 좌측 전체의 포워드 드라이가 완성된 모습이다.

17 좌측 드라이가 끝나면 우측 네이프(Nape)를 시술한다.

18 두상 90° 각도로 좌측과는 반대로 핸들은 위를 향하도록 잡아 그루브를 열어 프롱에 모발을 감는다.

19 그루브를 닫고 모발에 텐션을 주며 왼손으로 모발이 아래를 향하게 잡는다.

20 모발과 모발이 겹치지 않도록 주의하고 반 바퀴씩 뜸을 들인 후 판넬을 펴가며 면으로 감는다.

21 계속해서 모발이 꼬이지 않도록 주의하고 위와 같은 방법으로 와인딩한다.

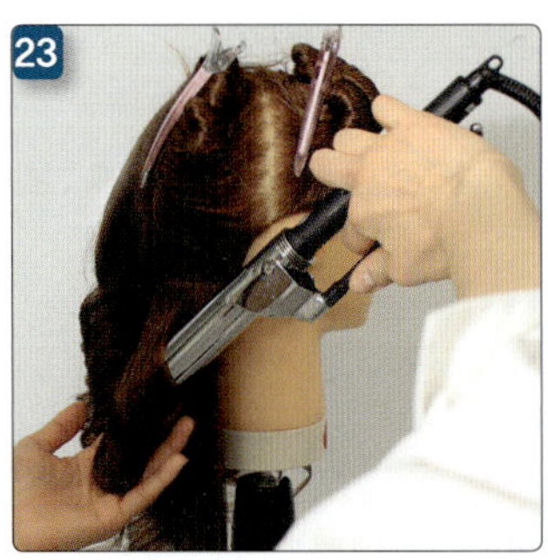

22 모발 끝이 빠지지 않도록 감고 살짝 뜸을 들인다.

23 왼손으로 모발을 받쳐주며 핸들이 위 방향을 향하도록 아이론을 아웃한다.

24 우측 네이프(Nape)의 포워드컬이 완성된 모습이다.

25 계속해서 동일한 방법으로 진행하여 우측 백사이드(Back Side)의 포워드 드라이를 완성한다.

26 우측 사이드(Side)는 세로로 섹션을 두개로 나눈 후 두상 90° 각도로 시술한다.

27 핸들은 위 방향으로 잡아 그루브를 열어 프롱에 모발을 감는다.

28 그루브를 닫고 모발에 텐션을 주며 왼손으로 모발이 아래를 향하게 잡는다.

29 모발과 모발이 겹치지 않도록 주의하고 반 바퀴씩 뜸을 들인 후 판넬을 펴가며 면으로 감는다.

30 아이론을 1/2씩 돌려가며 모발 끝까지 와인딩이 되면 전체적으로 살짝 뜸을 들인다.

31 왼손으로 모발을 받쳐주며 핸들이 위 방향을 향하도록 아이론을 아웃한다.

32 우측 사이드(Side)의 포워드컬이 형성된 모습이다.

33 동일한 방법으로 진행하여 포워드 웨이브를 완성한다.

5. 아이론 포워드컬 드라이 시술 후

앞(front)

뒤(back)

우측(right side)

좌측(left side)

실습과정 사진		
사진		설명

실습 사진	
앞(front)	뒤(back)
우측(right side)	좌측(left side)

Review 〈단원평가〉

아이론 S컬(포워드) 드라이 실습에 대한 장점과 단점, 그리고 느낀 점을 적으시오.

장점

단점

느낀 점

학생 자가 진단 및 교수평가

능력단위명 〈코드〉	고객응대 서비스 〈1201010116_19v5〉, 헤어스타일 상담 〈1201010130_17v4〉, 헤어 샴푸 〈1201010156_19v5〉, 응용 드라이 〈1201010139_17v4〉

진단 영역	진 단 문 항	학생 평가					교수평가				
		매우 미흡	미흡	보통	우수	매우 우수	매우 미흡	미흡	보통	우수	매우 우수
고객응대 서비스	1. 고객의 방문사유를 확인한 후 대기 또는 서비스공간으로 안내할 수 있다.	①	②	③	④	⑤	①	②	③	④	⑤
	2. 나는 고객의 소지품과 의복 등을 보관할 수 있다.	①	②	③	④	⑤	①	②	③	④	⑤
	3. 나는 고객에게 전화응대 서비스를 할 수 있다.	①	②	③	④	⑤	①	②	③	④	⑤
	4. 나는 고객에게 대기시간을 전달하고 서비스공간으로 안내할 수 있다.	①	②	③	④	⑤	①	②	③	④	⑤
	5. 나는 고객에게 준비된 다과 및 음료 등을 제공할 수 있다.	①	②	③	④	⑤	①	②	③	④	⑤
	6. 나는 고객에게 신문, 잡지, 컴퓨터 등을 제공할 수 있다.	①	②	③	④	⑤	①	②	③	④	⑤
	7. 나는 보관한 고객의 소지품과 의복 등을 고객에게 전달할 수 있다.	①	②	③	④	⑤	①	②	③	④	⑤
	8. 나는 서비스가 종료된 고객에게 서비스 내역과 요금을 확인 후 결제할 수 있다.	①	②	③	④	⑤	①	②	③	④	⑤
	9. 나는 제휴카드 포인트 적립 등의 부가서비스를 안내할 수 있다.	①	②	③	④	⑤	①	②	③	④	⑤
	10. 나는 고객에게 재 방문시기를 안내할 수 있다.	①	②	③	④	⑤	①	②	③	④	⑤
	11. 나는 고객을 배웅할 수 있다.	①	②	③	④	⑤	①	②	③	④	⑤
헤어스타일 상담	1. 고객의 미용서비스 이력을 수집할 수 있다.	①	②	③	④	⑤	①	②	③	④	⑤
	2. 고객의 건강상태 및 알레르기 등의 특이사항에 대한 정보를 수집할 수 있다.	①	②	③	④	⑤	①	②	③	④	⑤
	3. 고객의 취향 및 라이프스타일 등에 대한 정보를 수집할 수 있다.	①	②	③	④	⑤	①	②	③	④	⑤
	4. 패션, 메이크업, 헤어스타일 등 최신 트렌드정보를 수집 · 분석할 수 있다.	①	②	③	④	⑤	①	②	③	④	⑤
	5. 시각자료를 이용하여 고객이 요구하는 헤어디자인을 파악할 수 있다.	①	②	③	④	⑤	①	②	③	④	⑤

진단 영역	진 단 문 항	학생 평가					교수평가				
		매우 미흡	미흡	보통	우수	매우 우수	매우 미흡	미흡	보통	우수	매우 우수
헤어스타일 상담	6. 고객의 취향 및 라이프스타일 등을 고려하여 고객에게 어울리는 스타일을 제안할 수 있다.	①	②	③	④	⑤	①	②	③	④	⑤
	7. 미용서비스 전 고객에게 지불할 요금을 안내하여 동의를 구할 수 있다.	①	②	③	④	⑤	①	②	③	④	⑤
	8. 미용서비스 중간에 요금이 변경된 경우 고객에게 재 안내 할 수 있다.	①	②	③	④	⑤	①	②	③	④	⑤
헤어 샴푸	1. 고객의 편의를 위해 가운 및 무릎덮개, 어깨타월을 착용해 주고 좌식 또는 와식 샴푸를 준비할 수 있다.	①	②	③	④	⑤	①	②	③	④	⑤
	2. 엉킨 모발의 정돈과 이물질 제거를 위해 사전 브러시를 할 수 있다.	①	②	③	④	⑤	①	②	③	④	⑤
	3. 고객이 불편하지 않도록 샴푸대의 높이 조절하고 수온을 조절할 수 있다.	①	②	③	④	⑤	①	②	③	④	⑤
	4. 얼굴에 물이 튀지 않도록 모발에 물길을 만들어 모발을 충분하게 적실 수 있다.	①	②	③	④	⑤	①	②	③	④	⑤
	5. 모발 길이 및 모량에 따라 적당량의 샴푸제를 사용하여 두피 매니플레이션을 할 수 있다.	①	②	③	④	⑤	①	②	③	④	⑤
	6. 샴푸성분이 남지 않도록 페이스라인, 귀, 모발, 두피 등을 충분하게 헹굴 수 있다.	①	②	③	④	⑤	①	②	③	④	⑤
	7. 샴푸 후 두피 · 모발 상태를 파악하여 모발에 트리트먼트를 할 수 있다.	①	②	③	④	⑤	①	②	③	④	⑤
	8. 트리트먼트제를 모발에 도포한 후 두피 지압과 매니플레이션을 할 수 있다.	①	②	③	④	⑤	①	②	③	④	⑤
	9. 트리트먼트제가 페이스라인, 귀, 두피 등에 남지 않도록 충분하게 헹굴 수 있다.	①	②	③	④	⑤	①	②	③	④	⑤
	10. 타월로 모발의 물기를 제거한 후 두상을 타월로 감쌀 수 있다.	①	②	③	④	⑤	①	②	③	④	⑤
	11. 샴푸대 및 주변을 깨끗하게 정리한 후 고객을 서비스 공간으로 안내할 수 있다.	①	②	③	④	⑤	①	②	③	④	⑤
응용 드라이	1. 헤어 아이론을 사용하여 모발에 S컬 웨이브를 연출할 수 있다.	①	②	③	④	⑤	①	②	③	④	⑤
	2. 콤아웃 기법과 헤어스타일 연출 제품 등을 사용하여 헤어스타일을 완성할 수 있다.	①	②	③	④	⑤	①	②	③	④	⑤

[진단결과]

진단영역	문항 수	점수	점수 ÷ 문항 수	문항 수	점수	점수 ÷ 문항 수
고객응대 서비스	11			11		
헤어스타일 상담	8			8		
헤어 샴푸	11			11		
응용 드라이	2			2		
합계	32			32		

※ 자신의 점수를 문항 수로 나눈 값이 '3점' 이하에 해당하는 영역은 업무를 성공적으로 수행하는 능력이 부족한 것으로 교육훈련이나 개인학습을 통한 개발이 필요함.

[교수자 피드백]

S-S컬(쇼트헤어)

Chapter 3 샴푸 및 헤어스타일링 실기

13rd week

S-S컬(쇼트헤어) 드라이

학습내용(단원명)	수업 목표
S-S컬(쇼트헤어) 드라이	• 블로우 드라이어를 사용하여 모발에 S-S컬 웨이브를 연출할 수 있다. • 콤아웃 기법과 헤어스타일 연출 제품 등을 사용하여 헤어스타일을 완성할 수 있다.

헤어스타일 상담

성 명 :	학 번 :	시술일자: 20 년 월 일
고객이름 :	나이 :	

얼굴형태 분석 □ 둥근형 □ 장방형 □ 계란형 □ 역삼각형 □ 사각형
두상형태 분석 □ 탑부분 솟은 형태 □ 탑부분 낮은 형태 □ 측면 들어간 형태 □ 측면 나온 형태

체격형태분석 □ 키가 크고 마른 체형 □ 키가 크고 통통한 체형
□ 키가 작고 마른 체형 □ 키가 작고 통통한 체형

모질상태 분석
□ 건강모 □ 손상모(염색모) □ 극손상모 □ 직모 □ 파상모 □ 축모
□ 웨이브 모발 (□일반펌, □열펌)

커트형태분석 □ 짧은 길이 □ 중간 길이 □ 긴 길이

상담내용 (고객이 원하는 스타일)

디자인 분석 및 시술 과정

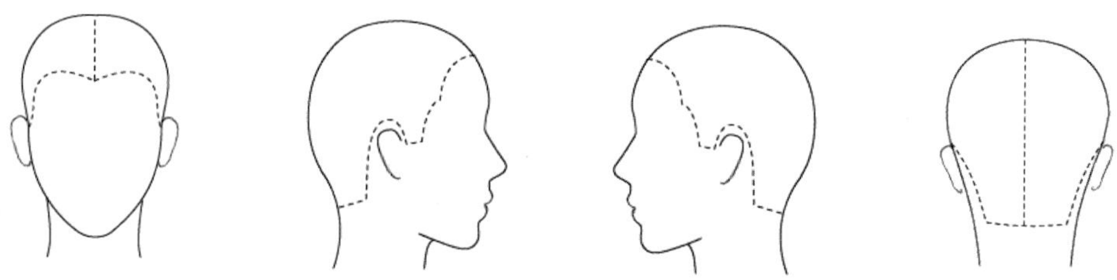

시술도구 및 제품

미용요금 상세 주문내역서

20 년 월 일

고객성명	□ 남 □ 여	핸드폰 (SNS)	□ 수신 □ 수신안함
담당자		생일	
방문경로	□ 블로그 □ 카페 □ 간판 □ 재방문 □ 소개 ( ) □ 기타		

시술내용	기본요금	추가요금	비고
컷트 □ 남 □ 여 □ 학생 □ 디자인컷 □ 앞머리			
펌 □ 앞머리 □ 다운펌 □ 기본펌 □ 영양펌 □ 열펌 □ 뿌리펌			
염색 □ 뿌리염색 □ 전체염색 □ 탈 색 □ 헤나/왁싱 □ 와칸			
크리닉 □ 기본 □ 특수			
두피 스켈링			
스켈링 컷			
드라이			
샴푸			
업스타일			
점판			

할인/서비스	(%) /
총 합계	
결제방법	□ 현금 □ 카드 □ 회원권

고객 확인	(서명)	담당자 (원장, 부원장, 점장, 실장, 디자이너, 매니저)	(서명)

※ 공중위생관리법에 의거하여 시술하는 자는 미용사 자격증(면허증)이 반드시 있어야 함.

개인정보 수집 및 사진 이용 동의서

본인은

헤어 미용 수업의 교재로 사용될 『교육역량 강화를 위한 샴푸&헤어스타일링』에 사용되는 헤어시술 모델과 관련하여 개인정보 제공 및 시술 사진을 활용하는 것에 동의합니다.

1. 목적 : 작품별 관련 모델 시술자료
2. 수집항목 : 본인 얼굴 및 시술과정 사진

20 년 월 일

■ 본 인

• 성 명 : (서명)

• 생년월일 :

• 주 소 :

• 확인(시술자) (서명)

개인정보보호법 제15조

개인정보 수집 · 이용에 동의	동의 □	미동의 □
사진활용에 동의	동의 □	미동의 □

본인은 헤어시술 모델과 관련하여 어떠한 이의도 제기하지 않겠다는 것에 동의합니다.

20 년 월 일

(서명)

1. 쇼트헤어 드라이 준비하기

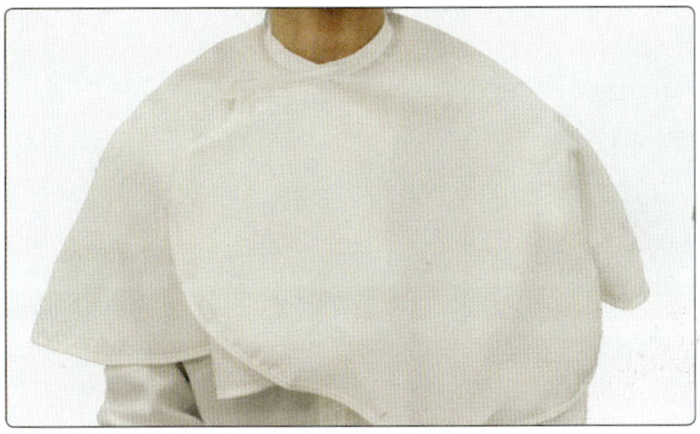

드라이보 착용하기

드라이 시술 전 고객의 피부와 옷을 보호하기 위해 드라이보를 준비한다.

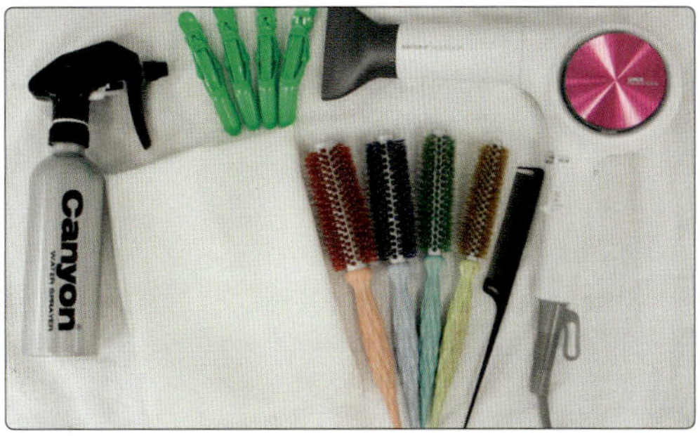

시술도구 준비하기

쇼트헤어 드라이 시술을 위해 드라이보, 블로우 드라이어, 분무기, 롤 브러시, 꼬리빗, 핀셋을 준비한다.

2. 쇼트헤어 드라이 시술 전

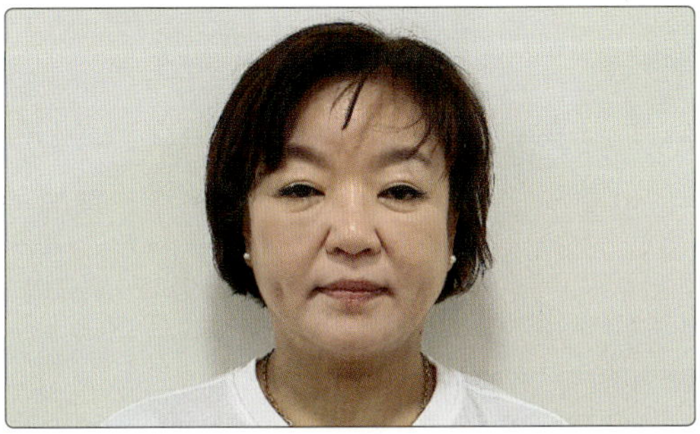

앞(front)

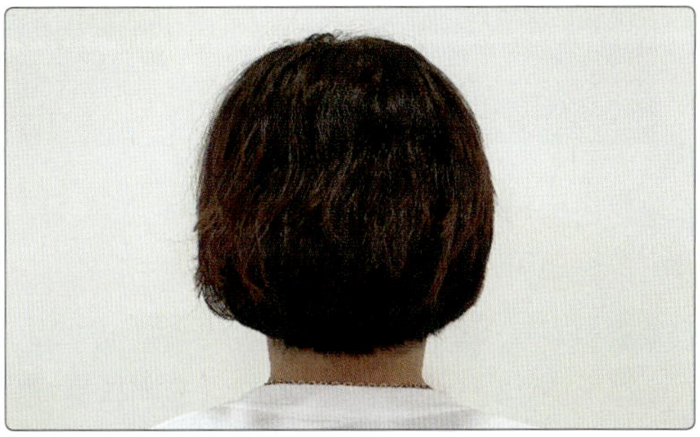

뒤(back)

3. 쇼트헤어 드라이 시술하기

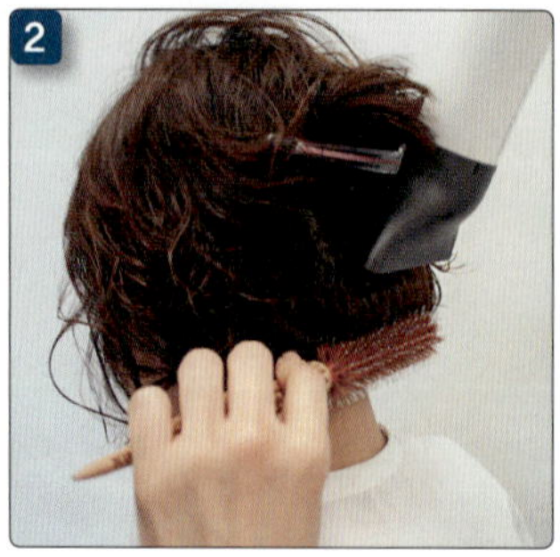

1 네이프(Nape)는 과도한 볼륨이 생성되지 않도록 가볍게 인컬을 형성한다.

2 롤을 이용해 판넬의 모발 끝부분까지 빗어 내린 후 그대로 위로 올려 인컬을 형성하여 롤과 모발이 밀착된 공간에 열을 주고 뜸을 들인다.

3 B.P는 볼륨 생성을 위해 판넬을 두상 90° 각도로 롤은 온 더 베이스에 안착시켜 드라이 한다.

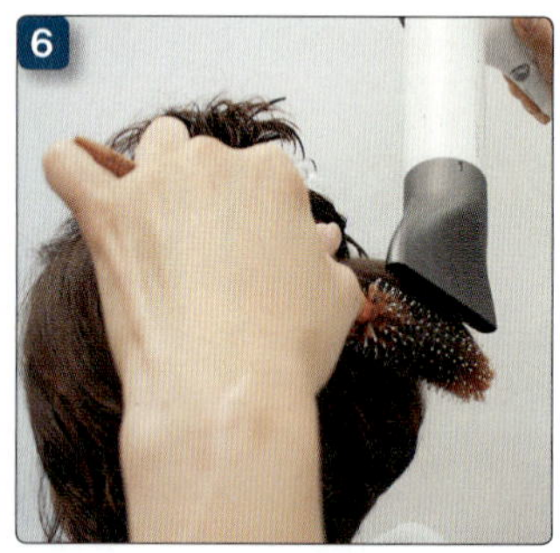

4 손목과 손가락의 회전으로 텐션을 유지하고 포물선을 그리며 진행하여 뿌리 볼륨을 연결한다.

5 모발을 롤에 감은 후 롤과 드라이어 입구가 수직으로 위치하여 열을 준다.

6 드라이어 입구는 롤을 따라 C커브를 형성할 방향으로 진행한다.

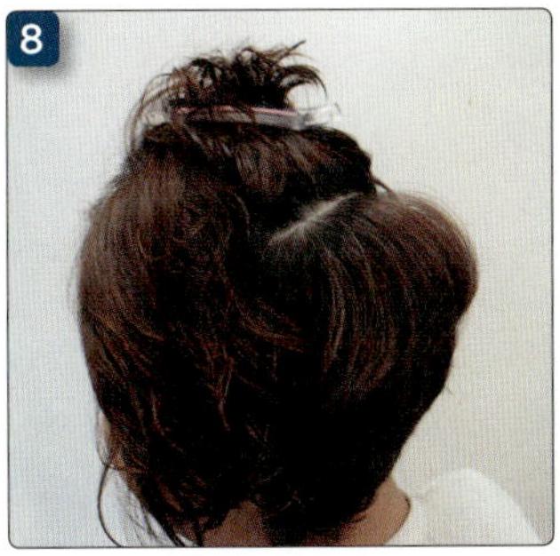
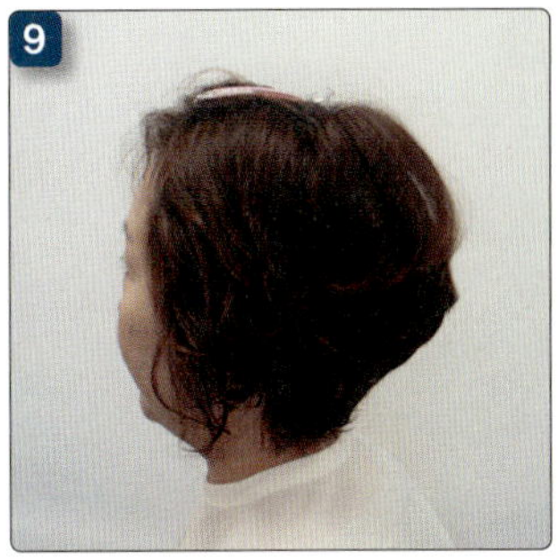

7 열이 식은 후 천천히 롤을 아웃한다.

8 B.P의 볼륨이 생성된 모습이다.

9 다음 파팅도 동일한 방법으로 시술한다.

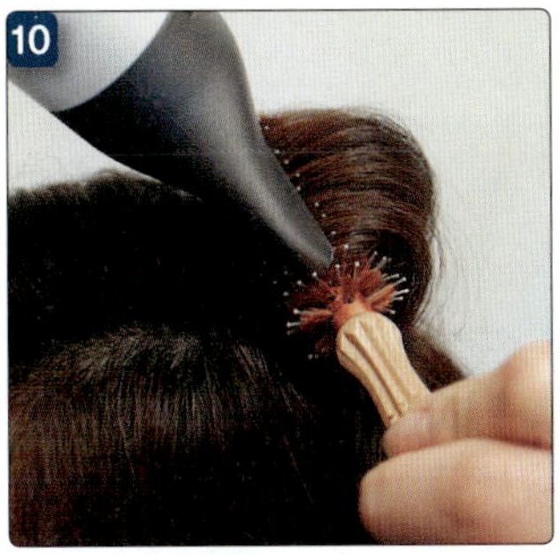

10 탑(Top)은 볼륨 생성을 위해 120° 각도 이상으로 진행하고 드라이어 입구는 시술자를 향한다.

11 동일한 위치에서 롤을 반 바퀴 돌려 볼륨을 극대화한다.

12 손목과 손가락의 회전을 이용해 텐션을 주고 포물선을 그리며 진행하여 볼륨을 연결한다.

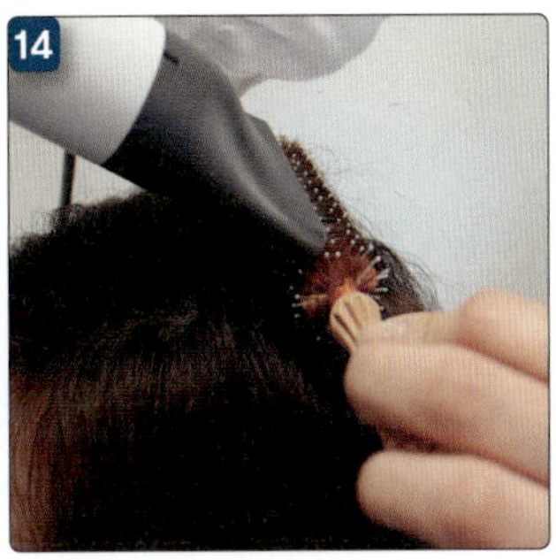

13 모발 끝이 빠지지 않도록 텐션을 유지하고 롤과 드라이어 입구는 직각으로 위치하여 드라이한다.

14 모발을 롤에 감은 후 롤과 드라이어 입구가 수직으로 위치하여 열을 준다.

15 롤을 이용해 판넬에 방향성을 주고 손가락 회전으로 롤을 반 바퀴 뒤로 감아 릿지를 형성한 후 드라이어 입구는 릿지의 반대 방향에서 열을 주어 지라시를 형성한다.

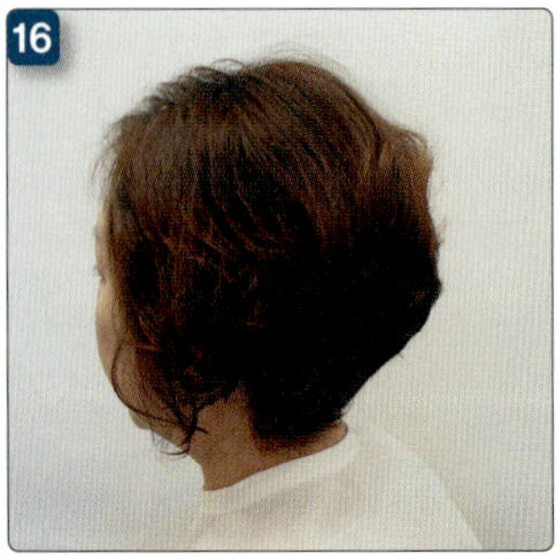

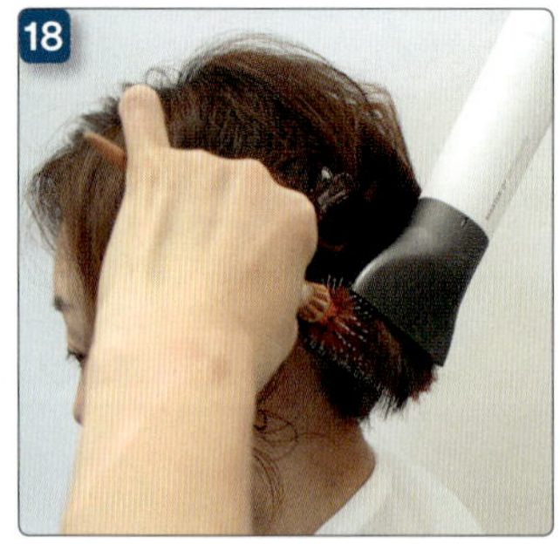

16 백(Back)의 볼륨이 만들어진 모습이다.

17 좌측 백사이드(Back Side)도 동일한 방법으로 시술한다. 이때 백의 가운데 파팅과 분리되지 않도록 주의한다.

18 볼륨이 생성되지 않도록 롤을 시계방향으로 회전하여 열을 준다.

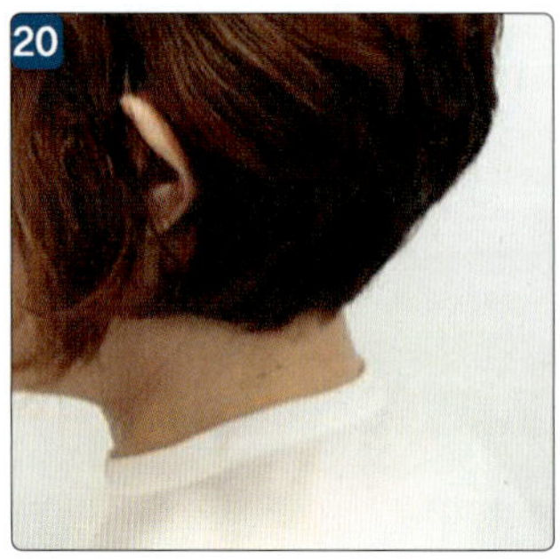

19 드라이어 입구는 모발 끝까지 롤을 따라 위치하고, 시계방향으로 회전하며 아웃한다.

20 얼굴 방향으로 목선을 감싸는 C컬 웨이브가 형성된 모습이다.

21 다음 파팅도 동일한 방법으로 시술한다.

22 탑(Top)은 볼륨 생성을 위해 120° 각도 이상으로 진행하고 드라이어 입구는 시술자를 향하도록 한다.

23 모발이 롤에 감기며 꺾이지 않도록 모발 끝을 잡아 롤에 감는다.

24 모발을 롤에 감은 후 롤과 드라이어 입구가 수직으로 위치하여 열을 준다.

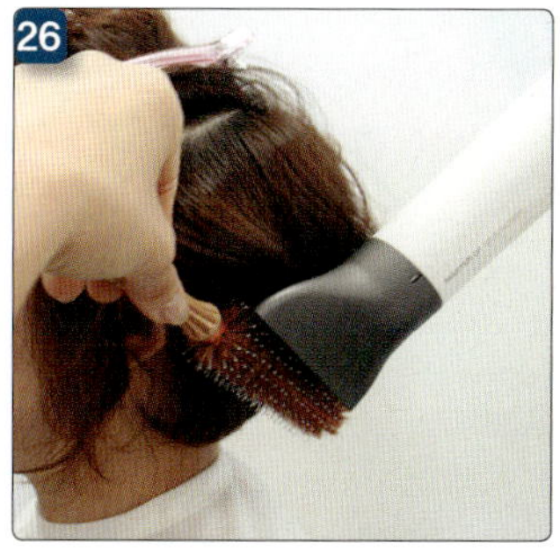
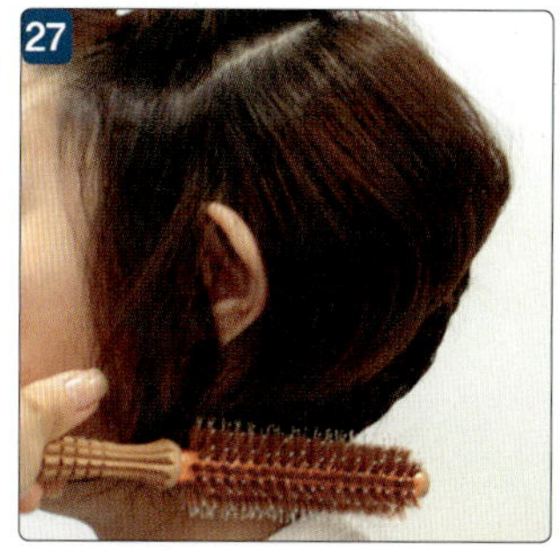

25 좌측 백사이드(Back Side)의 B.P에 볼륨을 얻기 위해 얼굴 반대 방향으로, 드라이어 입구는 롤을 따라 진행한다.

26 모발 끝선은 아래 파팅과 연결되도록 목선을 얼굴 방향으로 목선을 감싸는 C컬을 형성한다.

27 롤을 롤링하며 아웃해 윤기감이 극대화되도록 한다.

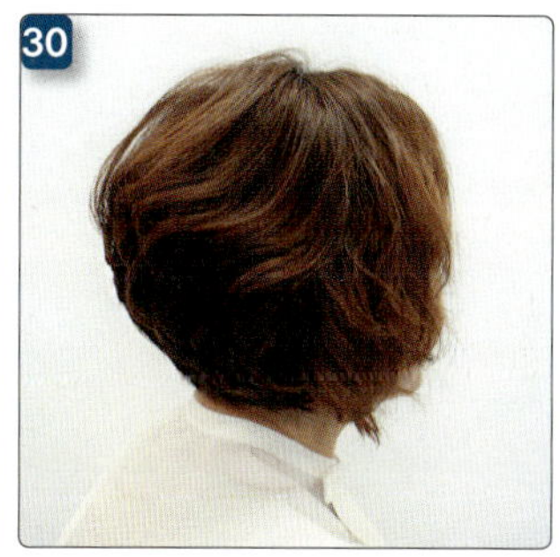

28 좌측 백사이드(Back Side)의 지라시 볼륨이 완성된 모습이다.

29 다음 파팅도 동일한 방법으로 시술하여 좌측 백사이드(Back Side)의 쇼트헤어 드라이를 완성한다.

30 우측 백사이드(Back Side)도 좌측과 동일한 방법으로 진행하되 반대 방향으로 시술한다.

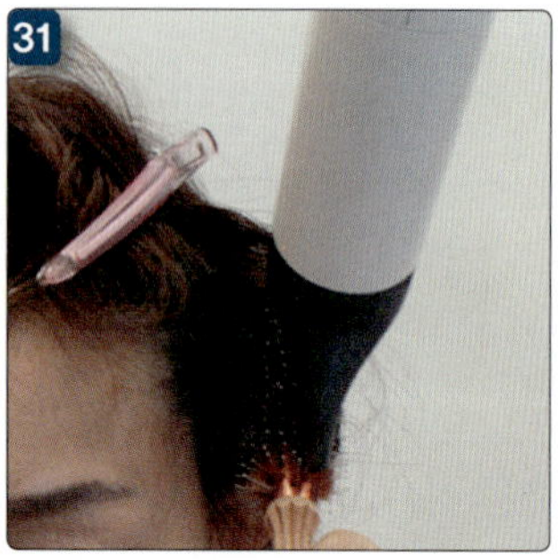

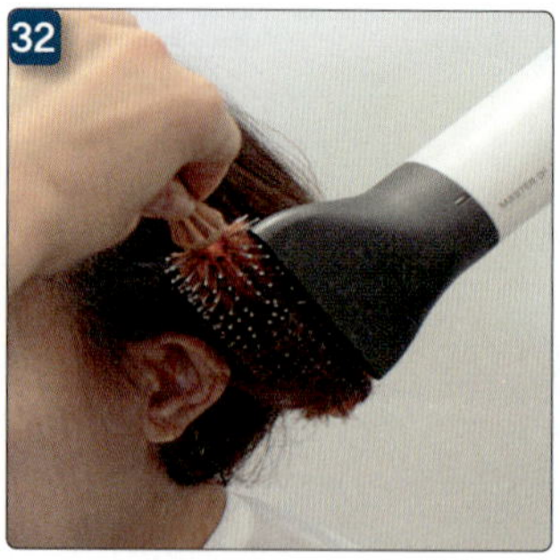

31 좌측 사이드(Side)는 전대각 섹션으로 위와 동일한 방법으로 시술한다.

32 롤은 시계방향으로 회전하며 모발 끝이 얼굴을 향하며 드라이어 입구는 롤을 따라 진행한다.

33 계속해서 롤을 시계방향으로 회전하며 아웃한다.

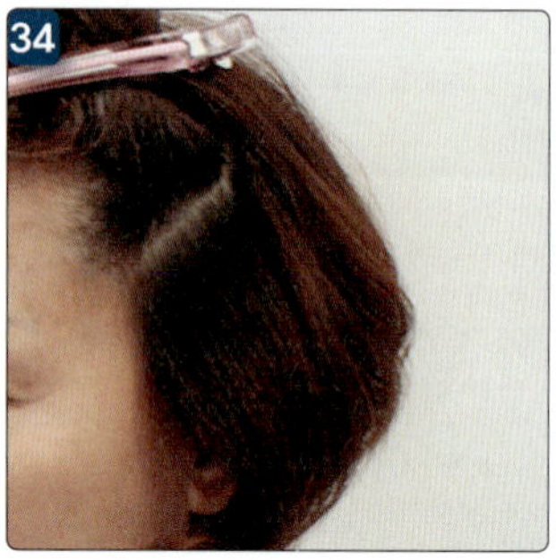

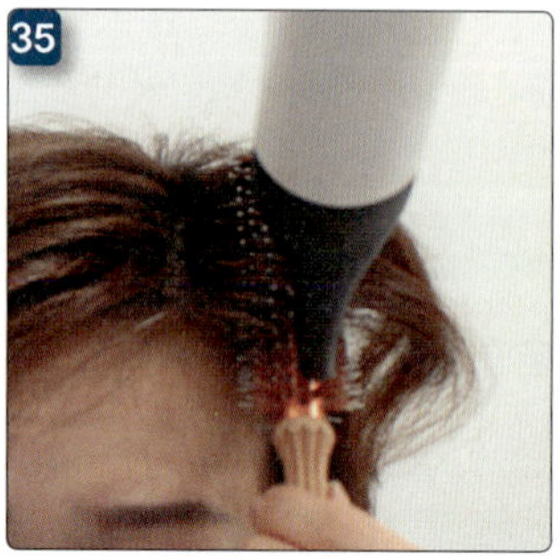

34 좌측 사이드(Side)의 C컬 볼륨이 생성된 모습이다.

35 프론트(Front)는 볼륨 생성을 위해 120° 각도 이상으로 포물선을 그리며 진행하여 볼륨을 연결한다.

36 지라시 형성을 위해 롤에 모발을 감고 하단부에 열을 가해 뜸을 들인다.

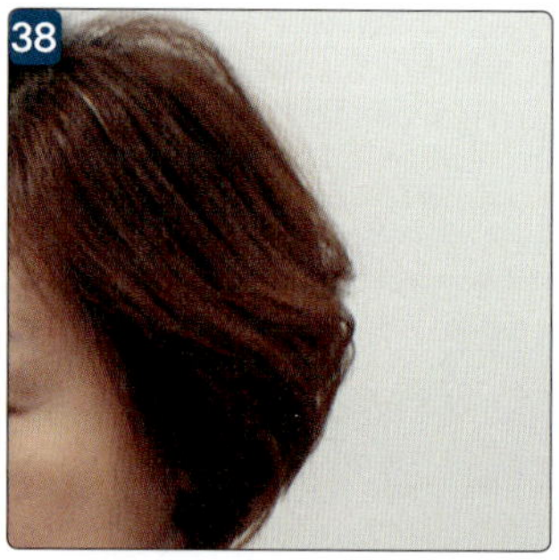

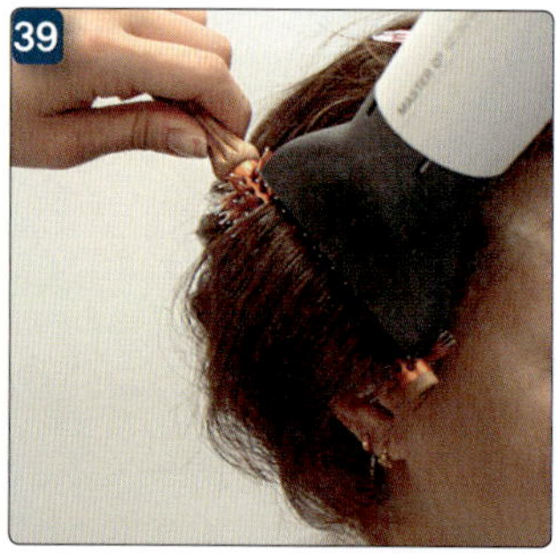

37 롤을 이용해 판넬에 방향성을 주고 손가락 회전으로 롤을 반 바퀴 뒤로 감아 릿지를 형성한 후 드라이어 입구는 릿지의 반대 방향에서 열을 주어 지라시를 형성한다.

38 좌측 사이드(Side)의 쇼트헤어 드라이가 완성된 모습이다.

39 우측 사이드(Side)도 전대각 섹션으로 나눈 후 진행한다.

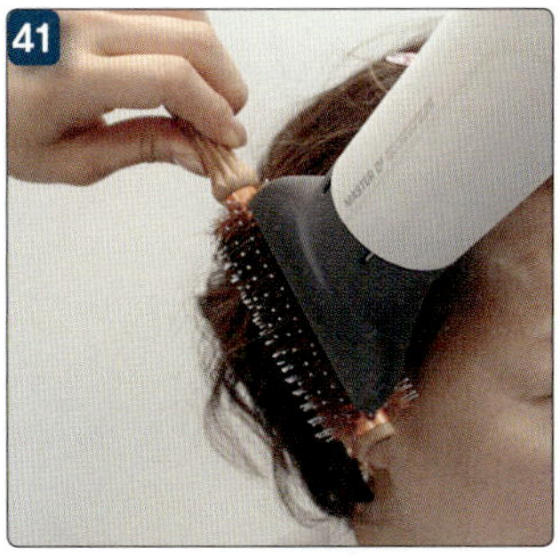

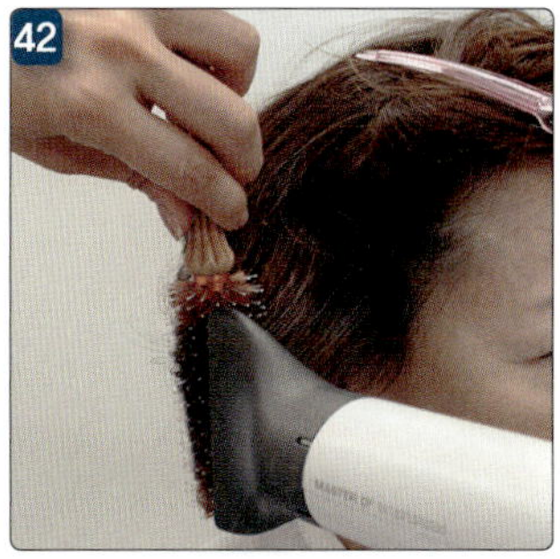

40 손목과 손가락의 회전으로 텐션을 유지하고 포물선을 그리며 진행하여 뿌리 볼륨을 연결한다.

41 모발을 롤에 감은 후 롤과 드라이어 입구가 수직으로 위치하여 열을 준다.

42 롤은 시계방향으로 회전하며 모발 끝이 얼굴을 향하며 드라이어 입구는 롤을 따라 진행한다.

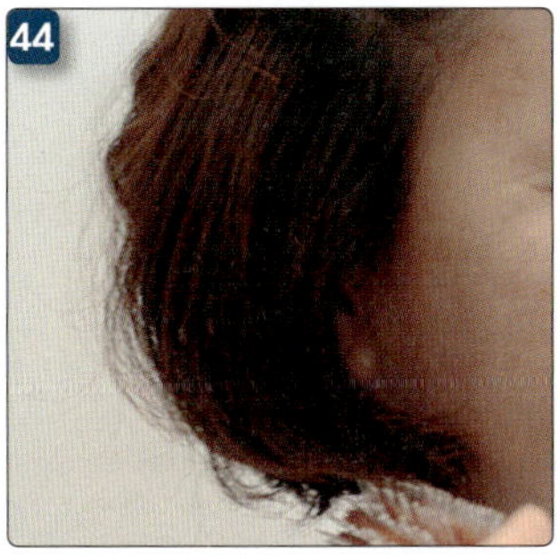

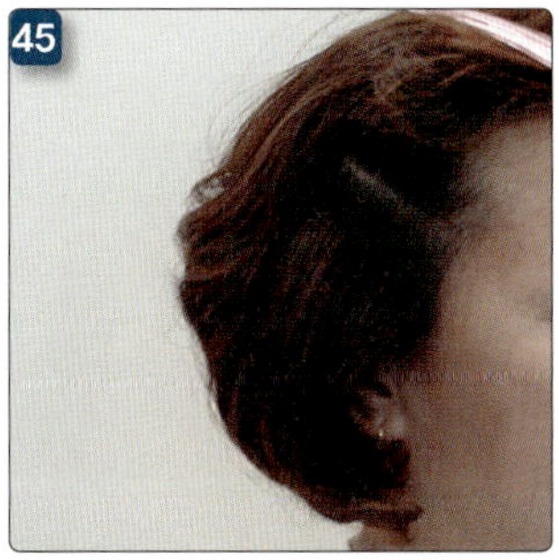

43 모발 끝은 롤을 시계 반대 방향으로 회전하며 릿지를 형성하여 열을 준다.

44 계속해서 롤을 얼굴 방향으로 회전하며 아웃한다.

45 우측 사이드(Side)의 C컬 볼륨이 형성된 모습이다.

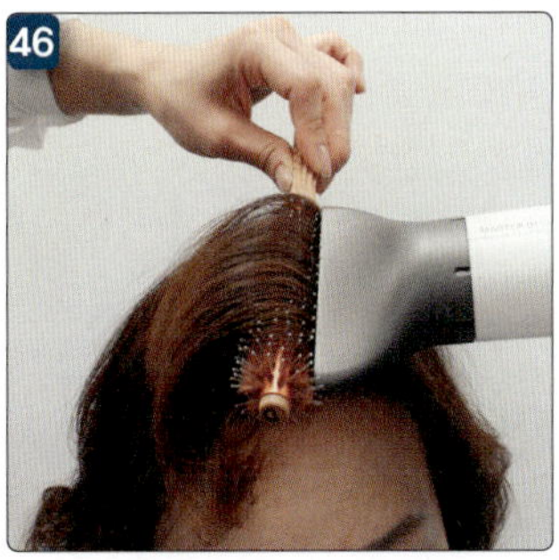

46 프론트(Front)는 볼륨 생성을 위해 120° 각도 이상으로 온 더 베이스에 롤을 안착시킨 후 롤과 드라이어 입구가 수직으로 위치하여 열을 준다.

47 포물선을 그리며 진행하여 볼륨을 연결한다.

48 각도를 유지하며 모발 끝을 롤에 감는다.

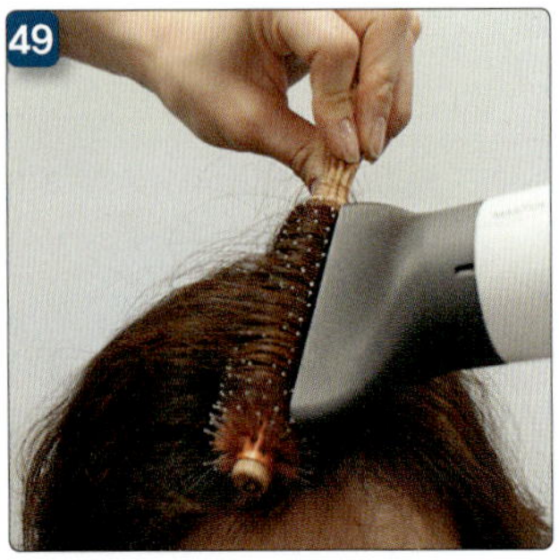

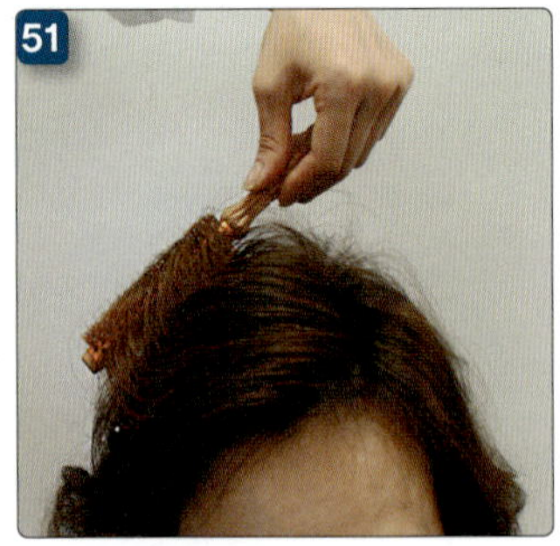

49 모발을 롤에 감은 후 롤과 드라이어 입구가 수직으로 위치하여 열을 준다.

50 롤을 시계 방향으로 회전하여 방향과 볼륨을 형성한다.

51 롤을 이용해 판넬에 방향성을 주고 손가락 회전으로 롤을 반 바퀴 뒤로 감아 릿지를 형성한 후 드라이어 입구는 릿지의 반대 방향에서 열을 주어 지라시를 형성한다.

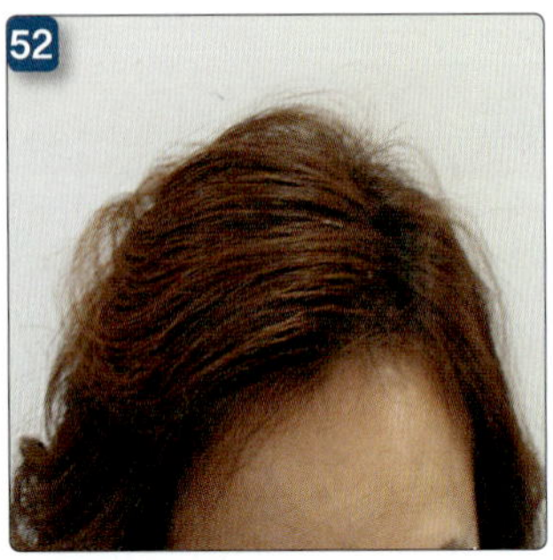
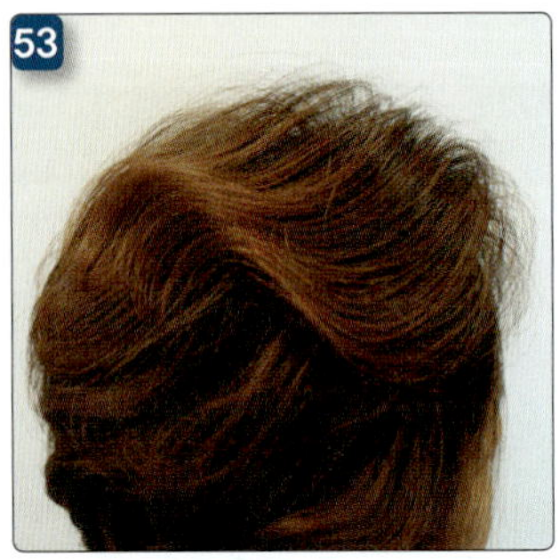

52 우측 프론트(Front)의 C컬 볼륨이 형성된 모습이다.

53 우측 측면에서 본 쇼트헤어의 모습이다.

4. 쇼트헤어 드라이 시술 후

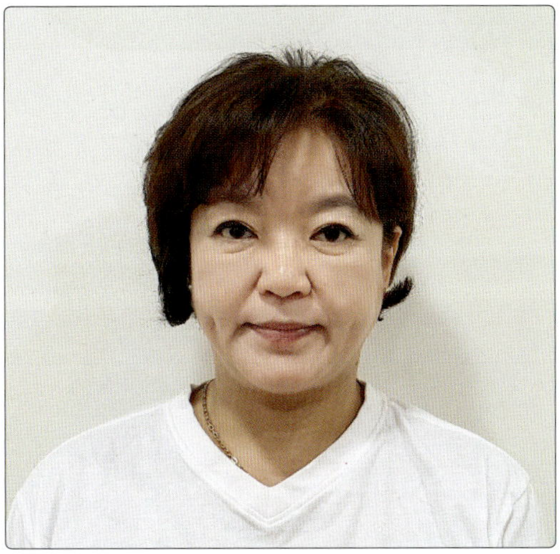

앞(front)

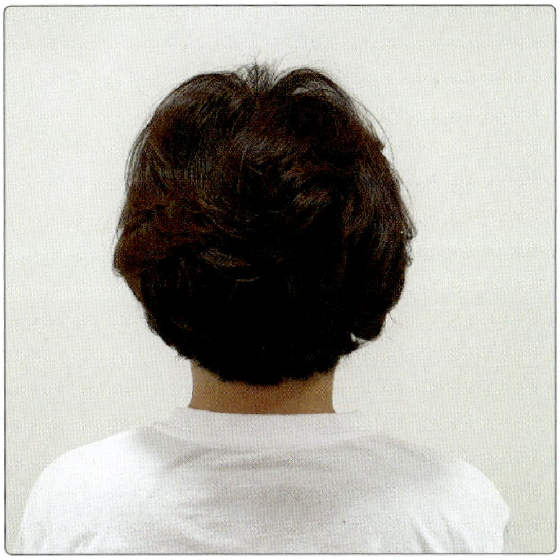

뒤(back)

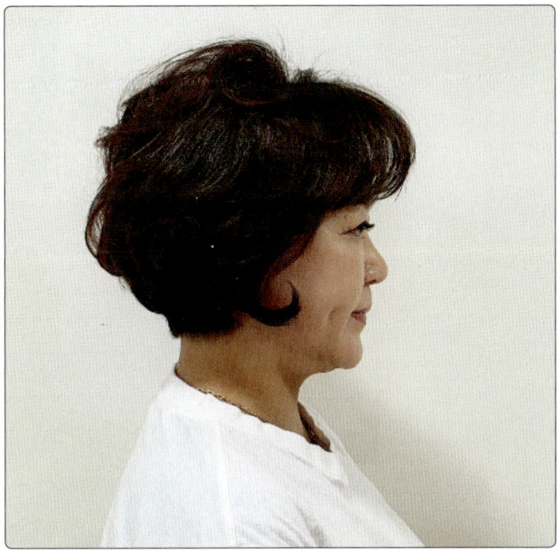

우측(right side)

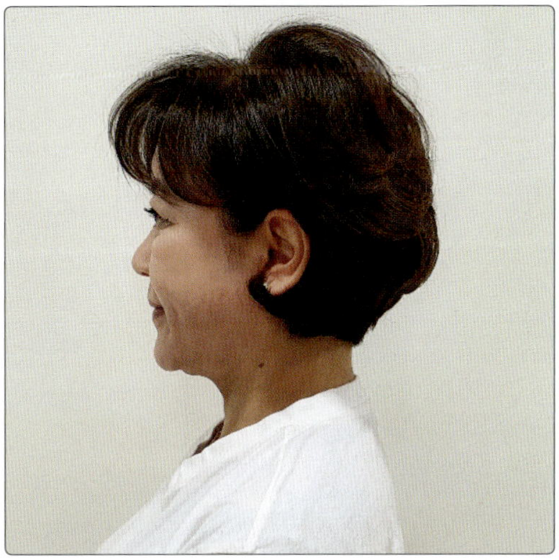

좌측(left side)

실습과정 사진		
사진		설명

실습 사진	
앞(front)	뒤(back)
우측(right side)	좌측(left side)

Review 〈단원평가〉

S-S컬(쇼트헤어) 드라이 실습에 대한 장점과 단점, 그리고 느낀 점을 적으시오.

장점

단점

느낀 점

학생 자가 진단 및 교수평가

능력단위명 〈코드〉	고객응대 서비스 〈1201010116_19v5〉, 헤어스타일 상담 〈1201010130_17v4〉, 헤어 샴푸 〈1201010156_19v5〉, 응용 드라이 〈1201010139_17v4〉

		학생 평가					교수평가				
진단 영역	진 단 문 항	매우 미흡	미흡	보통	우수	매우 우수	매우 미흡	미흡	보통	우수	매우 우수
고객응대 서비스	1. 고객의 방문사유를 확인한 후 대기 또는 서비스공간으로 안내할 수 있다.	①	②	③	④	⑤	①	②	③	④	⑤
	2. 나는 고객의 소지품과 의복 등을 보관할 수 있다.	①	②	③	④	⑤	①	②	③	④	⑤
	3. 나는 고객에게 전화응대 서비스를 할 수 있다.	①	②	③	④	⑤	①	②	③	④	⑤
	4. 나는 고객에게 대기시간을 전달하고 서비스공간으로 안내할 수 있다.	①	②	③	④	⑤	①	②	③	④	⑤
	5. 나는 고객에게 준비된 다과 및 음료 등을 제공할 수 있다.	①	②	③	④	⑤	①	②	③	④	⑤
	6. 나는 고객에게 신문, 잡지, 컴퓨터 등을 제공할 수 있다.	①	②	③	④	⑤	①	②	③	④	⑤
	7. 나는 보관한 고객의 소지품과 의복 등을 고객에게 전달할 수 있다.	①	②	③	④	⑤	①	②	③	④	⑤
	8. 나는 서비스가 종료된 고객에게 서비스 내역과 요금을 확인 후 결제할 수 있다.	①	②	③	④	⑤	①	②	③	④	⑤
	9. 나는 제휴카드 포인트 적립 등의 부가서비스를 안내할 수 있다.	①	②	③	④	⑤	①	②	③	④	⑤
	10. 나는 고객에게 재 방문시기를 안내할 수 있다.	①	②	③	④	⑤	①	②	③	④	⑤
	11. 나는 고객을 배웅할 수 있다.	①	②	③	④	⑤	①	②	③	④	⑤
헤어스타일 상담	1. 고객의 미용서비스 이력을 수집할 수 있다.	①	②	③	④	⑤	①	②	③	④	⑤
	2. 고객의 건강상태 및 알레르기 등의 특이사항에 대한 정보를 수집할 수 있다.	①	②	③	④	⑤	①	②	③	④	⑤
	3. 고객의 취향 및 라이프스타일 등에 대한 정보를 수집할 수 있다.	①	②	③	④	⑤	①	②	③	④	⑤
	4. 패션, 메이크업, 헤어스타일 등 최신 트렌드정보를 수집 · 분석할 수 있다.	①	②	③	④	⑤	①	②	③	④	⑤
	5. 시각자료를 이용하여 고객이 요구하는 헤어디자인을 파악할 수 있다.	①	②	③	④	⑤	①	②	③	④	⑤

진단 영역	진 단 문 항	학생 평가					교수평가				
		매우 미흡	미흡	보통	우수	매우 우수	매우 미흡	미흡	보통	우수	매우 우수
헤어스타일 상담	6. 고객의 취향 및 라이프스타일 등을 고려하여 고객에게 어울리는 스타일을 제안할 수 있다.	①	②	③	④	⑤	①	②	③	④	⑤
	7. 미용서비스 전 고객에게 지불할 요금을 안내하여 동의를 구할 수 있다.	①	②	③	④	⑤	①	②	③	④	⑤
	8. 미용서비스 중간에 요금이 변경된 경우 고객에게 재 안내 할 수 있다.	①	②	③	④	⑤	①	②	③	④	⑤
헤어 샴푸	1. 고객의 편의를 위해 가운 및 무릎덮개, 어깨타월을 착용해 주고 좌식 또는 와식 샴푸를 준비할 수 있다.	①	②	③	④	⑤	①	②	③	④	⑤
	2. 엉킨 모발의 정돈과 이물질 제거를 위해 사전 브러시를 할 수 있다.	①	②	③	④	⑤	①	②	③	④	⑤
	3. 고객이 불편하지 않도록 샴푸대의 높이 조절하고 수온을 조절할 수 있다.	①	②	③	④	⑤	①	②	③	④	⑤
	4. 얼굴에 물이 튀지 않도록 모발에 물길을 만들어 모발을 충분하게 적실 수 있다.	①	②	③	④	⑤	①	②	③	④	⑤
	5. 모발 길이 및 모량에 따라 적당량의 샴푸제를 사용하여 두피 매니플레이션을 할 수 있다.	①	②	③	④	⑤	①	②	③	④	⑤
	6. 샴푸성분이 남지 않도록 페이스라인, 귀, 모발, 두피 등을 충분하게 헹굴 수 있다.	①	②	③	④	⑤	①	②	③	④	⑤
	7. 샴푸 후 두피 · 모발 상태를 파악하여 모발에 트리트먼트를 할 수 있다.	①	②	③	④	⑤	①	②	③	④	⑤
	8. 트리트먼트제를 모발에 도포한 후 두피 지압과 매니플레이션을 할 수 있다.	①	②	③	④	⑤	①	②	③	④	⑤
	9. 트리트먼트제가 페이스라인, 귀, 두피 등에 남지 않도록 충분하게 헹굴 수 있다.	①	②	③	④	⑤	①	②	③	④	⑤
	10. 타월로 모발의 물기를 제거한 후 두상을 타월로 감쌀 수 있다.	①	②	③	④	⑤	①	②	③	④	⑤
	11. 샴푸대 및 주변을 깨끗하게 정리한 후 고객을 서비스 공간으로 안내할 수 있다.	①	②	③	④	⑤	①	②	③	④	⑤
응용 드라이	1. 블로우 드라이어를 사용하여 모발에 S-S컬 웨이브를 연출할 수 있다.	①	②	③	④	⑤	①	②	③	④	⑤
	2. 콤아웃 기법과 헤어스타일 연출 제품 등을 사용하여 헤어스타일을 완성할 수 있다.	①	②	③	④	⑤	①	②	③	④	⑤

[진단결과]

진단영역	문항 수	점수	점수 ÷ 문항 수	문항 수	점수	점수 ÷ 문항 수
고객응대 서비스	11			11		
헤어스타일 상담	8			8		
헤어 샴푸	11			11		
응용 드라이	2			2		
합계	32			32		

※ 자신의 점수를 문항 수로 나눈 값이 '3점' 이하에 해당하는 영역은 업무를 성공적으로 수행하는 능력이 부족한 것으로 교육훈련이나 개인학습을 통한 개발이 필요함.

[교수자 피드백]

S-S컬(핑거)

Chapter 3 샴푸 및 헤어스타일링 실기

14 rd week

S-S컬(핑거) 드라이

학습내용(단원명)	수업 목표
S-S컬(핑거) 드라이	• 블로우 드라이어를 사용하여 모발에 S-S컬 웨이브를 연출할 수 있다. • 콤아웃 기법과 헤어스타일 연출 제품 등을 사용하여 헤어스타일을 완성할 수 있다.

헤어스타일 상담

성 명 :	학 번 :	시술일자: 20 년 월 일

고객이름 :	나이 :

얼굴형태 분석 □ 둥근형 □ 장방형 □ 계란형 □ 역삼각형 □ 사각형
두상형태 분석 □ 탑부분 솟은 형태 □ 탑부분 낮은 형태 □ 측면 들어간 형태 □ 측면 나온 형태

체격형태분석 □ 키가 크고 마른 체형 □ 키가 크고 통통한 체형
□ 키가 작고 마른 체형 □ 키가 작고 통통한 체형

모질상태 분석
□ 건강모 □ 손상모(염색모) □ 극손상모 □ 직모 □ 파상모 □ 축모
□ 웨이브 모발 (□일반펌, □열펌)

커트형태분석 □ 짧은 길이 □ 중간 길이 □ 긴 길이

상담내용 (고객이 원하는 스타일)

디자인 분석 및 시술 과정

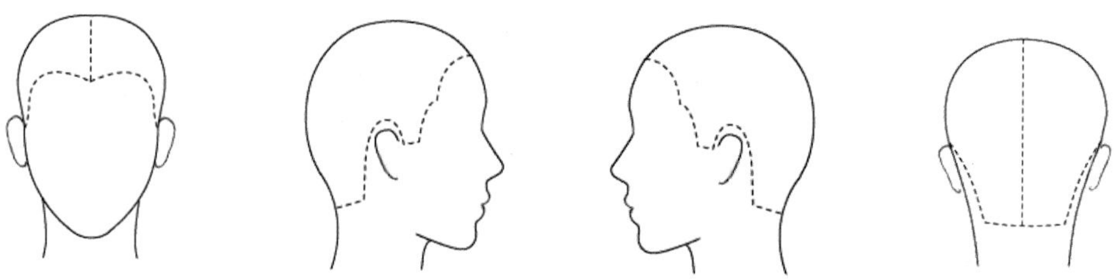

시술도구 및 제품

미용요금 상세 주문내역서

20 년 월 일

고객성명	□ 남 □ 여	핸드폰 (SNS)	□ 수신 □ 수신안함
담당자		생일	
방문경로	□ 블로그 □ 카페 □ 간판 □ 재방문 □ 소개 ( ) □ 기타		

시술내용	기본요금	추가요금	비고
컷트 □ 남 □ 여 □ 학생 □ 디자인컷 □ 앞머리			
펌 □ 앞머리 □ 다운펌 □ 기본펌 □ 영양펌 □ 열펌 □ 뿌리펌			
염색 □ 뿌리염색 □ 전체염새 □ 탈 색 □ 헤나/왁싱 □ 와칸			
크리닉 □ 기본 □ 특수			
두피 스켈링			
스켈링 컷			
드라이			
샴푸			
업스타일			
점판			

할인/서비스	(%) /
총 합계	
결제방법	□ 현금 □ 카드 □ 회원권

고객 확인	(서명)	담당자 (원장, 부원장, 점장, 실장, 디자이너, 매니저)	(서명)

※ 공중위생관리법에 의거하여 시술하는 자는 미용사 자격증(면허증)이 반드시 있어야 함.

개인정보 수집 및 사진 이용 동의서

본인은

헤어 미용 수업의 교재로 사용될 『교육역량 강화를 위한 샴푸&헤어스타일링』에 사용되는 헤어시술 모델과 관련하여 개인정보 제공 및 시술 사진을 활용하는 것에 동의합니다.

1. 목적 : 작품별 관련 모델 시술자료
2. 수집항목 : 본인 얼굴 및 시술과정 사진

20 년 월 일

■ 본 인

- 성 명 : (서명)
- 생년월일 :
- 주 소 :
- 확인(시술자) (서명)

개인정보보호법 제15조

개인정보 수집 · 이용에 동의	동의 ☐	미동의 ☐
사진활용에 동의	동의 ☐	미동의 ☐

본인은 헤어시술 모델과 관련하여 어떠한 이의도 제기하지 않겠다는 것에 동의합니다.

20 년 월 일

(서명)

1. 핑거 드라이 준비하기

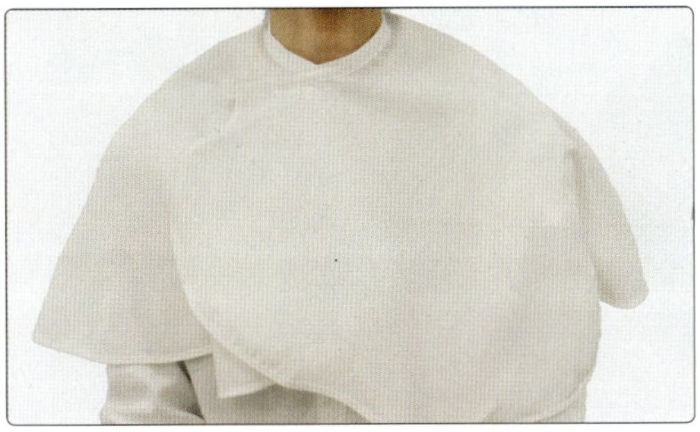

드라이보 착용하기

드라이 시술 전 고객의 피부와 옷을 보호하기 위해 드라이보를 준비한다.

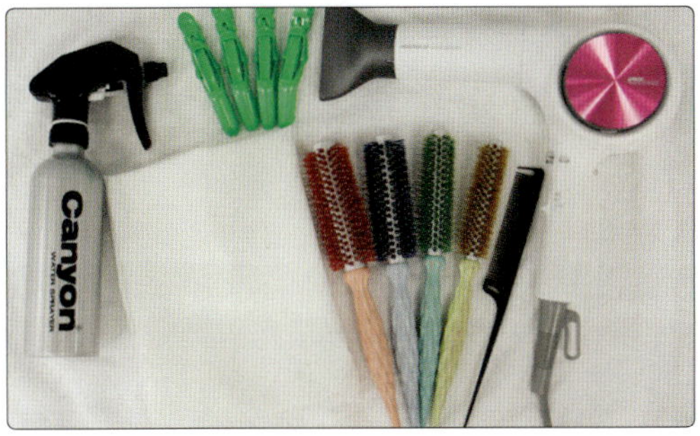

시술도구 준비하기

핑거 드라이 시술을 위해 드라이보, 블로우 드라이어, 분무기, 롤브러시, 꼬리빗, 핀셋을 준비한다.

2. 핑거 드라이 시술 전

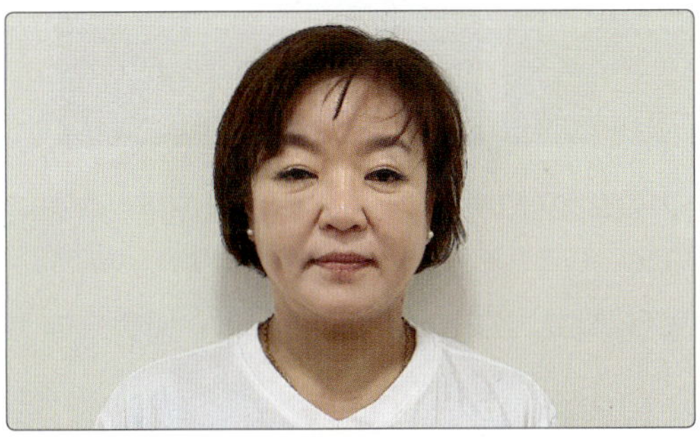

앞(front)

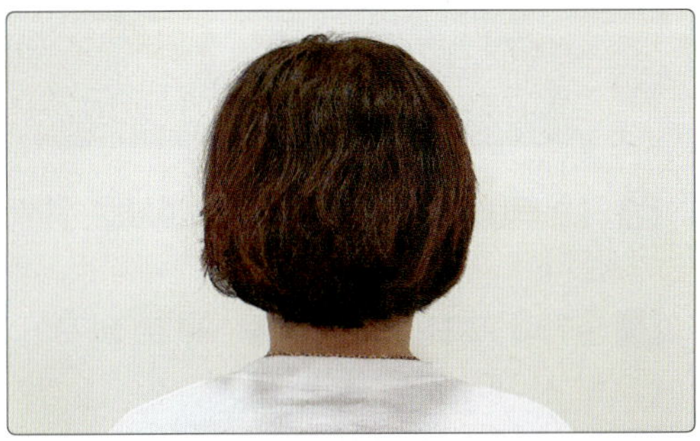

뒤(back)

3. 핑거 드라이 시술하기

1 열풍에 의해 컬이 건조되지 않도록 냉풍을 이용해 먼저 두피의 수분을 제거한다.

2 양측 백사이드(Back Side)는 손가락을 이용해 모발을 집어 올려 드라이어 입구가 윗 방향으로 손가락을 따라 냉풍으로 두피의 수분을 제거한다.

3 좌측 백사이드(Back Side)는 드라이어를 반대 손으로 잡고 위와 동일한 방법으로 진행한다.

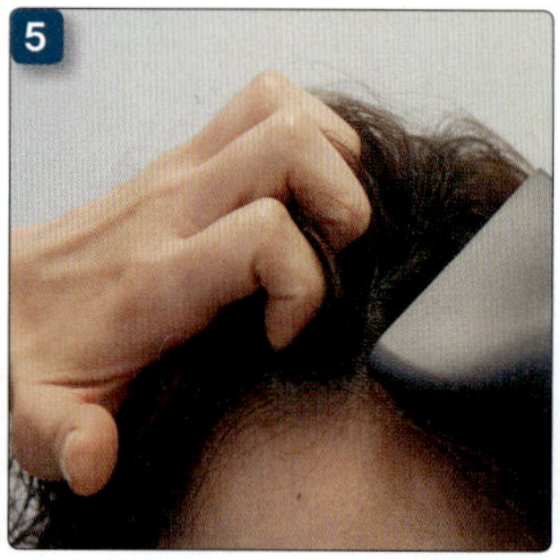
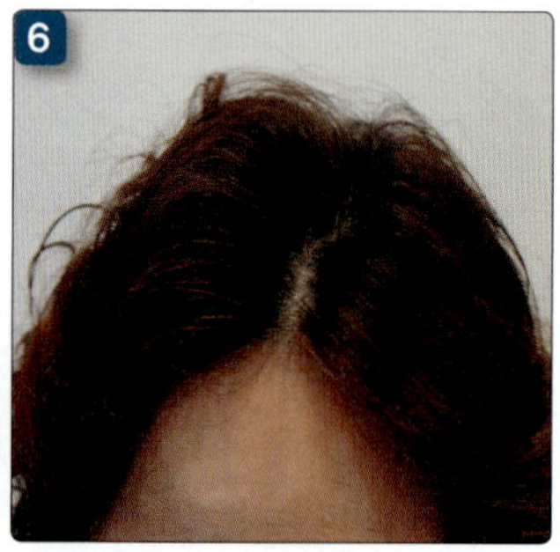

4 프론트(Front)는 뿌리 볼륨 생성을 위해 손가락의 포지션을 갈고리 형태로 만든 후 열을 준다.

5 손가락 포지션의 방향을 180°로 바꾸어 모발을 잡고, 드라이어 입구는 반대 방향으로 모발 사이에 열을 통과시킨다.

6 프론트(Front)의 뿌리 볼륨이 생성된 모습이다.

7 좌측 사이드(Side)는 리버스 컬의 방향성을 위해 손가락을 이용해 시계 방향으로 바람을 준다.

8 모발을 시계 방향으로 감아 스프링의 형태로 하여 위, 아래로 움직이며 열을 주어 건조한다.

9 우측 사이드(Side)도 리버스 컬의 방향성을 위해 좌측 시술과는 반대로 손가락을 이용해 시계 반대 방향으로 바람을 준다.

 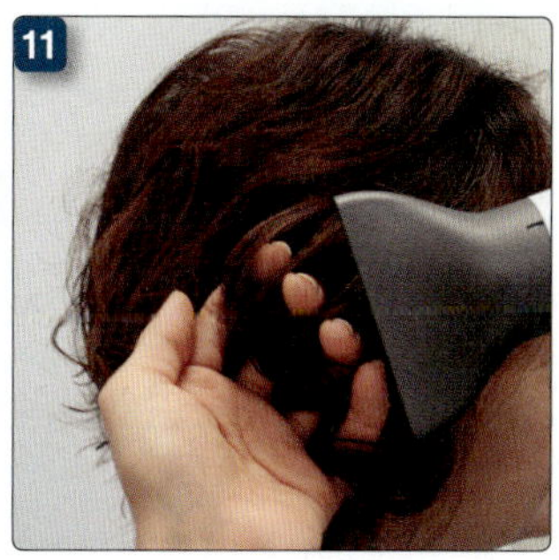 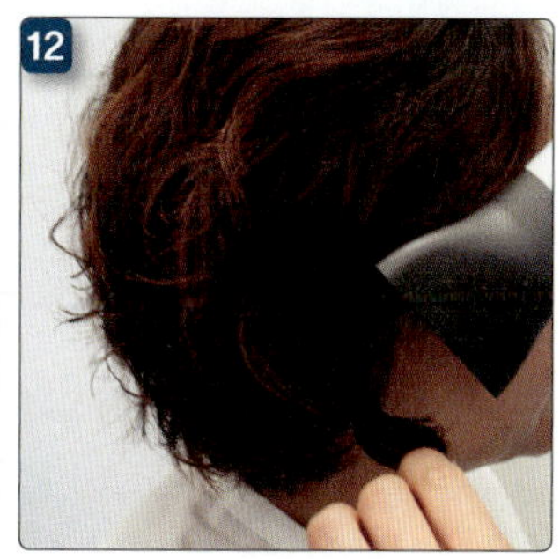

10 모발을 시계 반대 방향으로 감아 스프링의 형태로 하여 위, 아래로 움직이며 열을 주어 건조한다.

11 손가락의 포지션을 갈고리 형태로 만든 후 드라이어 입구는 손가락을 따라 모발을 빗어 내린다.

12 우측 사이드(Side) 밑단은 손가락으로 리버스 컬 방향으로 열을 주어 릿지를 형성한다.

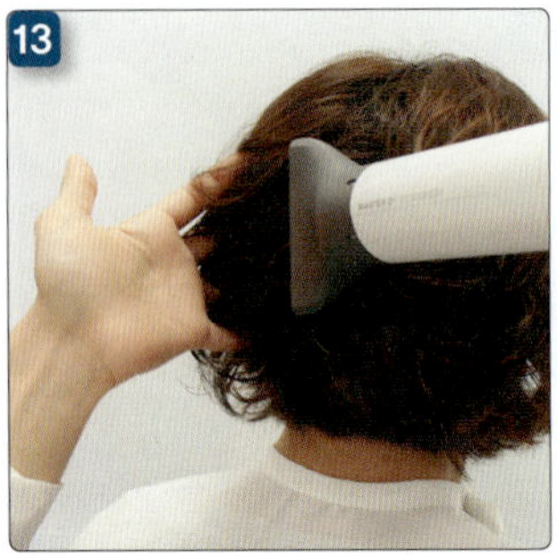

13 좌측 백사이드(Back Side)는 후두부의 볼륨 생성을 위해 얼굴 방향으로 드라이한다.

14 드라이어 입구는 손을 따라가며 열을 주고, 손바닥은 180° 뒤집어 볼륨을 생성한다.

15 네이프(Nape) 밑단은 뜨지 않도록 주먹을 쥐듯 모발을 잡아 열을 준다.

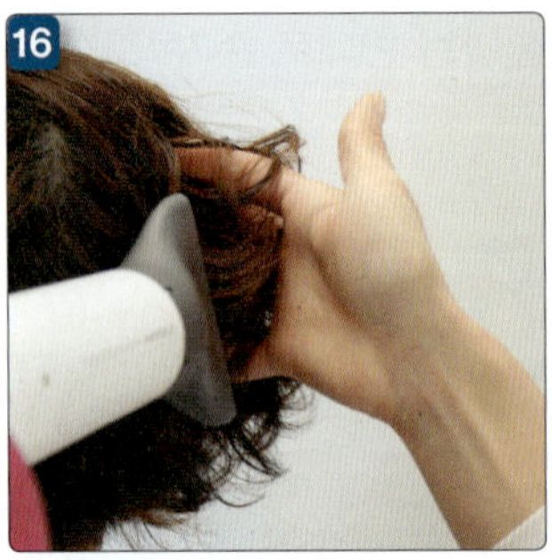
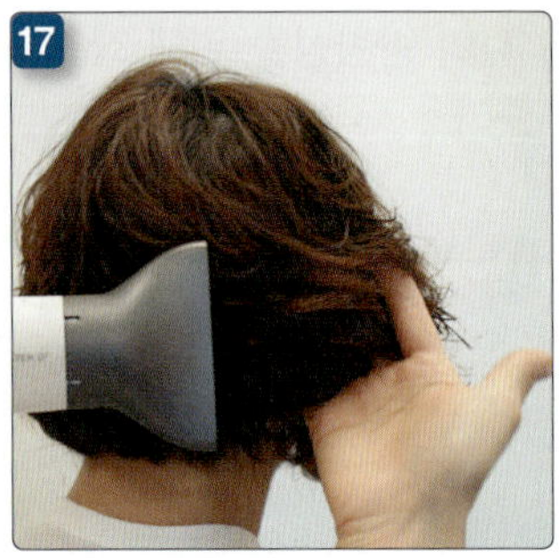

16 우측 백사이드(Back Side)도 손을 바꾸어 동일한 방법으로 시술한다.

17 손바닥을 180° 뒤집어 볼륨을 잡아주고 블로우 드라이어 입구와 함께 열을 준다.

18 네이프(Nape) 밑단은 뜨지 않도록 주먹을 쥐듯 모발을 잡아 열을 준다.

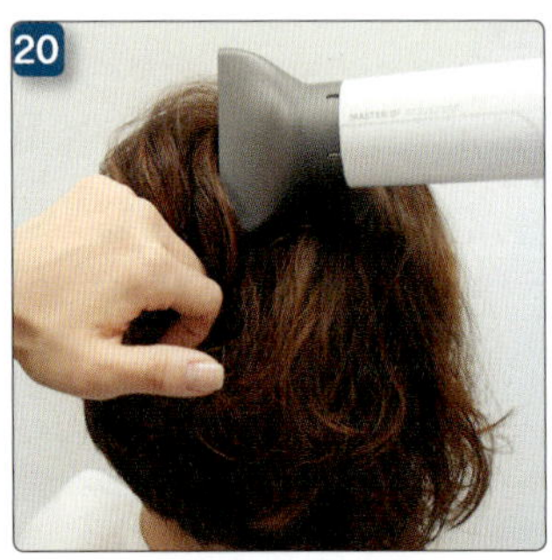
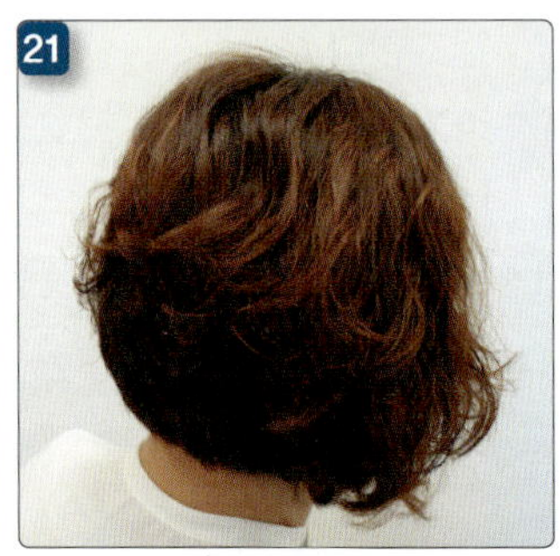

19 탑(Top)은 뿌리 볼륨 생성을 위해 손가락의 포지션을 갈고리 형태로 만든 후 열을 준다.

20 모발의 흐름을 따라 손가락과 드라이어 입구를 교차시켜 열을 주고 뜸을 들여 릿지를 형성한다.

21 백(Back)의 지라시가 형성된 모습이다.

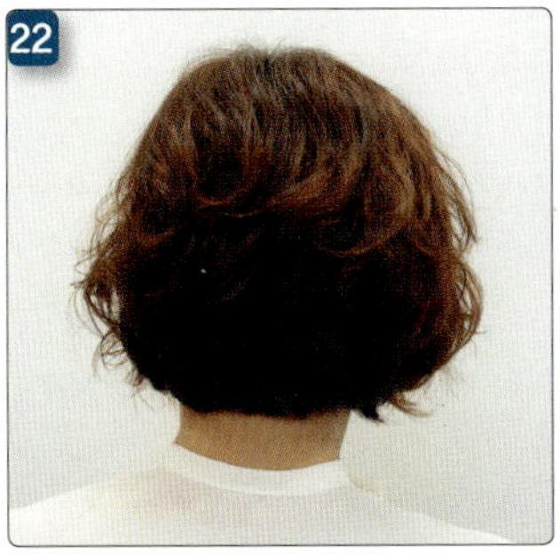

22 백(Back)의 핑거 드라이가 완성된 모습이다.

23 우측 앞머리도 컬의 흐름에 따라 시계 반대 방향으로 열을 주고 뜸을 들여 컬을 형성한다.

24 섹션의 변화를 주며 위의 시술을 반복한다.

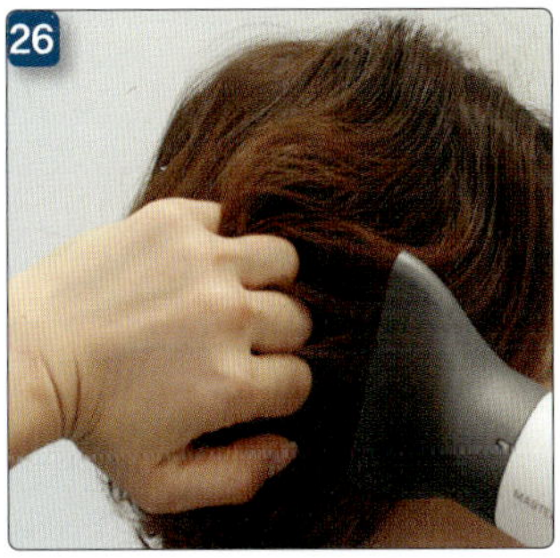

25 모발의 흐름을 따라 손가락과 드라이어 입구를 교차시켜 열을 주고 뜸을 들여 릿지를 형성한다.

26 계속해서 모발 흐름의 변화에 열을 주고 뜸을 들여 릿지를 형성한다.

27 우측 사이드(Side) 밑단은 손가락으로 리버스 컬의 방향성을 고려해 릿지를 형성하여 고정한다.

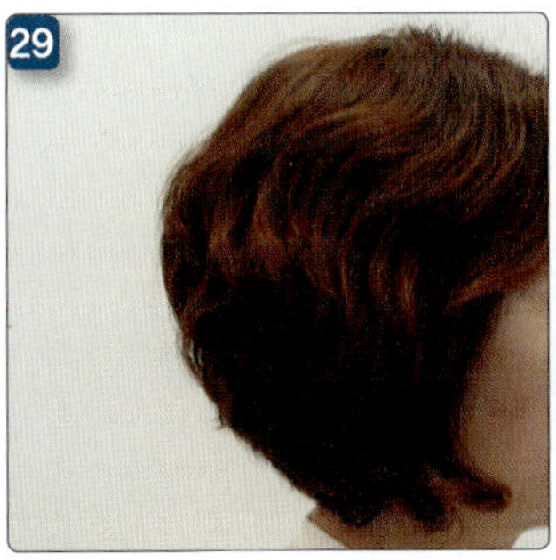

28 방향감을 감아주며 마무리한다.

29 우측 사이드(Side)의 핑거 드라이가 완성된 모습이다.

30 좌측 앞머리도 컬의 흐름에 따라 시계 방향으로 열을 주고 뜸을 들여 컬을 형성한다.

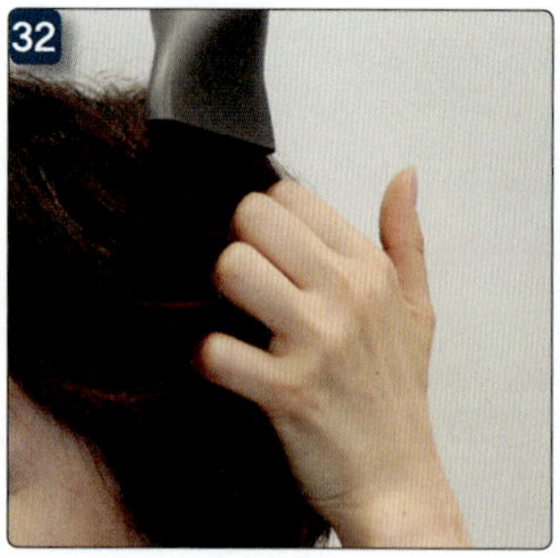
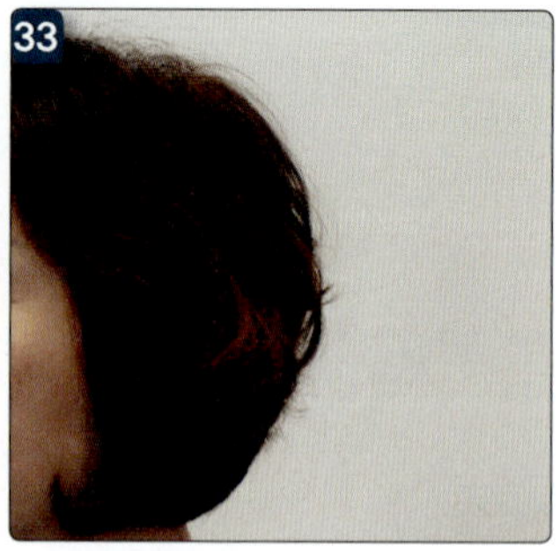

31 좌측 앞머리 역시 컬의 흐름에 따라 시계방향으로 돌려주며 열을 주고 식히고를 반복하며 컬을 형성킨다.

32 좌측 사이드(Side) 밑단은 손가락으로 리버스 컬의 방향성을 고려해 릿지를 형성하여 고정한다.

33 우측 핑거드라이가 완성된 모습이다.

4. 핑거 드라이 시술 후

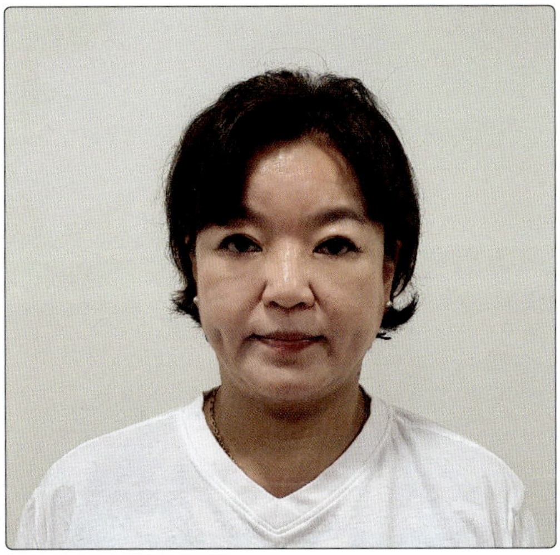

앞(front)

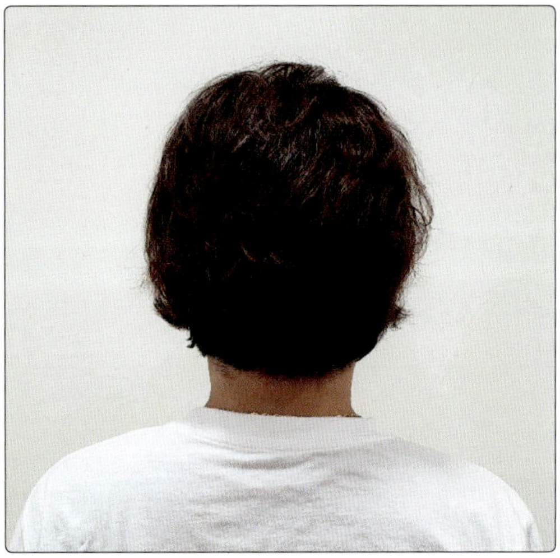

뒤(back)

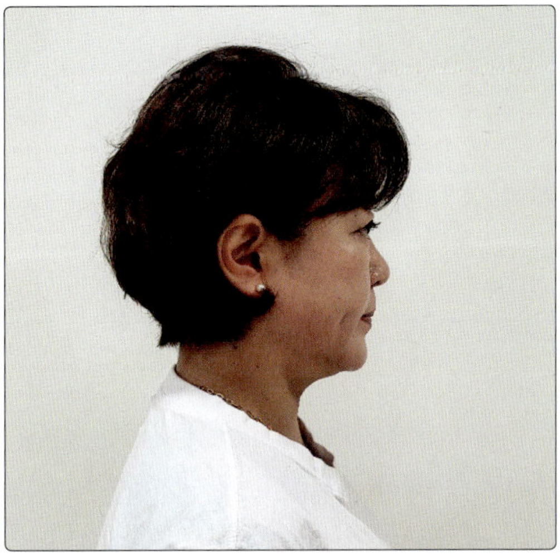

우측(right side)

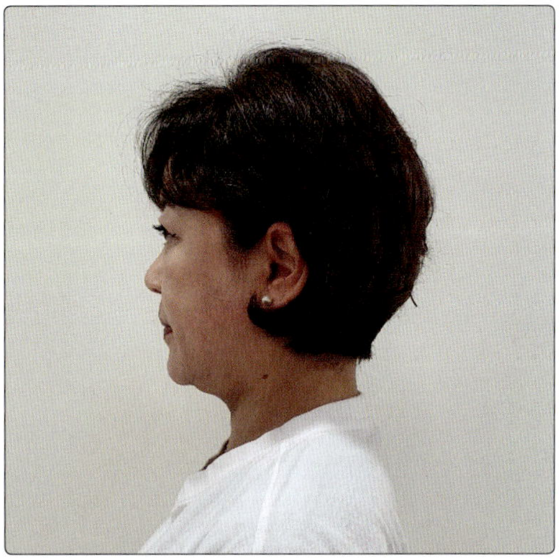

좌측(left side)

<table>
<tr><th colspan="3">실습과정 사진</th></tr>
<tr><th colspan="2">사진</th><th>설명</th></tr>
<tr><td></td><td></td><td></td></tr>
<tr><td></td><td></td><td></td></tr>
<tr><td></td><td></td><td></td></tr>
<tr><td></td><td></td><td></td></tr>
<tr><td></td><td></td><td></td></tr>
</table>

실습 사진	
앞(front)	뒤(back)
우측(right side)	좌측(left side)

Review 〈단원평가〉

S-S컬(핑거) 드라이 실습에 대한 장점과 단점, 그리고 느낀 점을 적으시오.

장점

단점

느낀 점

학생 자가 진단 및 교수평가

능력단위명 〈코드〉	고객응대 서비스 〈1201010116_19v5〉, 헤어스타일 상담 〈1201010130_17v4〉, 헤어 샴푸 〈1201010156_19v5〉, 응용 드라이 〈1201010139_17v4〉

진단 영역	진단문항	학생 평가					교수평가				
		매우 미흡	미흡	보통	우수	매우 우수	매우 미흡	미흡	보통	우수	매우 우수
고객응대 서비스	1. 고객의 방문사유를 확인한 후 대기 또는 서비스공간으로 안내할 수 있다.	①	②	③	④	⑤	①	②	③	④	⑤
	2. 나는 고객의 소지품과 의복 등을 보관할 수 있다.	①	②	③	④	⑤	①	②	③	④	⑤
	3. 나는 고객에게 전화응대 서비스를 할 수 있다.	①	②	③	④	⑤	①	②	③	④	⑤
	4. 나는 고객에게 대기시간을 전달하고 서비스공간으로 안내할 수 있다.	①	②	③	④	⑤	①	②	③	④	⑤
	5. 나는 고객에게 준비된 다과 및 음료 등을 제공할 수 있다.	①	②	③	④	⑤	①	②	③	④	⑤
	6. 나는 고객에게 신문, 잡지, 컴퓨터 등을 제공할 수 있다.	①	②	③	④	⑤	①	②	③	④	⑤
	7. 나는 보관한 고객의 소지품과 의복 등을 고객에게 전달할 수 있다.	①	②	③	④	⑤	①	②	③	④	⑤
	8. 나는 서비스가 종료된 고객에게 서비스 내역과 요금을 확인 후 결제할 수 있다.	①	②	③	④	⑤	①	②	③	④	⑤
	9. 나는 제휴카드 포인트 적립 등의 부가서비스를 안내할 수 있다.	①	②	③	④	⑤	①	②	③	④	⑤
	10. 나는 고객에게 재 방문시기를 안내할 수 있다.	①	②	③	④	⑤	①	②	③	④	⑤
	11. 나는 고객을 배웅할 수 있다.	①	②	③	④	⑤	①	②	③	④	⑤
헤어스타일 상담	1. 고객의 미용서비스 이력을 수집할 수 있다.	①	②	③	④	⑤	①	②	③	④	⑤
	2. 고객의 건강상태 및 알레르기 등의 특이사항에 대한 정보를 수집할 수 있다.	①	②	③	④	⑤	①	②	③	④	⑤
	3. 고객의 취향 및 라이프스타일 등에 대한 정보를 수집할 수 있다.	①	②	③	④	⑤	①	②	③	④	⑤
	4. 패션, 메이크업, 헤어스타일 등 최신 트렌드정보를 수집 · 분석할 수 있다.	①	②	③	④	⑤	①	②	③	④	⑤
	5. 시각자료를 이용하여 고객이 요구하는 헤어디자인을 파악할 수 있다.	①	②	③	④	⑤	①	②	③	④	⑤

진단 영역	진 단 문 항	학생 평가					교수평가				
		매우 미흡	미흡	보통	우수	매우 우수	매우 미흡	미흡	보통	우수	매우 우수
헤어스타일 상담	6. 고객의 취향 및 라이프스타일 등을 고려하여 고객에게 어울리는 스타일을 제안할 수 있다.	①	②	③	④	⑤	①	②	③	④	⑤
	7. 미용서비스 전 고객에게 지불할 요금을 안내하여 동의를 구할 수 있다.	①	②	③	④	⑤	①	②	③	④	⑤
	8. 미용서비스 중간에 요금이 변경된 경우 고객에게 재 안내 할 수 있다.	①	②	③	④	⑤	①	②	③	④	⑤
헤어 샴푸	1. 고객의 편의를 위해 가운 및 무릎덮개, 어깨타월을 착용해 주고 좌식 또는 와식 샴푸를 준비할 수 있다.	①	②	③	④	⑤	①	②	③	④	⑤
	2. 엉킨 모발의 정돈과 이물질 제거를 위해 사전 브러시를 할 수 있다.	①	②	③	④	⑤	①	②	③	④	⑤
	3. 고객이 불편하지 않도록 샴푸대의 높이 조절하고 수온을 조절할 수 있다.	①	②	③	④	⑤	①	②	③	④	⑤
	4. 얼굴에 물이 튀지 않도록 모발에 물길을 만들어 모발을 충분하게 적실 수 있다.	①	②	③	④	⑤	①	②	③	④	⑤
	5. 모발 길이 및 모량에 따라 적당량의 샴푸제를 사용하여 두피 매니플레이션을 할 수 있다.	①	②	③	④	⑤	①	②	③	④	⑤
	6. 샴푸성분이 남지 않도록 페이스라인, 귀, 모발, 두피 등을 충분하게 헹굴 수 있다.	①	②	③	④	⑤	①	②	③	④	⑤
	7. 샴푸 후 두피 · 모발 상태를 파악하여 모발에 트리트먼트를 할 수 있다.	①	②	③	④	⑤	①	②	③	④	⑤
	8. 트리트먼트제를 모발에 도포한 후 두피 지압과 매니플레이션을 할 수 있다.	①	②	③	④	⑤	①	②	③	④	⑤
	9. 트리트먼트제가 페이스라인, 귀, 두피 등에 남지 않도록 충분하게 헹굴 수 있다.	①	②	③	④	⑤	①	②	③	④	⑤
	10. 타월로 모발의 물기를 제거한 후 두상을 타월로 감쌀 수 있다.	①	②	③	④	⑤	①	②	③	④	⑤
	11. 샴푸대 및 주변을 깨끗하게 정리한 후 고객을 서비스 공간으로 안내할 수 있다.	①	②	③	④	⑤	①	②	③	④	⑤
응용 드라이	1. 블로우 드라이어를 사용하여 모발에 S-S컬 웨이브를 연출할 수 있다.	①	②	③	④	⑤	①	②	③	④	⑤
	2. 콤아웃 기법과 헤어스타일 연출 제품 등을 사용하여 헤어스타일을 완성할 수 있다.	①	②	③	④	⑤	①	②	③	④	⑤

[진단결과]

진단영역	문항 수	점수	점수 ÷ 문항 수	문항 수	점수	점수 ÷ 문항 수
고객응대 서비스	11			11		
헤어스타일 상담	8			8		
헤어 샴푸	11			11		
응용 드라이	2			2		
합계	32			32		

※ 자신의 점수를 문항 수로 나눈 값이 '3점' 이하에 해당하는 영역은 업무를 성공적으로 수행하는 능력이 부족한 것으로 교육훈련이나 개인학습을 통한 개발이 필요함.

[교수자 피드백]

S-S컬(트위스트)

Chapter 3 샴푸 및 헤어스타일링 실기

15 rd week

S-S컬(트위스트) 드라이

학습내용(단원명)	수업 목표
S–S컬(트위스트) 드라이	• 헤어 아이론을 사용하여 모발에 S–S컬 웨이브를 연출할 수 있다. • 콤아웃 기법과 헤어스타일 연출 제품 등을 사용하여 헤어스타일을 완성할 수 있다.

헤어스타일 상담

성 명 :	학 번 :	시술일자: 20 년 월 일
고객이름 :	나이 :	

얼굴형태 분석 □ 둥근형 □ 장방형 □ 계란형 □ 역삼각형 □ 사각형
두상형태 분석 □ 탑부분 솟은 형태 □ 탑부분 낮은 형태 □ 측면 들어간 형태 □ 측면 나온 형태

체격형태분석 □ 키가 크고 마른 체형 □ 키가 크고 통통한 체형
□ 키가 작고 마른 체형 □ 키가 작고 통통한 체형

모질상태 분석
□ 건강모 □ 손상모(염색모) □ 극손상모 □ 직모 □ 파상모 □ 축모
□ 웨이브 모발 (□일반펌, □열펌)

커트형태분석 □ 짧은 길이 □ 중간 길이 □ 긴 길이

상담내용 (고객이 원하는 스타일)

디자인 분석 및 시술 과정

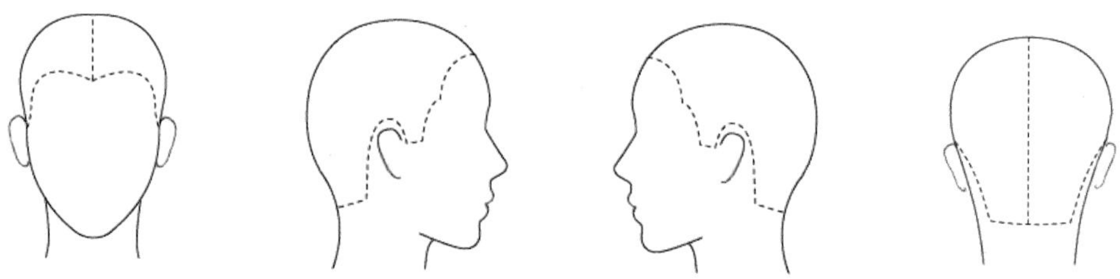

시술도구 및 제품

미용요금 상세 주문내역서

20 년 월 일

고객성명	□ 남 □ 여	핸드폰 (SNS)	□ 수신 □ 수신안함
담당자		생일	
방문경로	□ 블로그 □ 카페 □ 간판 □ 재방문 □ 소개 ( ) □ 기타		

시술내용	기본요금	추가요금	비고
컷트 □ 남 □ 여 □ 학생 □ 디자인컷 □ 앞머리			
펌 □ 앞머리 □ 다운펌 □ 기본펌 □ 영양펌 □ 열펌 □ 뿌리펌			
염색 □ 뿌리염색 □ 전체염색 □ 탈 색 □ 헤나/왁싱 □ 와칸			
크리닉 □ 기본 □ 특수			
두피 스켈링			
스켈링 컷			
드라이			
샴푸			
업스타일			
점판			

할인/서비스	(%) /
총 합계	
결제방법	□ 현금 □ 카드 □ 회원권

고객 확인	(서명)	담당자 (원장, 부원장, 점장, 실장, 디자이너, 매니저)	(서명)

※ 공중위생관리법에 의거하여 시술하는 자는 미용사 자격증(면허증)이 반드시 있어야 함.

개인정보 수집 및 사진 이용 동의서

본인은

헤어 미용 수업의 교재로 사용될 『교육역량 강화를 위한 샴푸&헤어스타일링』에 사용되는 헤어시술 모델과 관련하여 개인정보 제공 및 시술 사진을 활용하는 것에 동의합니다.

1. 목적 : 작품별 관련 모델 시술자료
2. 수집항목 : 본인 얼굴 및 시술과정 사진

20 년 월 일

■ 본 인

• 성 명 : (서명)

• 생년월일 :

• 주 소 :

• 확인(시술자) (서명)

개인정보보호법 제15조

개인정보 수집 · 이용에 동의	동의 □	미동의 □
사진활용에 동의	동의 □	미동의 □

본인은 헤어시술 모델과 관련하여 어떠한 이의도 제기하지 않겠다는 것에 동의합니다.

20 년 월 일

(서명)

1. 트위스트 드라이 준비하기

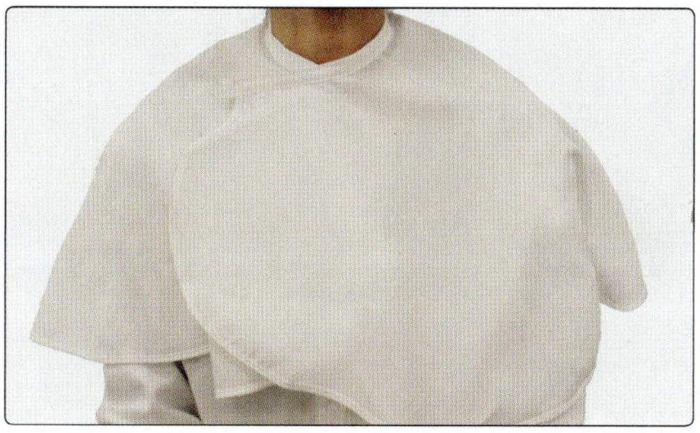

드라이보 착용하기

드라이 시술 전 고객의 피부와 옷을 보호하기 위해 드라이보를 준비한다.

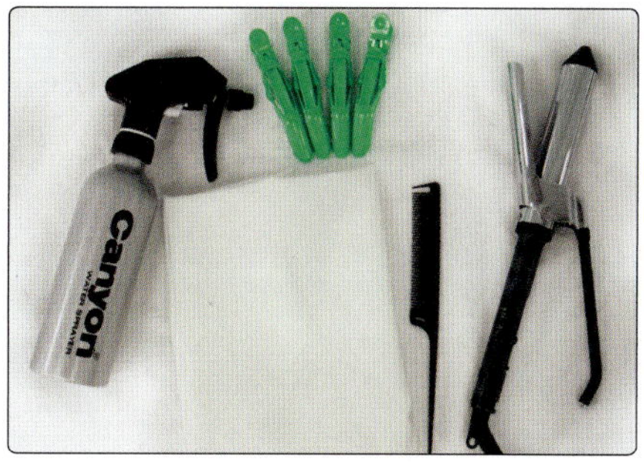

시술도구 준비하기

트위스트 드라이 시술을 위해 드라이보, 헤어 아이론, 분무기, 꼬리빗, 핀셋을 준비한다.

2. 트위스트 드라이 시술 전

앞(front)

뒤(back)

3. 트위스트 드라이 시술하기

1 컬의 균형을 맞추기 위해 좌측 사이드(Side)부터 세로 섹션으로 시술한다.
2 판넬은 두상의 90°, 아이론은 45°로 핸들이 위를 향하게 잡는다.
3 아이론을 고정한 후 모발을 오른쪽으로 꼬아가며 프롱에 감는다.

4 계속해서 모발이 풀리지 않도록 텐션을 유지하며 진행한다.
5 모발 끝까지 꼬아가며 감은 후 그루브를 닫아 뜸을 들인다.
6 아이론은 오른쪽 윗 방향으로 위치하고 그루브를 열어 아웃한다.

7 왼손으로 모발을 받는다.
8 살짝 주먹을 쥐듯 모발을 잡아 열을 식혀 탄력있는 컬이 늘어지지 않도록 한다.
9 좌측 사이드(Side) 트위스트 컬이 형성된 모습이다.

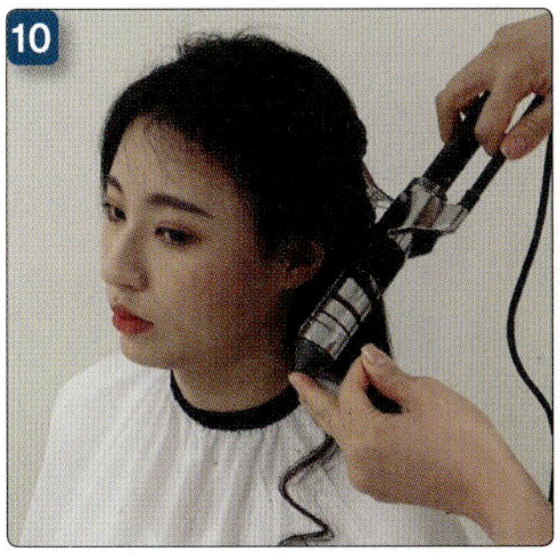  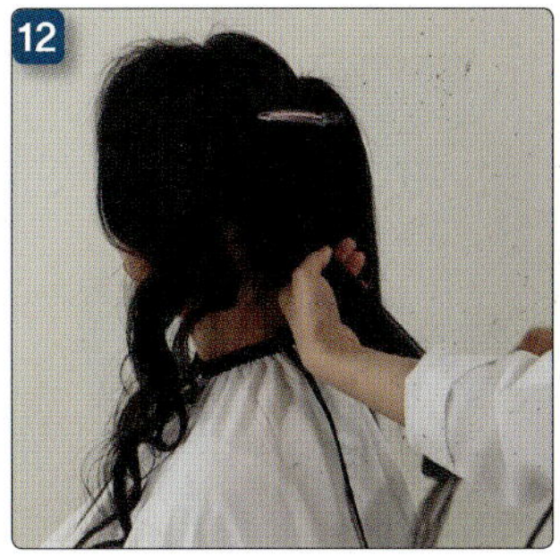

10 다음 파팅도 동일한 방법으로 진행한다.

11 좌측 사이드(Side) 트위스트 드라이가 완성된 모습이다.

12 이어서 좌측 네이프(Nape)의 판넬은 두상의 90°로 시술한다.

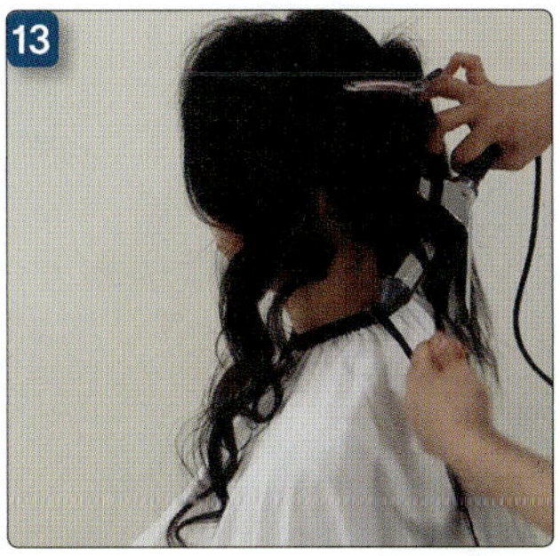 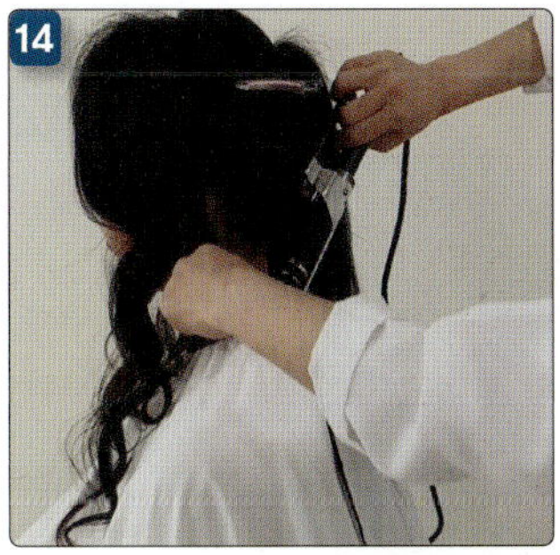 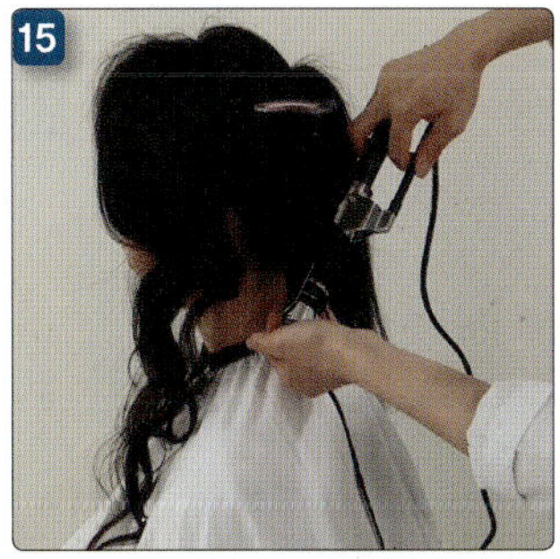

13 아이론은 45°로 핸들이 위를 향하게 잡아 고정한 후 모발을 오른쪽으로 꼬아가며 프롱에 감는다.

14 계속해서 텐션을 유지하며 모발 끝까지 꼬아 감은 후 그루브를 닫아 뜸을 들인다.

15 아이론은 오른쪽 윗 방향으로 위치하고 그루브를 열어 아웃한다.

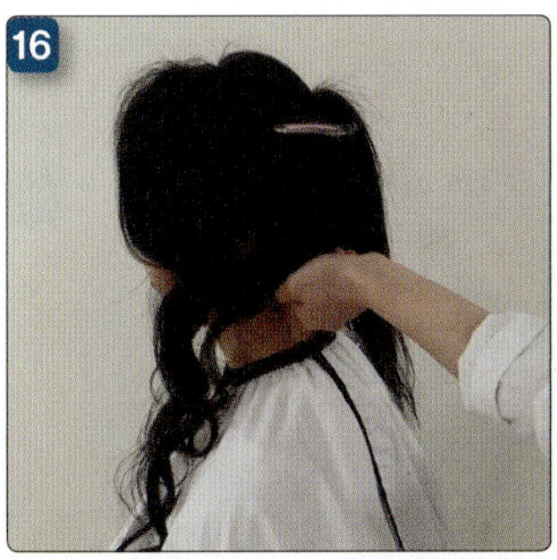  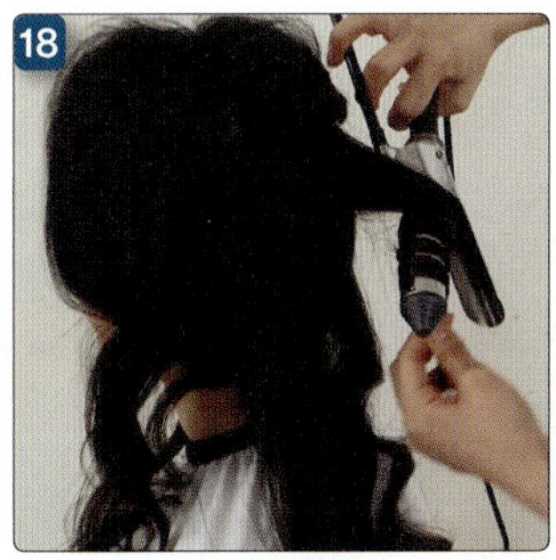

16 왼손으로 모발을 받아 살짝 주먹을 쥐듯 모발을 잡아 열을 식혀 컬이 늘어지지 않도록 한다.

17 좌측 G.P는 아이론을 45°로 핸들이 위를 향하게 잡고 아래 컬의 시작점을 확인하여 컬을 연결한다.

18 아이론을 고정한 후 모발을 오른쪽으로 꼬아가며 프롱에 감는다.

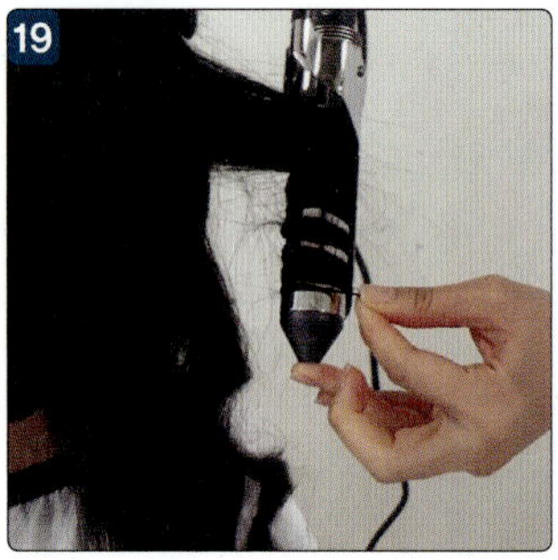

19 계속해서 텐션을 유지하며 모발 끝까지 꼬아 감은 후 그루브를 닫아 뜸을 들인다.

20 왼손으로 모발을 받아 살짝 주먹을 쥐듯 모발을 잡아 열을 식혀 컬이 늘어지지 않도록 한다.

21 좌측 G.P의 트위스트 컬이 형성된 모습이다. 계속해서 동일한 방법으로 진행한다.

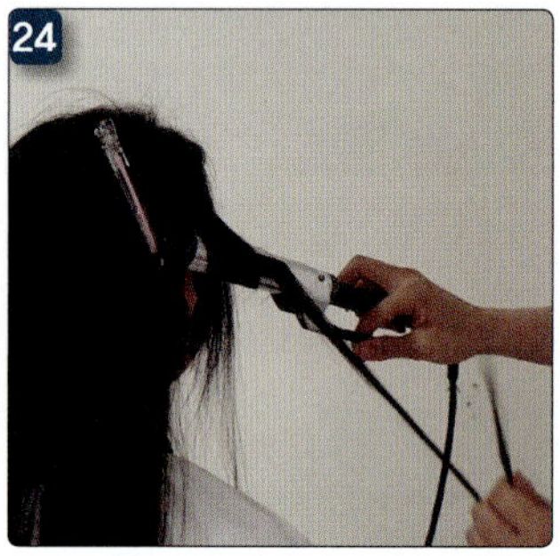

22 이어서 우측 사이드(Side)의 판넬은 두상의 90°, 아이론은 45°로 핸들이 아래를 향하게 잡고 시술하되 왼손으로 모발을 잡아 오른손과 교차시켜 오른쪽 아래 방향으로 돌린다.

23 오른손의 검지로 모발을 이어받아 감는다.

24 다시 왼손으로 이어받아 텐션을 주고 릿지 형성을 위해 아이론을 한 바퀴 돌린다.

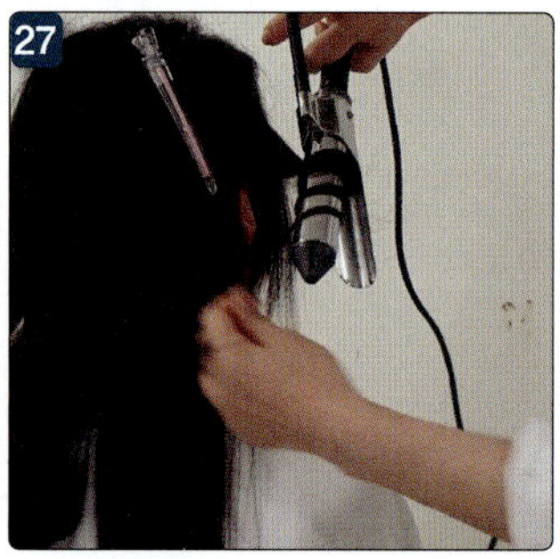

25 판넬에 자국이 나지 않도록 주의하며 아이론을 아웃한다.

26 왼손으로 판넬의 릿지를 형성한다.

27 아이론은 45°로 핸들이 위를 향하게 잡고 릿지를 형성해놓은 부분에 위치하여 첫 단의 릿지가 무너지지 않도록 주의하며 모발을 꼬아가며 프롱에 감은 후 그루브를 닫아 뜸을 들인다.

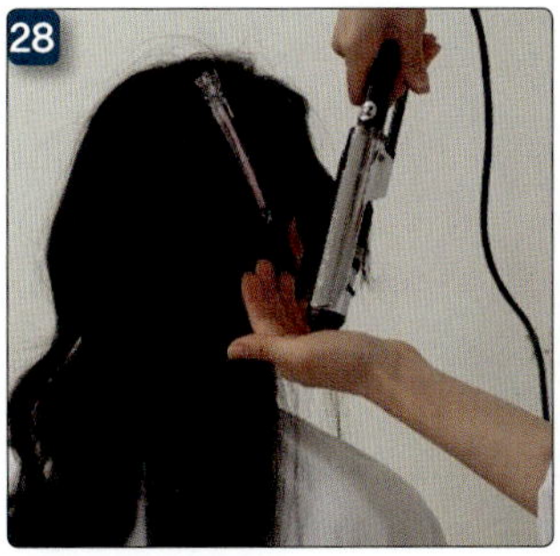
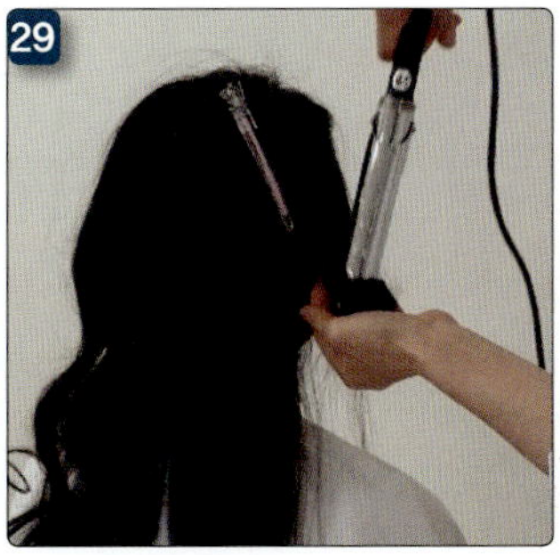

28 아이론은 오른쪽 윗 방향으로 위치하고 그루브를 열어 아웃한다.

29 왼손으로 모발을 받아 살짝 주먹을 쥐듯 모발을 잡아 열을 식혀 컬이 늘어지지 않도록 한다.

30 우측 사이드(Side) 드라이가 완성된 모습이다. 계속해서 백사이드(Back Side)도 동일한 방법으로 진행한다.

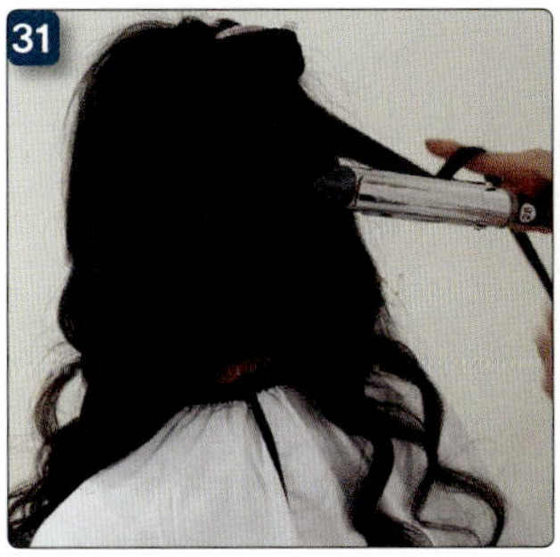

31 우측 G.P는 아이론을 45°로 핸들이 아래를 향하게 잡고 아래 컬의 시작점을 확인하여 컬을 연결하되 왼손으로 모발을 잡아 오른손과 교차시켜 오른쪽 아래 방향으로 돌린다.

32 오른손의 검지로 모발을 이어받아 감은 후 왼손으로 이어받아 텐션을 주고 릿지 형성을 위해 아이론을 한 바퀴 돌려 뜸을 들인 후 판넬에 자국이 나지 않도록 주의하며 아이론을 아웃한다.

33 왼손으로 판넬의 릿지를 형성한다.

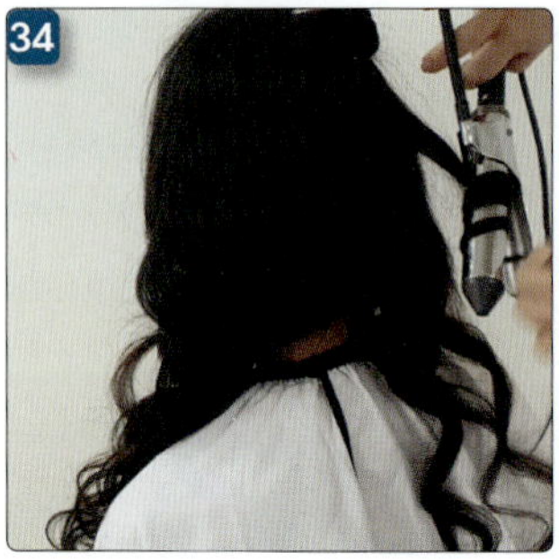

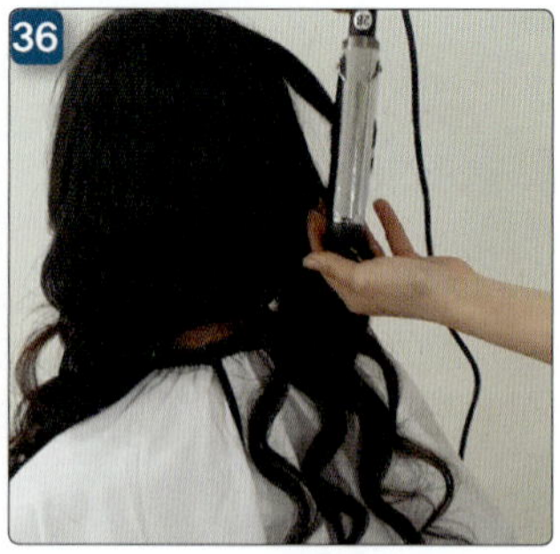

34 아이론은 45°로 핸들이 위를 향하게 잡고 릿지를 형성해놓은 부분에 위치하여 첫 단의 릿지가 무너지지 않도록 주의하며 모발을 꼬아가며 감는다.

35 모발 끝까지 감은 후 그루브를 닫아 뜸을 들인다.

36 아이론은 오른쪽 윗 방향으로 위치하고 왼손으로 모발을 받으며 아웃한 후 살짝 주먹을 쥐듯 모발을 잡아 열을 식혀 컬이 늘어지지 않도록 하여 트위스트 드라이를 완성한다.

4. 트위스트 드라이 시술 후

앞(front)

뒤(back)

우측(right side)

좌측(left side)

실습과정 사진		
사진		설명

실습 사진

앞(front)	뒤(back)
우측(right side)	좌측(left side)

Review 〈단원평가〉

S-S컬(트위스트) 드라이 실습에 대한 장점과 단점, 그리고 느낀 점을 적으시오.

장점

단점

느낀 점

학생 자가 진단 및 교수평가

능력단위명 〈코드〉	고객응대 서비스 〈1201010116_19v5〉, 헤어스타일 상담 〈1201010130_17v4〉, 헤어 샴푸 〈1201010156_19v5〉, 응용 드라이 〈1201010139_17v4〉

진단 영역	진 단 문 항	학생 평가					교수평가				
		매우 미흡	미흡	보통	우수	매우 우수	매우 미흡	미흡	보통	우수	매우 우수
고객응대 서비스	1. 고객의 방문사유를 확인한 후 대기 또는 서비스공간으로 안내할 수 있다.	①	②	③	④	⑤	①	②	③	④	⑤
	2. 나는 고객의 소지품과 의복 등을 보관할 수 있다.	①	②	③	④	⑤	①	②	③	④	⑤
	3. 나는 고객에게 전화응대 서비스를 할 수 있다.	①	②	③	④	⑤	①	②	③	④	⑤
	4. 나는 고객에게 대기시간을 전달하고 서비스공간으로 안내할 수 있다.	①	②	③	④	⑤	①	②	③	④	⑤
	5. 나는 고객에게 준비된 다과 및 음료 등을 제공할 수 있다.	①	②	③	④	⑤	①	②	③	④	⑤
	6. 나는 고객에게 신문, 잡지, 컴퓨터 등을 제공할 수 있다.	①	②	③	④	⑤	①	②	③	④	⑤
	7. 나는 보관한 고객의 소지품과 의복 등을 고객에게 전달할 수 있다.	①	②	③	④	⑤	①	②	③	④	⑤
	8. 나는 서비스가 종료된 고객에게 서비스 내역과 요금을 확인 후 결제할 수 있다.	①	②	③	④	⑤	①	②	③	④	⑤
	9. 나는 제휴카드 포인트 적립 등의 부가서비스를 안내할 수 있다.	①	②	③	④	⑤	①	②	③	④	⑤
	10. 나는 고객에게 재 방문시기를 안내할 수 있다.	①	②	③	④	⑤	①	②	③	④	⑤
	11. 나는 고객을 배웅할 수 있다.	①	②	③	④	⑤	①	②	③	④	⑤
헤어스타일 상담	1. 고객의 미용서비스 이력을 수집할 수 있다.	①	②	③	④	⑤	①	②	③	④	⑤
	2. 고객의 건강상태 및 알레르기 등의 특이사항에 대한 정보를 수집할 수 있다.	①	②	③	④	⑤	①	②	③	④	⑤
	3. 고객의 취향 및 라이프스타일 등에 대한 정보를 수집할 수 있다.	①	②	③	④	⑤	①	②	③	④	⑤
	4. 패션, 메이크업, 헤어스타일 등 최신 트렌드정보를 수집 · 분석할 수 있다.	①	②	③	④	⑤	①	②	③	④	⑤
	5. 시각자료를 이용하여 고객이 요구하는 헤어디자인을 파악할 수 있다.	①	②	③	④	⑤	①	②	③	④	⑤

진단 영역	진 단 문 항	학생 평가 매우 미흡	미흡	보통	우수	매우 우수	교수평가 매우 미흡	미흡	보통	우수	매우 우수
헤어스타일 상담	6. 고객의 취향 및 라이프스타일 등을 고려하여 고객에게 어울리는 스타일을 제안할 수 있다.	①	②	③	④	⑤	①	②	③	④	⑤
	7. 미용서비스 전 고객에게 지불할 요금을 안내하여 동의를 구할 수 있다.	①	②	③	④	⑤	①	②	③	④	⑤
	8. 미용서비스 중간에 요금이 변경된 경우 고객에게 재 안내 할 수 있다.	①	②	③	④	⑤	①	②	③	④	⑤
헤어 샴푸	1. 고객의 편의를 위해 가운 및 무릎덮개, 어깨타월을 착용해 주고 좌식 또는 와식 샴푸를 준비할 수 있다.	①	②	③	④	⑤	①	②	③	④	⑤
	2. 엉킨 모발의 정돈과 이물질 제거를 위해 사전 브러시를 할 수 있다.	①	②	③	④	⑤	①	②	③	④	⑤
	3. 고객이 불편하지 않도록 샴푸대의 높이 조절하고 수온을 조절할 수 있다.	①	②	③	④	⑤	①	②	③	④	⑤
	4. 얼굴에 물이 튀지 않도록 모발에 물길을 만들어 모발을 충분하게 적실 수 있다.	①	②	③	④	⑤	①	②	③	④	⑤
	5. 모발 길이 및 모량에 따라 적당량의 샴푸제를 사용하여 두피 매니플레이션을 할 수 있다.	①	②	③	④	⑤	①	②	③	④	⑤
	6. 샴푸성분이 남지 않도록 페이스라인, 귀, 모발, 두피 등을 충분하게 헹굴 수 있다.	①	②	③	④	⑤	①	②	③	④	⑤
	7. 샴푸 후 두피 · 모발 상태를 파악하여 모발에 트리트먼트를 할 수 있다.	①	②	③	④	⑤	①	②	③	④	⑤
	8. 트리트먼트제를 모발에 도포한 후 두피 지압과 매니플레이션을 할 수 있다.	①	②	③	④	⑤	①	②	③	④	⑤
	9. 트리트먼트제가 페이스라인, 귀, 두피 등에 남지 않도록 충분하게 헹굴 수 있다.	①	②	③	④	⑤	①	②	③	④	⑤
	10. 타월로 모발의 물기를 제거한 후 두상을 타월로 감쌀 수 있다.	①	②	③	④	⑤	①	②	③	④	⑤
	11. 샴푸대 및 주변을 깨끗하게 정리한 후 고객을 서비스 공간으로 안내할 수 있다.	①	②	③	④	⑤	①	②	③	④	⑤
응용 드라이	1. 헤어 아이론을 사용하여 모발에 S-S컬 웨이브를 연출할 수 있다.	①	②	③	④	⑤	①	②	③	④	⑤
	2. 콤아웃 기법과 헤어스타일 연출 제품 등을 사용하여 헤어스타일을 완성할 수 있다.	①	②	③	④	⑤	①	②	③	④	⑤

[진단결과]

진단영역	문항 수	점수	점수 ÷ 문항 수	문항 수	점수	점수 ÷ 문항 수
고객응대 서비스	11			11		
헤어스타일 상담	8			8		
헤어 샴푸	11			11		
응용 드라이	2			2		
합계	32			32		

※ 자신의 점수를 문항 수로 나눈 값이 '3점' 이하에 해당하는 영역은 업무를 성공적으로 수행하는 능력이 부족한 것으로 교육훈련이나 개인학습을 통한 개발이 필요함.

[교수자 피드백]

S-S컬(물결)

16 rd week

S-S컬(물결) 드라이

학습내용(단원명)	수업 목표
S-S컬(물결) 드라이	• 헤어 아이론을 사용하여 모발에 S-S컬 웨이브를 연출할 수 있다. • 콤아웃 기법과 헤어스타일 연출 제품 등을 사용하여 헤어스타일을 완성할 수 있다.

헤어스타일 상담

성 명 :	학 번 :	시술일자: 20 년 월 일
고객이름 :	나이 :	

얼굴형태 분석 □ 둥근형 □ 장방형 □ 계란형 □ 역삼각형 □ 사각형
두상형태 분석 □ 탑부분 솟은 형태 □ 탑부분 낮은 형태 □ 측면 들어간 형태 □ 측면 나온 형태

체격형태분석 □ 키가 크고 마른 체형 □ 키가 크고 통통한 체형
□ 키가 작고 마른 체형 □ 키가 작고 통통한 체형

모질상태 분석
□ 건강모 □ 손상모(염색모) □ 극손상모 □ 직모 □ 파상모 □ 축모
□ 웨이브 모발 (□일반펌, □열펌)

커트형태분석 □ 짧은 길이 □ 중간 길이 □ 긴 길이

상담내용 (고객이 원하는 스타일)

디자인 분석 및 시술 과정

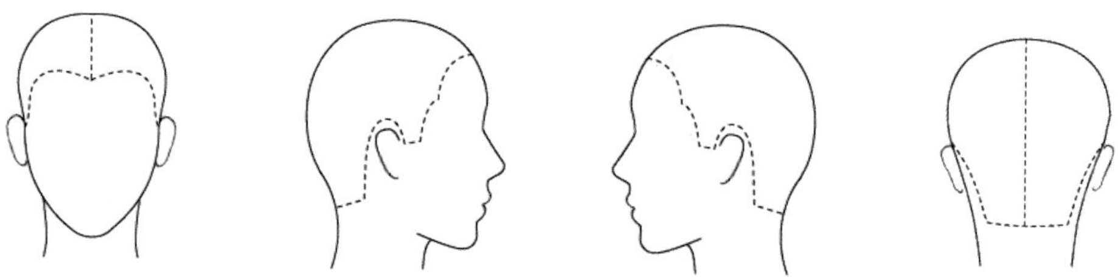

시술도구 및 제품

미용요금 상세 주문내역서

20　　년　　월　　일

고객성명	□ 남 □ 여	핸드폰 (SNS)	□ 수신 □ 수신안함
담당자		생일	
방문경로	□ 블로그 □ 카페 □ 간판 □ 재방문 □ 소개 (　　　) □ 기타		

시술내용	기본요금	추가요금	비고
컷트 □ 남 □ 여 □ 학생 □ 디자인컷 □ 앞머리			
펌 □ 앞머리 □ 다운펌 □ 기본펌 □ 영양펌 □ 열펌 □ 뿌리펌			
염색 □ 뿌리염색 □ 전체염색 □ 탈 색 □ 헤나/왁싱 □ 와칸			
크리닉 □ 기본 □ 특수			
두피 스켈링			
스켈링 컷			
드라이			
샴푸			
업스타일			
점판			

할인/서비스	(%) /
총 합계	
결제방법	□ 현금　□ 카드　□ 회원권

고객 확인	(서명)	담당자 (원장, 부원장, 점장, 실장, 디자이너, 매니저)	(서명)

※ 공중위생관리법에 의거하여 시술하는 자는 미용사 자격증(면허증)이 반드시 있어야 함.

개인정보 수집 및 사진 이용 동의서

본인은

헤어 미용 수업의 교재로 사용될『NCS 샴푸 및 드라이 헤어스타일링 교재』에 사용되는 헤어시술 모델과 관련하여 개인정보 제공 및 시술 사진을 활용하는 것에 동의합니다.

1. 목적 : 작품별 관련 모델 시술자료
2. 수집항목 : 본인 얼굴 및 시술과정 사진

20 년 월 일

■ 본 인

• 성 명 : (서명)

• 생년월일 :

• 주 소 :

• 확인(시술자) (서명)

개인정보보호법 제15조

개인정보 수집 · 이용에 동의	동의 □	미동의 □
사진활용에 동의	동의 □	미동의 □

본인은 헤어시술 모델과 관련하여 어떠한 이의도 제기하지 않겠다는 것에 동의합니다.

20 년 월 일

(서명)

1. 물결 드라이 준비하기

드라이보 착용하기

드라이 시술 전 고객의 피부와 옷을 보호하기 위해 드라이보를 준비한다.

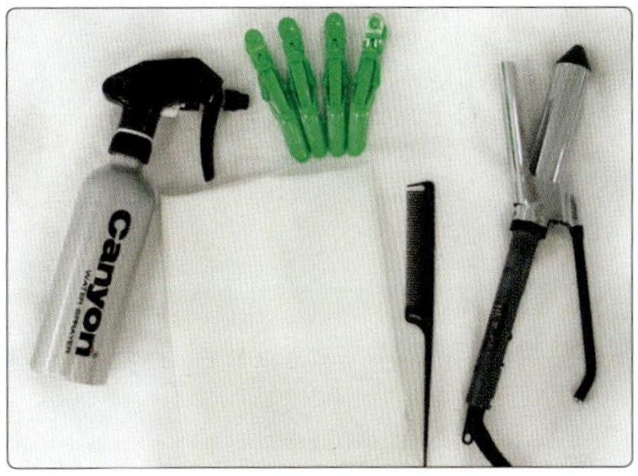

시술도구 준비하기

물결 드라이 시술을 위해 드라이보, 헤어 아이론, 분무기, 꼬리빗, 핀셋을 준비한다.

2. 물결 드라이 시술 전

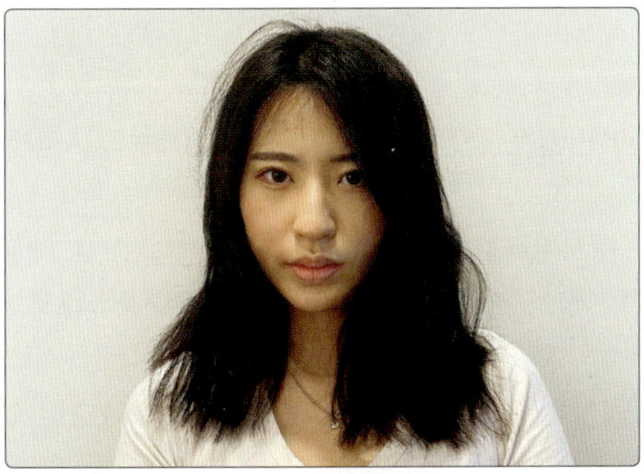

앞(front)

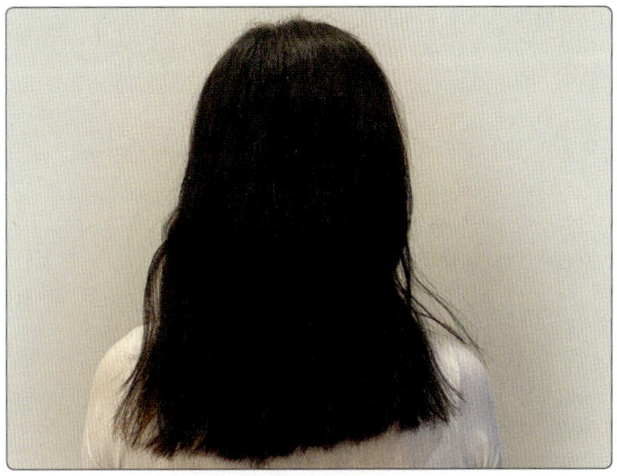

뒤(back)

3. 물결 드라이 시술하기

1 좌측 사이드(Side)부터 물결 드라이를 진행한다.

2 구레나룻 모발의 곱슬기를 가볍게 편다.

3 먼저 판넬 위에서 어느정도의 릿지를 형성할 것인지 구상하고 결정한다.

4 0° 시술각으로 왼손은 판넬을 잡고 아이론과 판넬은 평행하게 위치하여 웨이브의 시작점을 반릿지로 잡아 형성한다.

5 아이론은 180° 회전하여 아웃컬의 형태로 원하는 웨이브 간격만큼 균일한 뜸으로 내린다. (※아웃컬 시술 후에는 아이론을 뗀 상태에서 잠시 열을 식혀 컬이 늘어지지 않도록 한다.)

6 다시 90° 회전하여 인컬의 형태로 위와 동일한 간격만큼의 뜸을 들이며 모발 끝으로 이동한다.

7 모발 끝이 휘어지지 않도록 주의하고 왼손으로 판넬을 잡으며 시술한다.

8 모발 끝까지 같은 뜸으로 텐션을 놓치지 않도록 주의하며 아웃한다.

9 좌측 사이드(Side)의 물결 웨이브가 형성된 모습이다.

10 계속해서 다음 파팅도 동일하게 진행한다. 아래 판넬의 웨이브와 동일하게 시작점을 설정하여 0° 시술각으로 왼손은 판넬을 잡고 아이론은 판넬과 평행하게 위치하여 인컬로 첫 단을 맞춘다.

11 아이론은 180° 회전하여 아웃컬의 형태로 원하는 웨이브 간격만큼 균일한 뜸으로 내린다.(※아웃컬 시술 후에는 아이론을 뗀 상태에서 잠시 열을 식혀 컬이 늘어지지 않도록 한다.)

12 다시 90° 회전하여 인컬의 형태로 위와 동일한 간격만큼의 뜸을 들이며 모발 끝으로 이동한다.

13 11번과 동일하게 진행하되 모발 끝이 휘어지지 않도록 왼손으로 판넬을 잡으며 시술한다.

14 12번과 동일하게 진행하되 모발 끝까지 같은 뜸으로 텐션을 놓치지 않도록 주의하며 아웃한다.

15 좌측 사이드(Side)의 물결 드라이가 완성된 모습이다.

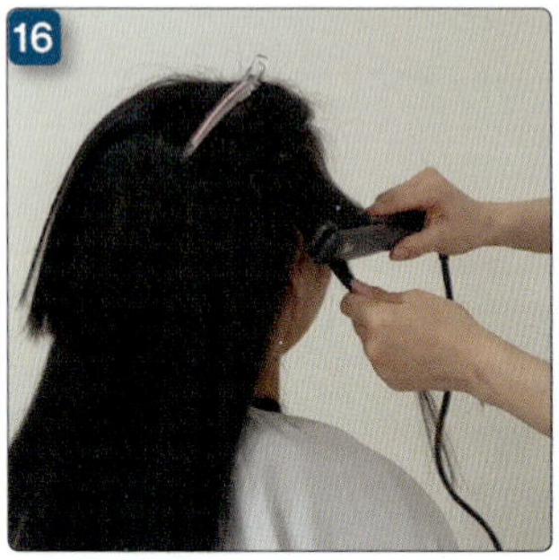

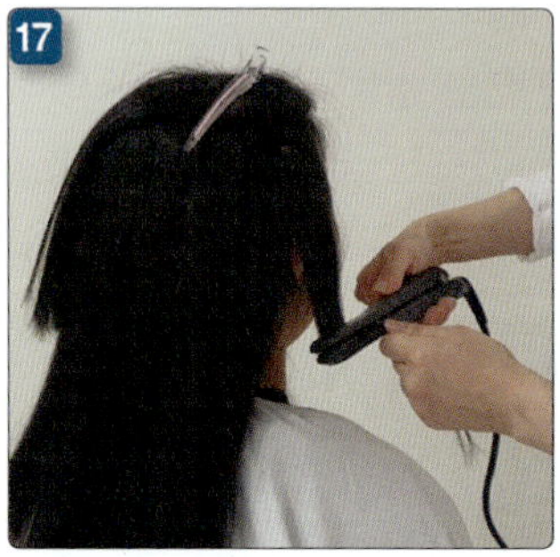

16 계속해서 우측 사이드(Side)를 진행한다. 좌측의 웨이브와 동일하게 시작점을 설정 하여 0° 시술각으로 왼손은 판넬을 잡고 아이론은 판넬과 평행하게 위치하여 인컬을 형성한다.

17 아이론은 180° 회전하여 아웃컬의 형태로 원하는 웨이브 간격만큼 균일한 뜸으로 내린다. (※아웃컬 시술 후에는 아이론을 뗀 상태에서 잠시 열을 식혀 컬이 늘어지지 않도록 한다.)

18 다시 90° 회전하여 인컬의 형태로 위와 동일한 간격만큼의 뜸을 들이며 모발 끝으로 이동한다.

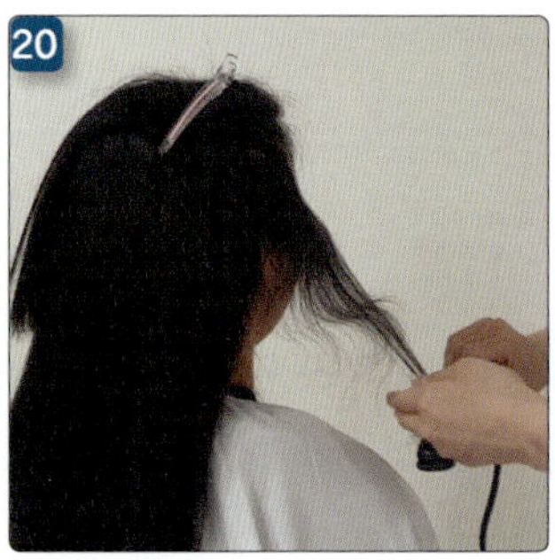

19 17번과 동일하게 진행하되 모발 끝이 휘어지지 않도록 왼손으로 판넬을 잡으며 시술한다.

20 18번과 동일하게 진행하되 모발 끝까지 같은 뜸으로 텐션을 놓치지 않도록 주의하며 아웃한다.

21 계속해서 다음 파팅도 동일하게 진행한다. 아래 판넬의 웨이브와 동일하게 시작점을 설정한 후 0° 시술각으로 왼손은 판넬을 잡고 아이론과 판넬은 평행하게 위치한다.

22 90°로 회전하여 인컬로 첫 단을 맞춘다.

23 아이론은 180° 회전하여 아웃컬의 형태로 원하는 웨이브 간격만큼 균일한 뜸으로 내린다.(※아웃컬 시술 후에는 아이론을 뗀 상태에서 잠시 열을 식혀 컬이 늘어지지 않도록 한다.)

24 다시 90° 회전하여 인컬의 형태로 위와 동일한 간격만큼의 뜸을 들이며 모발 끝으로 이동한다.

25 23번과 동일하게 진행하되 모발 끝이 휘어지지 않도록 왼손으로 판넬을 잡으며 시술한다.

26 24번과 동일하게 진행하되 모발 끝까지 같은 뜸으로 텐션을 놓치지 않도록 주의하며 아웃한다.

27 계속해서 좌측 백사이드(Back Side)를 진행한다. 좌측 사이드(Side)의 웨이브와 동일하게 시작점을 설정하여 0° 시술각으로 왼손은 판넬을 잡고 아이론은 판넬과 평행하게 위치하여 인컬을 형성한다.

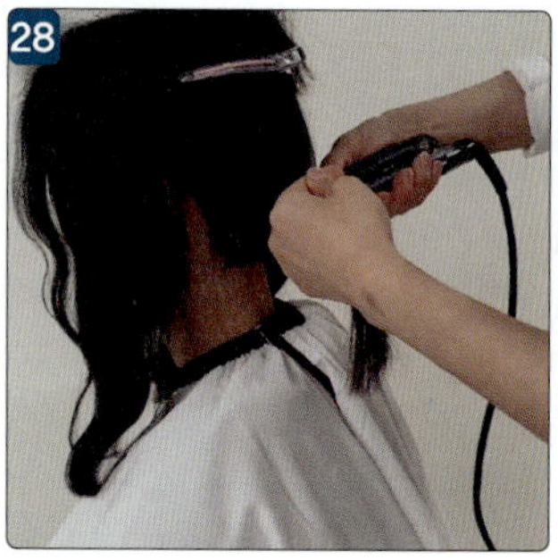

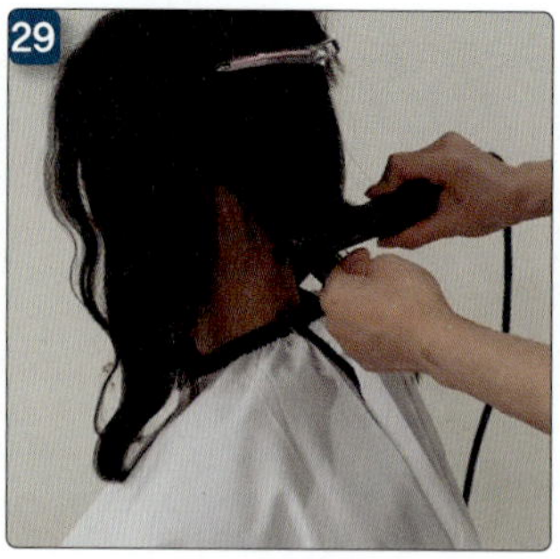

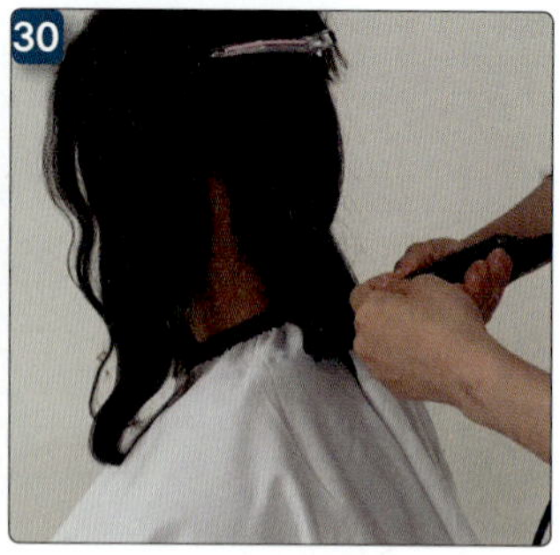

28 아이론은 180° 회전하여 아웃컬의 형태로 원하는 웨이브 간격만큼 균일한 뜸으로 내린다.
(※아웃컬 시술 후에는 아이론을 뗀 상태에서 잠시 열을 식혀 컬이 늘어지지 않도록 한다.)

29 다시 90° 회전하여 인컬의 형태로 위와 동일한 간격만큼의 뜸을 들이며 모발 끝으로 이동한다.

30 28번과 동일하게 진행하되 모발 끝이 휘어지지 않도록 왼손으로 판넬을 잡으며 시술한다.

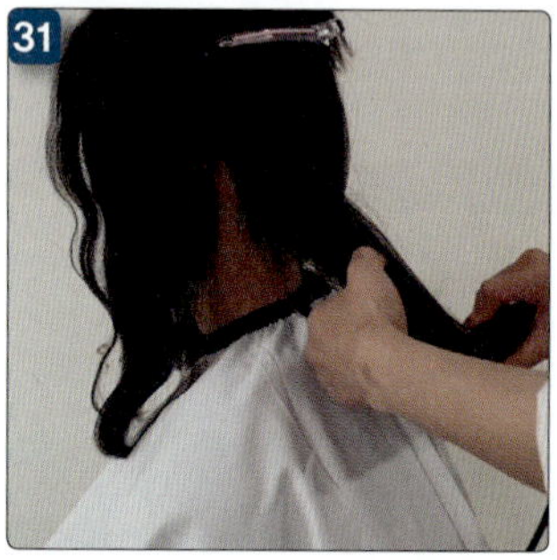

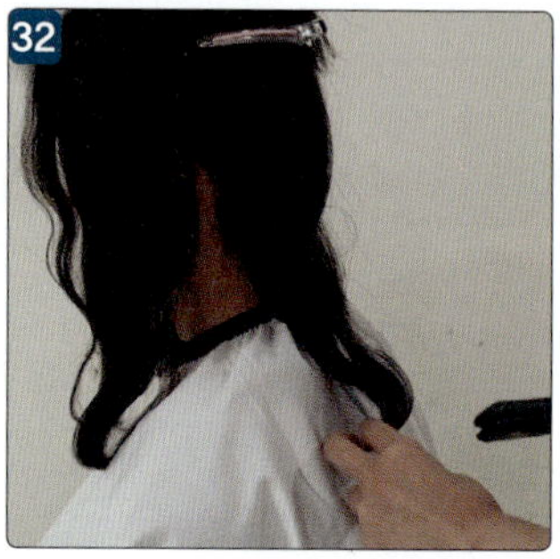

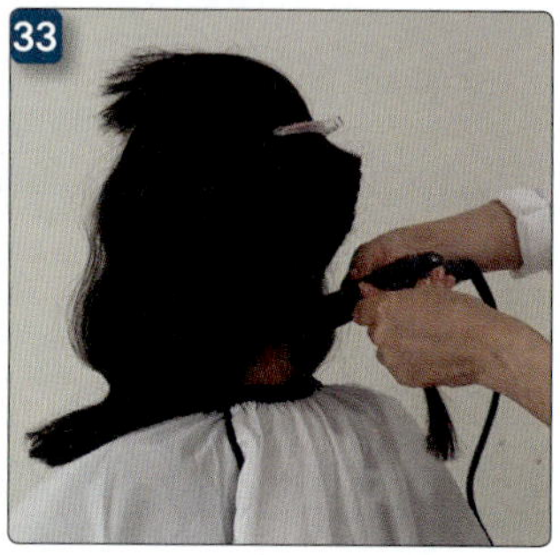

31 29번과 동일하게 진행하되 모발 끝까지 같은 뜸으로 텐션을 놓치지 않도록 주의하며 아웃한다.

32 좌측 백사이드(Back Side)의 물결 웨이브가 형성된 모습이다. 계속해서 동일한 방법으로 진행하여 물결 드라이를 완성한다.

33 계속해서 우측 백사이드(Back Side)를 진행한다. 좌측의 웨이브와 동일하게 시작점을 설정하여 0° 시술각으로 왼손은 판넬을 잡고 아이론은 판넬과 평행하게 위치한다.

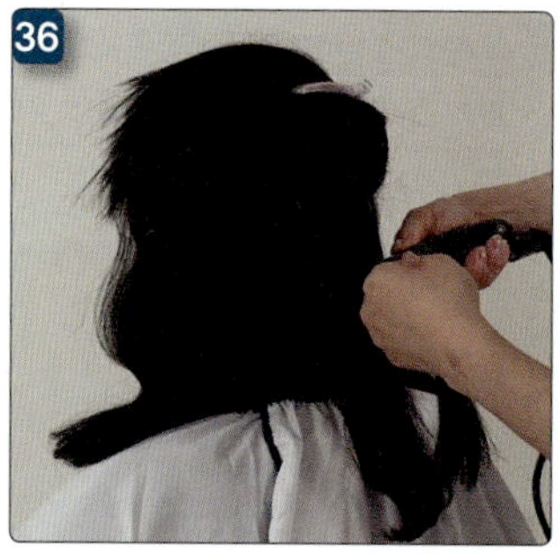

34 90°로 회전하여 인컬로 첫 단을 맞춘다.

35 180° 회전하여 아웃컬, 다시 90°로 회전하여 인컬로 동일한 간격만큼 뜸을 들여 완성한다.

36 계속해서 다음 파팅도 동일하게 진행한다. 아래 판넬의 웨이브를 확인한 후 0° 시술각으로 왼손은 판넬을 잡고 아이론과 판넬은 평행하게 위치하여 아웃컬로 첫 단을 맞춘다.

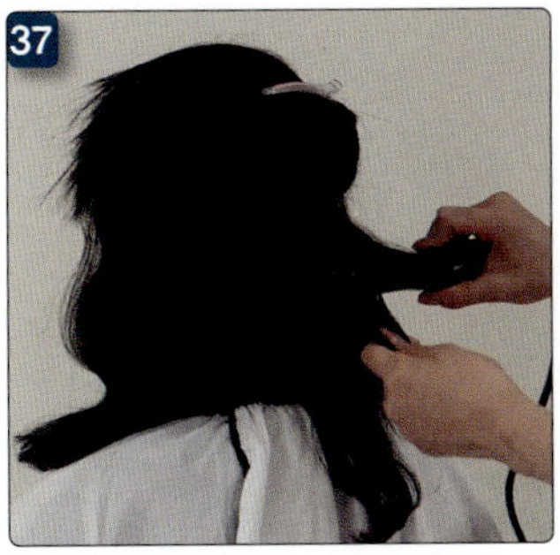

37 아이론은 90° 회전하여 인컬의 형태로 원하는 웨이브 간격만큼 균일한 뜸으로 내린다.

38 다시 아이론은 180° 회전하여 아웃컬의 형태로 위와 동일한 간격만큼의 뜸을 들이며 모발 끝으로 이동한다.(※아웃컬 시술 후에는 아이론을 뗀 상태에서 잠시 열을 식혀 컬이 늘어지지 않도록 한다.)

39 모발 끝이 휘어지지 않도록 왼손으로 판넬을 잡으며 시술한다.

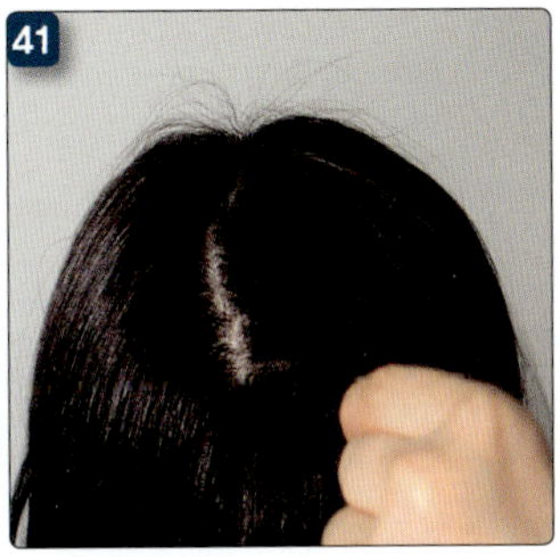

40 38번과 동일하게 진행하되 모발 끝까지 같은 뜸으로 텐션을 놓치지 않도록 주의하며 아웃한다.

41 탑(Top)은 모류의 율동감이 가장 많은 부분으로 삼각형 섹션으로 진행한다.

42 아래 판넬의 웨이브를 확인한 후 두상 90° 각도로 왼손은 판넬을 잡고 아이론과 판넬은 평행하게 위치하여 아래의 릿지와 연결한다.

 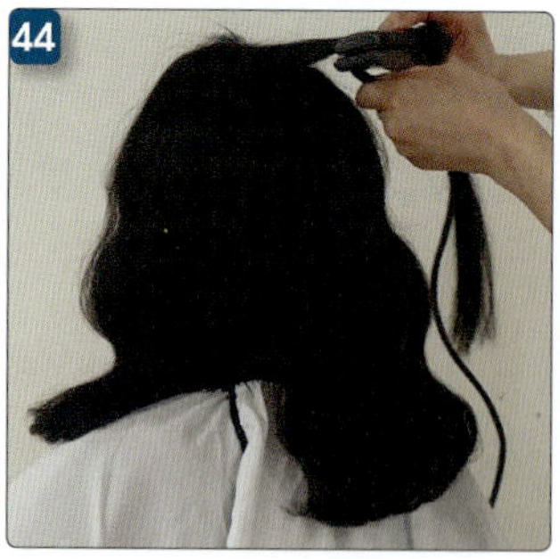 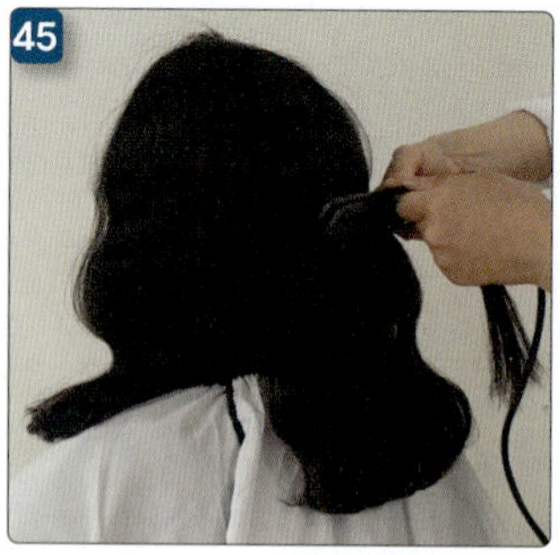

43 90°로 회전하여 아웃컬로 첫 단을 맞춘다.

44 아이론은 180° 회전하여 인컬의 형태로 원하는 웨이브 간격만큼 균일한 뜸으로 내린다.

45 다시 아이론은 180° 회전하여 아웃컬의 형태로 위와 동일한 간격만큼의 뜸을 들이며 모발 끝으로 이동한다.(※아웃컬 시술 후에는 아이론을 뗀 상태에서 잠시 열을 식혀 컬이 늘어지지 않도록 한다.)

46 44번과 동일하게 진행하되 모발 끝이 휘어지지 않도록 왼손으로 판넬을 잡으며 시술한다.

47 45번과 동일하게 진행하되 모발 끝까지 같은 뜸으로 텐션을 놓치지 않도록 주의하며 아웃한다.

48 물결 드라이가 완성된 모습이다.

4. 물결 드라이 시술 후

앞(front)

뒤(back)

우측(right side)

좌측(left side)

실습과정 사진		
사진		설명

실습 사진	
앞(front)	뒤(back)
우측(right side)	좌측(left side)

Review 〈단원평가〉

S-S(물결) 드라이 실습에 대한 장점과 단점, 그리고 느낀 점을 적으시오.

장점

단점

느낀 점

학생 자가 진단 및 교수평가

능력단위명 〈코드〉	고객응대 서비스 〈1201010116_19v5〉, 헤어스타일 상담 〈1201010130_17v4〉, 헤어 샴푸 〈1201010156_19v5〉, 응용 드라이 〈1201010139_17v4〉

진단 영역	진 단 문 항	학생 평가					교수평가				
		매우 미흡	미흡	보통	우수	매우 우수	매우 미흡	미흡	보통	우수	매우 우수
고객응대 서비스	1. 고객의 방문사유를 확인한 후 대기 또는 서비스공간으로 안내할 수 있다.	①	②	③	④	⑤	①	②	③	④	⑤
	2. 나는 고객의 소지품과 의복 등을 보관할 수 있다.	①	②	③	④	⑤	①	②	③	④	⑤
	3. 나는 고객에게 전화응대 서비스를 할 수 있다.	①	②	③	④	⑤	①	②	③	④	⑤
	4. 나는 고객에게 대기시간을 전달하고 서비스공간으로 안내할 수 있다.	①	②	③	④	⑤	①	②	③	④	⑤
	5. 나는 고객에게 준비된 다과 및 음료 등을 제공할 수 있다.	①	②	③	④	⑤	①	②	③	④	⑤
	6. 나는 고객에게 신문, 잡지, 컴퓨터 등을 제공할 수 있다.	①	②	③	④	⑤	①	②	③	④	⑤
	7. 나는 보관한 고객의 소지품과 의복 등을 고객에게 전달할 수 있다.	①	②	③	④	⑤	①	②	③	④	⑤
	8. 나는 서비스가 종료된 고객에게 서비스 내역과 요금을 확인 후 결제할 수 있다.	①	②	③	④	⑤	①	②	③	④	⑤
	9. 나는 제휴카드 포인트 적립 등의 부가서비스를 안내할 수 있다.	①	②	③	④	⑤	①	②	③	④	⑤
	10. 나는 고객에게 재 방문시기를 안내할 수 있다.	①	②	③	④	⑤	①	②	③	④	⑤
	11. 나는 고객을 배웅할 수 있다.	①	②	③	④	⑤	①	②	③	④	⑤
헤어스타일 상담	1. 고객의 미용서비스 이력을 수집할 수 있다.	①	②	③	④	⑤	①	②	③	④	⑤
	2. 고객의 건강상태 및 알레르기 등의 특이사항에 대한 정보를 수집할 수 있다.	①	②	③	④	⑤	①	②	③	④	⑤
	3. 고객의 취향 및 라이프스타일 등에 대한 정보를 수집할 수 있다.	①	②	③	④	⑤	①	②	③	④	⑤
	4. 패션, 메이크업, 헤어스타일 등 최신 트렌드정보를 수집 · 분석할 수 있다.	①	②	③	④	⑤	①	②	③	④	⑤
	5. 시각자료를 이용하여 고객이 요구하는 헤어디자인을 파악할 수 있다.	①	②	③	④	⑤	①	②	③	④	⑤

진단 영역	진 단 문 항	학생 평가 매우 미흡	미흡	보통	우수	매우 우수	교수평가 매우 미흡	미흡	보통	우수	매우 우수
헤어스타일 상담	6. 고객의 취향 및 라이프스타일 등을 고려하여 고객에게 어울리는 스타일을 제안할 수 있다.	①	②	③	④	⑤	①	②	③	④	⑤
	7. 미용서비스 전 고객에게 지불할 요금을 안내하여 동의를 구할 수 있다.	①	②	③	④	⑤	①	②	③	④	⑤
	8. 미용서비스 중간에 요금이 변경된 경우 고객에게 재 안내 할 수 있다.	①	②	③	④	⑤	①	②	③	④	⑤
헤어 샴푸	1. 고객의 편의를 위해 가운 및 무릎덮개, 어깨타월을 착용해 주고 좌식 또는 와식 샴푸를 준비할 수 있다.	①	②	③	④	⑤	①	②	③	④	⑤
	2. 엉킨 모발의 정돈과 이물질 제거를 위해 사전 브러시를 할 수 있다.	①	②	③	④	⑤	①	②	③	④	⑤
	3. 고객이 불편하지 않도록 샴푸대의 높이 조절하고 수온을 조절할 수 있다.	①	②	③	④	⑤	①	②	③	④	⑤
	4. 얼굴에 물이 튀지 않도록 모발에 물길을 만들어 모발을 충분하게 적실 수 있다.	①	②	③	④	⑤	①	②	③	④	⑤
	5. 모발 길이 및 모량에 따라 적당량의 샴푸제를 사용하여 두피 매니플레이션을 할 수 있다.	①	②	③	④	⑤	①	②	③	④	⑤
	6. 샴푸성분이 남지 않도록 페이스라인, 귀, 모발, 두피 등을 충분하게 헹굴 수 있다.	①	②	③	④	⑤	①	②	③	④	⑤
	7. 샴푸 후 두피 · 모발 상태를 파악하여 모발에 트리트먼트를 할 수 있다.	①	②	③	④	⑤	①	②	③	④	⑤
	8. 트리트먼트제를 모발에 도포한 후 두피 지압과 매니플레이션을 할 수 있다.	①	②	③	④	⑤	①	②	③	④	⑤
	9. 트리트먼트제가 페이스라인, 귀, 두피 등에 남지 않도록 충분하게 헹굴 수 있다.	①	②	③	④	⑤	①	②	③	④	⑤
	10. 타월로 모발의 물기를 제거한 후 두상을 타월로 감쌀 수 있다.	①	②	③	④	⑤	①	②	③	④	⑤
	11. 샴푸대 및 주변을 깨끗하게 정리한 후 고객을 서비스 공간으로 안내할 수 있다.	①	②	③	④	⑤	①	②	③	④	⑤
응용 드라이	1. 헤어 아이론을 사용하여 모발에 S-S컬 웨이브를 연출할 수 있다.	①	②	③	④	⑤	①	②	③	④	⑤
	2. 콤아웃 기법과 헤어스타일 연출 제품 등을 사용하여 헤어스타일을 완성할 수 있다.	①	②	③	④	⑤	①	②	③	④	⑤

[진단결과]

진단영역	문항 수	점수	점수 ÷ 문항 수	문항 수	점수	점수 ÷ 문항 수
고객응대 서비스	11			11		
헤어스타일 상담	8			8		
헤어 샴푸	11			11		
응용 드라이	2			2		
합계	32			32		

※ 자신의 점수를 문항 수로 나눈 값이 '3점' 이하에 해당하는 영역은 업무를 성공적으로 수행하는 능력이 부족한 것으로 교육훈련이나 개인학습을 통한 개발이 필요함.

[교수자 피드백]

부 록

샴푸 및 드라이 헤어스타일링

수행평가

<table>
<tr><th colspan="3">교과명 : 샴푸 및 드라이 헤어스타일링 (　　차) 수행 평가서</th></tr>
<tr><td>교수명
(학습자명)</td><td colspan="2"></td></tr>
<tr><td>학생명
(피평가자명)</td><td colspan="2"></td></tr>
<tr><td>평가방법</td><td colspan="2">평가자 체크리스트</td></tr>
<tr><td>능력단위(요소)명 / 코드명</td><td colspan="2">고객응대 서비스 〈1201010116_19v5〉, 헤어스타일 상담 〈1201010130_17v4〉,
헤어 샴푸 〈1201010156_19v5〉</td></tr>
<tr><td rowspan="4">평가계획</td><td>◈ 평가1 : (Pass/Fail)</td><td>날짜: 20　　년　　월　　일</td></tr>
<tr><td>◈ 재평가2 : (Pass/Fail)</td><td>날짜: 20　　년　　월　　일</td></tr>
<tr><td>◈ 재평가3 : (Pass/Fail)</td><td>날짜: 20　　년　　월　　일</td></tr>
<tr><td>◈ 최종 수행 완료 시점</td><td>〈　　　　번〉</td></tr>
<tr><td rowspan="3">학습내용
(단원명)</td><td>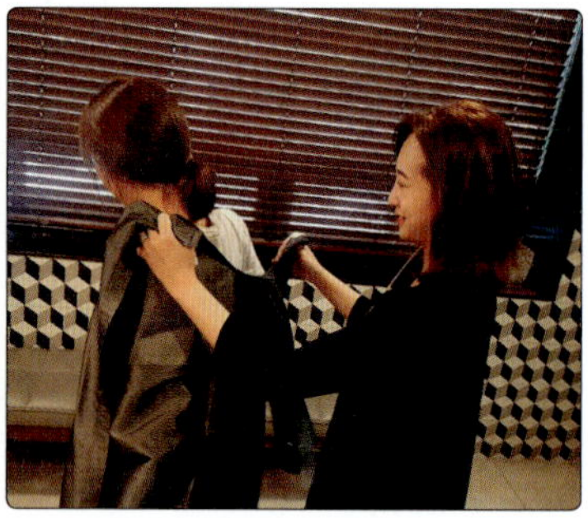</td><td></td></tr>
<tr><td></td><td></td></tr>
<tr><td colspan="2">고객 응대 후 사전 샴푸하기</td></tr>
</table>

<table>
<tr><th colspan="3">교과명 : 샴푸 및 드라이 헤어스타일링 (　　차) 수행 평가서</th></tr>
<tr><td>교수명
(학습자명)</td><td colspan="2"></td></tr>
<tr><td>학생명
(피평가자명)</td><td colspan="2"></td></tr>
<tr><td>평가방법</td><td colspan="2">평가자 체크리스트</td></tr>
<tr><td>능력단위(요소)명 / 코드명</td><td colspan="2"></td></tr>
<tr><td rowspan="4">평가계획</td><td>◈ 평가1 : (Pass/Fail)</td><td>날짜: 20　　년　　월　　일</td></tr>
<tr><td>◈ 재평가2 : (Pass/Fail)</td><td>날짜: 20　　년　　월　　일</td></tr>
<tr><td>◈ 재평가3 : (Pass/Fail)</td><td>날짜: 20　　년　　월　　일</td></tr>
<tr><td>◈ 최종 수행 완료 시점</td><td>〈　　　　번〉</td></tr>
<tr><td rowspan="3">학습내용
(단원명)</td><td></td><td></td></tr>
<tr><td></td><td></td></tr>
<tr><td colspan="2">고객 응대 후 사전 샴푸하기</td></tr>
</table>

평가항목		성취수준				
		매우 미흡	미흡	보통	우수	매우 우수
		①	②	③	④	⑤
고객응대 서비스 〈1201010116_19v5〉	1. 고객의 방문사유를 확인한 후 대기 또는 서비스공간으로 안내할 수 있다.	①	②	③	④	⑤
	2. 나는 고객의 소지품과 의복 등을 보관할 수 있다.	①	②	③	④	⑤
	3. 나는 고객에게 전화응대 서비스를 할 수 있다.	①	②	③	④	⑤
	4. 나는 고객에게 대기시간을 전달하고 서비스 공간으로 안내할 수 있다.	①	②	③	④	⑤
	5. 나는 고객에게 준비된 다과 및 음료 등을 제공할 수 있다.	①	②	③	④	⑤
	6. 나는 고객에게 신문, 잡지, 컴퓨터 등을 제공할 수 있다.	①	②	③	④	⑤
	7. 나는 보관한 고객의 소지품과 의복 등을 고객에게 전달할 수 있다.	①	②	③	④	⑤
	8. 나는 서비스가 종료된 고객에게 서비스내역과 요금을 확인 후 결제할 수 있다.	①	②	③	④	⑤
	9. 나는 제휴카드 포인트 적립 등의 부가서비스를 안내할 수 있다.	①	②	③	④	⑤
	10. 나는 고객에게 차회방문권유 및 방문시기 등을 안내할 수 있다.	①	②	③	④	⑤
	11. 나는 고객을 배웅할 수 있다.	①	②	③	④	⑤
헤어스타일 상담 〈1201010130_17v4〉	1. 고객의 미용서비스 이력을 수집할 수 있다.	①	②	③	④	⑤
	2. 고객의 건강상태 및 알레르기 등의 특이사항에 대한 정보를 수집할 수 있다.	①	②	③	④	⑤
	3. 고객의 취향 및 라이프스타일 등에 대한 정보를 수집할 수 있다.	①	②	③	④	⑤
	4. 패션, 메이크업, 헤어스타일 등 최신 트렌드 정보를 수집 · 분석할 수 있다.	①	②	③	④	⑤
	5. 시각자료를 이용하여 고객이 요구하는 헤어디자인을 파악할 수 있다.	①	②	③	④	⑤
	6. 고객의 취향 및 라이프스타일 등을 고려하여 고객에게 어울리는 스타일을 제안할 수 있다.	①	②	③	④	⑤
	7. 미용서비스 전 고객에게 지불할 요금을 안내하여 동의를 구할 수 있다.	①	②	③	④	⑤
	8. 미용서비스 중간에 요금이 변경된 경우 고객에게 재 안내 할 수 있다.	①	②	③	④	⑤

평가항목		성취수준				
		매우 미흡	미흡	보통	우수	매우 우수
		①	②	③	④	⑤
헤어 샴푸 〈1201010156_19v5〉	1. 고객의 편의를 위해 가운 및 무릎덮개, 어깨 타월을 착용해 주고 좌식 또는 와식 샴푸를 준비할 수 있다.	①	②	③	④	⑤
	2. 엉킨 모발의 정돈과 이물질 제거를 위해 사전 브러시를 할 수 있다.	①	②	③	④	⑤
	3. 고객이 불편하지 않도록 샴푸대의 높이 조절하고 수온을 조절할 수 있다.	①	②	③	④	⑤
	4. 얼굴에 물이 튀지 않도록 모발에 물길을 만들어 모발을 충분하게 적실 수 있다.	①	②	③	④	⑤
	5. 모발 길이 및 모량에 따라 적당량의 샴푸제를 사용하여 두피 매니플레이션을 할 수 있다.	①	②	③	④	⑤
	6. 샴푸성분이 남지 않도록 페이스라인, 귀, 모발, 두피 등을 충분하게 헹굴 수 있다.	①	②	③	④	⑤
	7. 샴푸 후 두피 · 모발 상태를 파악하여 모발에 트리트먼트를 할 수 있다.	①	②	③	④	⑤
	8. 트리트먼트제를 모발에 도포한 후 두피 지압과 매니플레이션을 할 수 있다.	①	②	③	④	⑤
	9. 트리트먼트제가 페이스라인, 귀, 두피 등에 남지 않도록 충분하게 헹굴 수 있다.	①	②	③	④	⑤
	10. 타월로 모발의 물기를 제거한 후 두상을 타월로 감쌀 수 있다.	①	②	③	④	⑤
	11. 샴푸대 및 주변을 깨끗하게 정리한 후 고객을 서비스 공간으로 안내할 수 있다.	①	②	③	④	⑤

교과명 : 샴푸 및 드라이 헤어스타일링 (차) 수행 평가서

교수명 (학습자명)		
학생명 (피평가자명)		
평가방법	평가자 체크리스트	
능력단위(요소)명 / 코드명	기초 드라이 〈1201010123_17v4〉, 응용 드라이 〈1201010139_17v4〉	
평가계획	◈ 평가1 : (Pass/Fail)	날짜: 20 년 월 일
	◈ 재평가2 : (Pass/Fail)	날짜: 20 년 월 일
	◈ 재평가3 : (Pass/Fail)	날짜: 20 년 월 일
	◈ 최종 수행 완료 시점	〈 번〉
학습내용 (단원명)		
	블로우,아이론 스트레이트	블로우,아이론 C컬(인컬,아웃컬)
		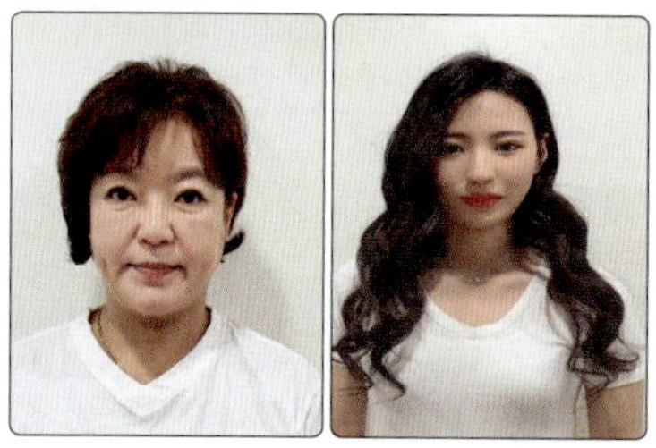
	블로우,아이론 S컬(리버스,포워드)	S-S컬 드라이 (쇼트헤어,핑거,트위스트,물결)
	기초 드라이, 응용 드라이 시술하기	

교과명 : 샴푸 및 드라이 헤어스타일링 (　　차) 수행 평가서

교수명 (학습자명)		
학생명 (피평가자명)		
평가방법	평가자 체크리스트	
능력단위(요소)명 / 코드명		
평가계획	◈ 평가1 : (Pass/Fail)	날짜: 20　　년　　월　　일
	◈ 재평가2 : (Pass/Fail)	날짜: 20　　년　　월　　일
	◈ 재평가3 : (Pass/Fail)	날짜: 20　　년　　월　　일
	◈ 최종 수행 완료 시점	〈　　　　번〉
학습내용 (단원명)		
	기초드라이, 응용드라이 시술하기	

평가항목		성취수준				
		매우 미흡	미흡	보통	우수	매우 우수
		①	②	③	④	⑤
기초 드라이〈1201010123_17v4〉	1. 모발 상태와 헤어디자인에 따라 블로우 드라이어, 헤어 아이론, 헤어 브러시 등의 기기 및 도구를 선정할 수 있다.	①	②	③	④	⑤
	2. 블로우 드라이어를 사용하여 모발을 스트레이트로 연출할 수 있다.	①	②	③	④	⑤
	3. 헤어 아이론을 사용하여 모발을 스트레이트로 연출할 수 있다.	①	②	③	④	⑤
	4. 블로우 드라이어를 사용하여 모발을 인컬, 아웃컬로 연출할 수 있다.	①	②	③	④	⑤
	5. 헤어 아이론을 사용하여 모발을 인컬, 아웃컬로 연출할 수 있다.	①	②	③	④	⑤
	6. 모발 상태와 헤어 디자인에 따라 기기의 온도, 각도와 방향, 텐션 등을 조절할 수 있다.	①	②	③	④	⑤
	7. 콤아웃 기법과 헤어스타일 연출 제품 등을 사용하여 헤어스타일을 완성할 수 있다.	①	②	③	④	⑤
응용 드라이〈1201010139_17v4〉	1. 블로우 드라이어를 사용하여 모발에 S컬 웨이브를 연출할 수 있다.	①	②	③	④	⑤
	2. 헤어 아이론을 사용하여 모발에 S컬 웨이브를 연출할 수 있다.	①	②	③	④	⑤
	3. 블로우 드라이어를 사용하여 모발에 S-S컬 웨이브를 연출할 수 있다.	①	②	③	④	⑤
	4. 헤어 아이론 드라이어를 사용하여 모발에 S-S컬 웨이브를 연출할 수 있다.	①	②	③	④	⑤
	5. 콤아웃 기법과 헤어스타일 연출 제품 등을 사용하여 헤어스타일을 완성할 수 있다.	①	②	③	④	⑤

참고문헌

1) 국제헤어디자인연구회 저(2012), "c.c.c. Basic Permanent Wave", 서울: 청구문화사, p.10.

2) 국제헤어디자인연구회 저(2012), 위의책, p.10.

3) 박은준, 권은실, 박명희, 어수연, 손지연, 신임순, 김송희, 장미여 저(2016), "NCS 적용교육!! 기본 헤어 퍼머넌트 웨이브", 경기도: 메디시언, p.24.

4) 임은진, 김은주, 김은희, 송다해, 하성이 저(2015), "두피·모발관리학", 경기도: 메디시언, p.65.

5) 박은준, 권은실, 박명희, 어수연, 손지연, 신임순, 김송희, 장미여 저(2016), 앞의책, pp.24-25.

6) 류은주, 오강수 저(2005), "인체 모발 생리학", 서울: 이화, pp.136-146.

7) 김동표(2010), "모발의 이화학적 성상과 형태학적 변화관찰에 의한 손상도의 분류", 원광대학교 박사학위논문, p.10.

8) 최은희, 최중석 저(2014), "펀펀 베이직펌", 경기도: (주)교문사, p.7.

9) 하병조 저(1999), "화장품학", 서울: 수문사, p.137.

10) 임은진, 김은희, 송다해, 김은주, 하성이 저(2015), 앞의책, p.70.

11) 최근희, 오경은, 김동욱 저(2001), "모발관리 이론 및 실습", 서울: 수문사, p.16.

12) 김지현(2012), "성인여성의 모발미네랄 함량과 물리적 특성 및 이와 관련된 요인 분석", 성신여자대학교 대학원 박사학위논문, p.11.

13) 은희철, 김인규, 심우영 저(2004), "모발 생물학", 서울대학교 출판부, pp.4-9.

14) 박은준, 권은실, 박명희, 어수연, 손지연, 신임순, 김송희, 장미여 저(2016), 앞의책, p.28.

15) 노정애, 박용, 애재숙, 이창진, 심미자, 조명숙, 김은숙 저(2005), "퍼머넌트 웨이브 디자인", 서울: 훈민사, p.81.

16) 곽형심 외 9인 저(2005), "모발과학", 서울: 수문사, p.96.

17) 전세열, 조중원, 송미란, 강갑연, 이부형, 윤정순, 유미금 저(2006), "모발 & 두피관리학", 서울: 광문각, p.43.

18) 임은진, 김은희, 김종란, 안경민, 주은령, 최수기, 하성이, 하준호 저(2011), "두피·모발 관리학", 경기도:메디시언, p.57.

19) 임은진, 김은희, 김종란, 안경민, 주은령, 최수기, 하성이, 하준호 저(2011), 앞의책, p.55.

20) 임순녀, 송미라, 강갑연, 모정희, 정찬이, 정임전, 김나연 저(2013), "두피모발 관리학", 경기도: 광문각, p.66.

21) 박은준, 권은실, 박명희, 어수연, 손지연, 신임순, 김송희, 장미여 저(2016), 앞의책, pp.34.

22) 전세열, 조중원, 송미란, 강갑연, 이부형, 윤정순, 유미금 저(2006), "모발 & 두피관리학", 서울: 광문각, p.50.

23) 조명숙, 김은숙, 심미자, 노정애, 박용, 이재숙, 이창진 저(2005), "모발학", 서울: 훈민사, pp.75-103.

24) 조우현(2010), "미용사 퍼머넌트 웨이브제 성분 인식 및 활용도", 남부대학교 대학원 석사학위논문, p.8.

25) 박은준, 권은실, 박명희, 어수연, 손지연, 신임순, 김송희, 장미여 저(2016), 앞의책, pp.36.

26) 문영숙, 허현숙, 김영순, 정경숙, 김용숙, 고민석, 조한성, 박은준, 정수정, 박소현 저(2008), “모발과 두피관리 입문”, 서울: 훈민사, p.55.
27) 곽형심 저(2001), “모발 미용학”, 서울: 정문각, p.145.
28) 국제헤어디자인연구회 저(2012), 앞의책, p.25.
29) 홍채현(2012), “샴푸의 계면활성제 타입이 두피 유·수분 변화에 미치는 영향”, 건국대학교 산업대학원 석사학위논문, p.7
30) “http://blog.naver.com/cababykorea/140039309”, 게재일자: 2011. 10. 10, 검색일자: 2018. 07. 03.
31) 피현길, 김선희, 김순희 저(2020), “한권으로 끝내는 헤어샴푸&헤드스파”, 경기도:메디시언, p.30.
32) 이명영 저(2009), “종합미용 이론”, 서울:유신문화사, p.13.
33) 홍수경(2006), “화학적 시술에의 한 모발손상과 트리트먼트의 중요성에 관한 연구”, 숙명여자대학교 원격대학원 석사학위논문, p.33.
34) 최근희 저(2001),“모발관리 이론 및 실습”, 서울: 수문사, pp.121-124.
35) 김주섭, 신홍철, 임대진, 유세은 저(2010), “모발화장품학”, 서울: 구민사, pp.13-202.
36) 박은준, 권은실, 박명희, 양미숙 저(2017), “NCS 적용교육!! 응용 헤어 퍼머넌트 웨이브”, 경기도: 메디시언, p.32.
37) 손지연(2011), “얼굴형과 헤어스타일에 따른 이미지 지각 연구”, 건국대학교 대학원 의류학과 박사학위논문, p.15.
38) 임도연(2007), “얼굴 형태와 이미지에 따른 웨딩메이크업 연구”, 광주여자대학교 미용예술대학원 석사학위논문, p.1.
39) 이언영(2011), “체형과 얼굴형에 따른 셀프 패션 이미지 메이킹 시스템 구성 : 일반포멀 정장을 중심으로”, 한국디지털디자인협의회, p.62.
40) 박은준, 권은실, 박명희, 양미숙 저(2017), 앞의책, p.33.
41) 최근희 저(2004), “펌 웨이브 다자인”, 서울: 예림출판사, p.67.
42) 강영숙 저(2003), “펌 디자인을 위한 베이직 펌”, 서울: 훈민사, p.81.
43) 고경숙 윤복연 저(2010), “헤어 퍼머넌트 디자인”, 서울: 훈민사, p.61.
44) 장윤진(2006), “인상교정을 위한 이미지 메이크업 디자인 연구: 얼굴형을 중심으로”, 조선대학교 디자인대학원 석사학위논문, pp.19-20.
45) 이민정(2007), 얼굴형에 따른 헤어웨이브 선호도 연구, 한남대학교 사회문화대학원 석사학위논문, pp.11-14.
46) 박은준, 권은실, 박명희, 양미숙 저(2017), 앞의책, p.35.
47) 박종옥(2013), “얼굴 형태별 웨이브스타일의 헤어길이에 따른 이미지 지각과 만족도 연구(전문가와 일반인을 대상으로)”, 서경대학교 미용예술대학원 석사학위논문, pp.6-11.
48) 박은준, 권은실, 박명희, 양미숙 저(2017), 앞의책, p.35.
49) 박은준, 권은실, 박명희, 양미숙 저(2017), 앞의책, pp.36-37.

찾아보기

교육역량 강화를 위한

샴푸 & 헤어스타일링

1판 1쇄 인쇄 | 2021년 9월 5일
1판 1쇄 발행 | 2021년 9월 10일

지은이 | 박은준 · 김지영 · 이유림 · 임윤경 · 염효선

발행인 | 주병오 · 주민기

발행처 | 메디시언

등록번호 | 제 406-2006-000045호
등록일자 | 2005년 2월 16일

경기도 파주시 회동길 209 (파주출판도시)
대표전화 031-955-2777, 팩시밀리 031-955-7730

ISBN 979-11-90839-35-8
값 28,000원